Krieger

Die Gastgeber-Methode

Für Aimée und Noah

Nicole Krieger

Die Gastgeber-Methode

Tagungen, Konferenzen, Veranstaltungen, Diskussionen kompetent und erfolgreich moderieren

2. Auflage

Mit E-Book inside

BELTZ

Nicole Krieger ist Auftrittsexpertin. Als Moderatorin und Vortragsrednerin steht sie seit 20 Jahren vor Publikum. Seit 1999 hat gelernte TV-Journalistin zahlreiche Fernsehsendungen und mehr als 1 000 Veranstaltungen aller Formate für namhafte Unternehmen und öffentliche Institutionen moderiert. Als Trainerin entwickelte sie die *Gastgeber-Methode*, die erste und bislang einzige Moderationstechnik für Veranstaltungsmoderation. 2010 gründete sie die Moderatorenschule Baden-Württemberg. Dort trainiert und coacht sie Führungskräfte der Wirtschaft und Nachwuchsmoderatoren für Moderationen, Präsentationen und Medienauftritte.
Kontakt zur Autorin: www.moderatorenschule-bw.de

FSC www.fsc.org MIX Papier aus verantwortungsvollen Quellen FSC® C089473

Dieses Buch ist erhältlich als:
ISBN 978-3-407-36715-0 Print
ISBN 978-3-407-25853-3 E-Book (PDF)

2., aktualisierte und erweiterte Auflage 2020

Lektorat: Ingeborg Sachsenmeier
Umschlaggestaltung: Victoria Larson
Umschlagfoto: www.pmtage.de
Illustrationen: Kiran Babu, Indien; Grafiken: Nils Braune, Karlsruhe

Herstellung: Michael Matl
Druck und Bindung: Beltz Grafische Betriebe, Bad Langensalza
Printed in Germany

Weitere Informationen zu unseren Autoren und Titeln finden Sie unter: www.beltz.de

Inhaltsverzeichnis

Teil 3: Gastgeber sein: von der Moderationsprobe bis zum Applaus 147

Anhang 247

Die Icons bedeuten:

Beispiele

Infos

Checklisten

Übungen

Downloads

Tipp

Vorwort zur 2. Auflage

»Der Wandel wird nie mehr so langsam gehen wie heute.« Diesen Satz habe ich kürzlich von einem Rednerkollegen gehört. Und tatsächlich ist die Geschwindigkeit, mit der digitale Entwicklungen unseren Alltag verändern, für jeden fühlbar: Wir wohnen smart, wir lernen online und wir arbeiten agil. Change – der Wandel ist das Buzzword dieser Zeit. Was gestern noch Standard war, wird heute schon hinterfragt. Die Schlagzahl, mit der Veränderungen in Unternehmen und Organisationen stattfinden, wird von Jahr zu Jahr höher. Und dies trifft gleichermaßen auf Events zu. Technologische und gesellschaftliche Trends haben die Art, wie wir Informationen konsumieren, fundamental verändert. In der Folge haben sich auch die Veranstaltungsformate und deren Gestaltung gewandelt.

Als ich anfing, live vor Publikum zu moderieren, saßen die Gäste frontal in Reihen vor der Bühne, sie konsumierten, was ihnen angeboten wurde und waren damit glücklich. Heute sieht das ganz anders aus. Da werden Stationen im Raum aufgebaut und Spiele veranstaltet, da wird abgestimmt und mitgestaltet – und da reicht es längst nicht mehr aus, als Moderator die Programmpunkte an- und abzusagen. Events sind in den letzten Jahren immer interaktiver und unterhaltsamer geworden. Das Publikum ist anspruchsvoller, die technischen Möglichkeiten aufgrund der Digitalisierung vielfältiger. Ein Gastgeber muss heute Mehrwert im realen Erlebnis schaffen. Warum sonst sollte das Publikum ihm oder ihr seine Zeit schenken, statt aufs mobile Gerät zu schauen.

Hinzu kommt, dass ein Ereignis nicht mehr nur an seinem physischen Ort stattfinden muss. Virtuelle und hybride Formate ermöglichen, dass Zuschauer in der ganzen Welt an einem Event teilnehmen können, auch wenn sie eine Tagesreise davon entfernt sind. Bereits heute nutzt ein Drittel aller Veranstalter Video-Streaming, um ihre Programme im Netz verfügbar zu machen – Tendenz steigend.

Auch deshalb stehen Veranstaltungsmoderatoren heute mehr denn je im Rampenlicht. Auf digitalen Plattformen finden ihre Auftritte neue Zielgruppen und sind langfristig sichtbar. Ein souveräner und überzeugender

Auftritt gehört daher zu den Grundkompetenzen eines professionellen Gastgebers. Zusätzlich sollten sie die neuen digitalen Veranstaltungstools beherrschen. Sie sollten wissen, wie sie Audience-Response-Tools, Social Media Walls, Matchmaking einsetzen, um ihren Gästen ein optimales Erlebnis zu bieten. Und sie sollten fit sein für die digitale Veranstaltungswelt. Das bedeutet, dass sie nicht nur auf der Bühne eine gute Figur abgeben, sondern auch vor der Kamera. Veranstaltungsmoderatoren der Zukunft bewegen sich in der realen und in der virtuellen Welt gleichermaßen.

Damit Ihnen dies gelingt, habe ich die Neuauflage dieses Buchs um ein Kapitel ergänzt, in dem ich die aktuell wichtigsten Trends und digitalen Tools für Eventmoderation erkläre. Ich zeige Ihnen, wie Sie Ihre zukünftigen Veranstaltungen erfolgreich moderieren und Ihre Gäste begeistern können. Zudem habe ich in einigen Kapiteln Links zu Videobeispielen hinzugefügt, die Sie in der enthaltenen E-Book-Ausgabe direkt anklicken können.

Ich wünsche Ihnen viel Erfolg bei Ihren zukünftigen Veranstaltungen.

Herzlichst,
Ihre Nicole Krieger

Karlsruhe, Dezember 2019

Vorwort zur 1. Auflage

Vor Kurzem rief mich die Marketingchefin eines mittelständischen Unternehmens an. »Ich muss im nächsten Monat eine wichtige Tagung moderieren. Wir haben einen Minister eingeladen und viele andere wichtige Leute. Unser Vorstand will ebenfalls sprechen. Ich habe jetzt schon Herzrasen.« Sie war aufgeregt. Zwar hatte sie schon den einen oder anderen Workshop moderiert. Aber dies war schließlich etwas völlig anderes. Sie fühlte sich unsicher, wie sie diese Veranstaltung über die Bühne bekommen sollte. »Wie kann ich mich vorbereiten? Was ziehe ich an? Was mache ich, wenn einer stört? Und wie werde ich mein Lampenfieber los?« Ihre Stimme vibrierte. Sie hatte gefühlt Tausend Fragen im Kopf.

Vielleicht geht es Ihnen ähnlich. Die meisten Menschen kommen eher zufällig zur Moderation. Sie wurden gefragt, ob sie diese oder jene Veranstaltung moderieren können, weil sie als Führungskraft, Experte oder Journalist thematisch versiert sind und man ihnen schon allein deshalb die Moderation zutraute. Für andere ist es ein zusätzliches berufliches Standbein, weil sie als Schauspieler, Musiker und Künstler ohnehin gern auf der Bühne stehen. So verschieden diese Wege auf die Bühne sind – eines möchten sie alle: erfolgreich moderieren. Dieses Buch soll auch Ihnen dabei helfen.

Die eine Hälfte meines Berufslebens verbringe ich damit, Veranstaltungen zu moderieren. Die andere Hälfte widme ich als Trainerin den Menschen, die es lernen möchten. Aus dieser Erfahrung habe ich die Gastgeber-Methode für Veranstaltungsmoderation entwickelt – eine Technik, mit der Sie auf jeder Bühne kompetent und souverän auftreten können – sicher, entspannt und ohne Lampenfieber. Immer wieder wurde ich gebeten, diese Methode aufzuschreiben. Das Ergebnis halten Sie nun in Ihren Händen: eine Anleitung zum Moderieren von Veranstaltungen aller Formate – mit praktischen Übungen aus meinen Seminaren, Checklisten, mit denen ich noch heute meine Veranstaltungen moderiere und zahlreichen Tipps. Viele Praxisbeispiele geben Ihnen einen lebendigen Einblick in die Arbeit auf der Bühne. Sie werden staunen, lachen, den Kopf schütteln – aber vor allem viel daraus lernen. Denn aus der Praxis lernt es sich am leichtesten.

Ich habe dieses Buch analog zu meinen Seminaren aufgebaut. In der Praxis hat es sich bewährt, erst einmal die Grundlagen des Auftritts zu trainieren, bevor fachliche und konzeptionelle Techniken der Veranstaltungsmoderation auf dem Programm stehen. Sofern Sie Grundlegendes lernen möchten, empfehle ich, die Kapitel der Reihe nach zu lesen und die entsprechenden Übungen zu machen. Wenn Sie schon Erfahrung auf der Bühne haben und in diesem Buch Inspiration suchen, können Sie direkt zu dem Kapitel springen, das Sie am meisten interessiert. In jedem Fall sollten Sie aber als Erstes das Kapitel »Die Gastgeber-Methode – Wie Sie sich auf der Bühne wohlfühlen wie im Wohnzimmer« (s. S. 20 ff.) lesen. Denn nur mit der inneren Haltung des Gastgebers wird es Ihnen gelingen, alle Aufgaben von Veranstaltungsmoderation erfolgreich zu meistern.

Moderatoren sprechen immer frei. Dennoch habe ich die Moderationsbeispiele zur besseren Lesbarkeit ausformuliert. Zudem verzichte ich auf die gleichzeitige Verwendung männlicher und weiblicher Sprachformen.

Mein Dank geht an viele Menschen: die Veranstalter, die mir ihre Events als Moderatorin anvertrauten, mein wohlwollendes und durchaus kritisches Publikum, das mich lehrte, eine gute Gastgeberin zu sein, und meine Seminarteilnehmer, von denen ich viel lernen durfte und deren Anliegen und Geschichten dieses Buch bereichern.

Gleichzeitig danke ich den Menschen, die mich ermutigten und unterstützten, dieses Buch zu schreiben: mein großartiges Team bei der Moderatorenschule Baden-Württemberg: Brigitte van Hattem, die den Text mit kritischem Blick korrigierte, Nils Braune, der die Grafiken beigesteuerte, meine Trainerkollegen und Probeleser für ihre wertvollen Anregungen. Die Lektorin Ingeborg Sachsenmeier, die von Anfang von diesem Buch und der Gastgeber-Methode begeistert war. Und vor allem meiner Familie für das Verständnis und den Freiraum, der dieses Buch erst ermöglichte.

Ich wünsche Ihnen viel Inspiration beim Lesen und viel Erfolg beim Moderieren.

Nicole Krieger
Karlsruhe, im Sommer 2016

P.S. Etliche der Infos und Checklisten erhalten Sie als Download auf der Homepage www.beltz.de direkt beim Buch.

TEIL 1

Gastgeber werden – Grundlagen des Auftritts

Veranstaltungsmoderation – die Königsdisziplin der Moderation

Ich war Mitte 20, als ich vom Produzenten meiner Fernsehsendung den Auftrag bekam, ein großes Open-Air-Event in einem Vergnügungspark zu moderieren. Damals hatte ich ein Volontariat in einer TV-Nachrichtenredaktion hinter mir und war schon einige Jahre als Nachrichten- und Magazinmoderatorin auf Sendung. Ich hatte Sprechunterricht genommen, ein paar Kurse in Fernsehmoderation absolviert und fühlte mich einigermaßen erfahren in dem, was ich tat. Allerdings hatte ich noch nie live vor Publikum moderiert. Ich wusste, es werden ungefähr 1 000 Gäste erwartet und ich sollte zusammen mit einem Zauberkünstler einen kurzen Showpart von etwa eineinhalb Stunden moderieren. Ich war unglaublich aufgeregt. Aber ich dachte, mit meinem Background werde ich das sicher professionell erledigen. Mit einem grenzenlosen Glauben an mich selbst bereitete ich die Moderation vor. Ich schrieb mir – wie ich es vom Fernsehen gewohnt war – meine Texte auf. Und weil es auf der Bühne keinen Teleprompter gab, lernte ich alles auswendig. Ich probte Übergänge, Anmoderationen und ging jede Bewegung auf der Bühne vor meinem geistigen Auge durch. Ich fühlte mich gut vorbereitet.

An jenem Abend aber auf der Bühne kam alles anders. Statt der avisierten 1 000 kamen 5 000 Gäste, der Zauberkünstler hatte natürlich keinen Text vorbereitet und die Gäste auf der Bühne machten alles mögliche, nur nicht das, was sie nach dem Text auf meinen Moderationskarten machen sollten. Sie brachten mich völlig aus dem Konzept und mir wurde heiß und kalt. Zum Glück hatte ich den Zauberkünstler. Der erzählte frech und frei, unterhielt die Zuschauer blendend und ritt mich so aus der Misere. Ich fühlte mich elend. Am liebsten wäre ich im Bühnenboden versunken und erst wieder aufgetaucht, als alle Zuschauer verschwunden waren.

Veranstaltungsmoderation ist ein eigenes Genre

Das war meine erste Lektion. Veranstaltungsmoderation hat eine ganz eigene Dimension. Sie ist ein eigenes Genre und viel anspruchsvoller als Fernsehmoderation. Hier werden viele Fähigkeiten benötigt, die Moderatoren, die in den Medien arbeiten, nicht notwendigerweise mitbringen. Im Fernsehen wird alles abgesichert und präzise getimt. In den meisten Sendungen sorgen Teleprompter dafür, dass die Moderatoren nur das sagen, was sie sich vorher notiert haben und vom Chef vom Dienst abgenommen wurde. Wenn bespielsweise in einer Talkshow zu lange über ein bestimmtes Thema geredet wird, signalisiert der Regisseur dem Moderator über einen Knopf im Ohr, dass er jetzt zum nächsten Thema kommen soll. Und falls einmal ein Filmbeitrag ausfällt, dann sorgt der Aufnahmeleiter ganz schnell dafür, dass ein anderer eingespielt wird.

Bei einer Veranstaltungsmoderation ist das komplett anders. Sie funktioniert ohne Netz und doppelten Boden. Alles ist live. Nichts entgeht den Augen und den Ohren des Publikums. Was gesagt ist, ist gesagt. Was passiert ist, ist passiert. Im Nachhinein kann weder etwas nachgebessert noch neu aufgezeichnet werden. Hinzu kommt, dass bei 99 Prozent aller Veranstaltungen, die ich erlebt habe, Dinge meistens ganz anders passieren, als sie vorher geplant waren. Ein Redner hat plötzlich ein neues Thema, in einer Diskussionsrunde dominiert ein Teilnehmer, von dem wir es gar nicht erwartet hatten, aus dem Publikum steht ein Zuschauer auf und stört mit Zwischenrufen.

Auch unterscheidet sich eine Veranstaltungsmoderation von der Moderation kleiner Gruppen. In Workshops, Besprechungen und Meetings ist der Moderator dafür zuständig, dass Menschen miteinander statt aneinander vorbei sprechen und am Ende ein Ergebnis steht. Dazu nutzt er völlig andere Methoden als auf der Bühne (zum Beispiel die Kartenabfrage und Metaplantechnik).

Bei Veranstaltungen gestalten Sie mit Ihrer eigenen Persönlichkeit und Ihrer Kompetenz den Verlauf viel stärker mit. Dies beginnt bei der allerersten Begrüßung und der Einleitung des Anlasses, geht weiter mit der Ankündigung einzelner Programmpunkte wie Reden, Präsentationen, Filme, Künstler, Essen bis zu den letzten Worten der Verabschiedung. Aber auch die Gestaltung ganzer Programminhalte wie Interviews, Podiumsdiskussionen und Publikumsinteraktionen gehört zum Auftrag von Veranstaltungsmoderatoren. Sie leiten eine Veranstaltung im besten Sinne des Wortes: den Zeitplan im Auge, ein Ohr fürs Publikum, das Informationsziel im Kopf. Sie müssen den richtigen Ton treffen, nah an ihren Zuschauern sein und sich wohlwollend um sie kümmern. Bühnenmoderatoren sollten sehr genau die Stimmung erspüren und innerhalb weniger Sekunden auf eine neue Situation reagieren können. Hier braucht es Schlagfertigkeit und Spontaneität. Sie sollten eloquent sein, um auch schwierige Themen in eigenen Worten so auf den Punkt zu bringen, damit das Publikum alles versteht. All das gelingt natürlich nur, wenn Sie authentisch, souverän und entspannt auftreten.

Heute, nach vielen Jahren in diesem Beruf ist Veranstaltungsmoderation für mich die Königsdisziplin der Moderation. Ich wäre damals gut beraten gewesen, mich gezielt auf mein erstes Open-Air-Event vorzubereiten. Allerdings gab es damals weder Literatur noch Weiterbildungsinstitute, die Moderation auf der Bühne vermittelten. Das ist einer der wesentlichen Gründe, warum ich die Gastgeber-Methode für Veranstaltungsmoderation entwickelt habe und sie in meinem Weiterbildungsinstitut vermittle. Mit dieser Moderationstechnik können Sie auf jeder Bühne souverän, kompetent und ohne Lampenfieber auftreten. Mit ihr sind Sie inhaltlich und mental perfekt vorbereitet. Sie können in jeder Situation angemessen reagieren – im Umgang mit Ihren Gästen auf der Bühne, dem Thema und dem Publikum. Dabei macht es keinen Unterschied, ob Sie eine Tagung, eine Abendgala, eine Diskussionsrunde oder eines der vielen anderen Veranstaltungsformate moderieren.

Der Markt wächst

In den letzten 15 Jahren, in denen ich als Moderatorin und Trainerin Events begleitet habe, hat sich die Branche enorm entwickelt. Allein die Zahl der Events, die jedes Jahr organisiert werden, ist gigantisch: rund 2,9 Millionen Veranstaltungen fanden allein im Jahr 2018 in Deutschland statt (Schreiber/Kunze/Dessi 2019, S. 10). Ein großer Teil davon wurde von Moderatoren begleitet.

Leisteten sich früher nur Konzerne und große Unternehmen Events für Ihre Mitarbeiter und Kunden, so veranstaltet heute jedes mittelgroße Autohaus seinen eigenen Kundentag mit Produktpräsentation, Showprogramm und Moderation. Für jedes mittelständische Unternehmen gehört es heute zur Normalität, das Meeting, die Tagung oder das Open House als Event zu organisieren. Auch öffentliche Institutionen wie Ministerien oder Behörden veranstalten nicht mehr nur staubtrockene Konferenzen, bei denen eine PowerPoint-Präsentation die andere jagt und die Technik mal mehr und mal weniger funktioniert, sondern haben sich an die Gepflogenheiten im Veranstaltungsgeschäft angepasst.

Neben den klassischen moderierten Veranstaltungsformaten haben sich mit der Digitalisierung in den letzten Jahren eine ganze Reihe neuer Formate etabliert, bei denen ebenfalls Moderation gefragt ist. Im Zeitalter der Vernetzung und des Sharings boomen Events, die netzwerkbezogen, aktionsorientiert und partizipativ sind, wie etwa Barcamps, Twittups oder Slams. Die Gäste werden zu Mitwirkenden. Sie arbeiten zusammen, um ein gemeinsames Ziel zu erreichen. Anfänglich fanden diese Formate im nicht kommerziellen Rahmen statt, inzwischen nutzen zahlreiche Unternehmen diese innovativen Veranstaltungsformate und verpflichten dafür professionelle Moderatoren.

Weitere Trends sind hybride und virtuelle Events, die entweder teilweise oder vollständig virtuell stattfinden. Damit wird Veranstaltungsmoderation zunehmend komplexer und erweitert den Rahmen der klassischen Live-Moderation. Welche zusätzlichen Kompetenzen Bühnenmoderatoren im Zeitalter der Digitalisierung benötigen, darauf werde ich im Kapitel »Veranstaltungsmoderation 4.0 – wichtige Trends und Tools für Events der Zukunft« (s. S. 239) näher eingehen.

Manche Unternehmen haben sogar eigene Abteilungen für Eventmanagement, andere engagieren professionelle Agenturen, die ihre Events perfekt organisieren, wieder andere machen es zur Chefsache. Die meisten Veranstalter legen großen Wert darauf, dass der Mann oder die Frau, die durchs Programm führt, dies professionell macht und weiß, worauf es bei der Moderation vor Publikum ankommt – ganz gleich ob diese Person als externer Dienstleister eingekauft wurde oder ob sie aus dem eigenen Haus kommt. Denn allen ist klar: Die Moderation ist eine Schlüsselrolle.

Klassische Veranstaltungsformate

- Tagung
- Kongress
- Preisverleihung
- Jubiläumsgala/-feier
- Messepräsentation
- Mitarbeiterversammlung
- Betriebsversammlung
- Informationsveranstaltung
- Pressekonferenz
- Podiumsdiskussion
- Firmeneröffnung

> **Veranstaltungsformate 2.0**
>
> - Barcamp
> - Slams; zum Beispiel Science Slam, Poetry Slam
> - Tweetup
> - Book Sprint
> - Hackathon

Moderation steigert Ihren Marktwert

Wenn Sie selbstständig Ihre Dienste als Moderator anbieten möchten, habe ich hier gleich eine gute Nachricht: Veranstaltungsmoderation ist von allen die lukrativste Form der Moderation – außer Sie sind ein Fernsehstar und heißen Thomas Gottschalk oder Günter Jauch. Ein professioneller Moderator mit guten Referenzen kann für eine klassische Veranstaltung je nach Format zwischen 1500 bis 4000 Euro berechnen. Ein ordentliches Honorar verglichen mit anderen freien künstlerisch publizistischen Berufen. Allerdings möchte ich Ihnen hier auch nicht das Blaue vom Himmel versprechen. Es wird eine Weile dauern, bis Sie dieses Honorar verlangen können und Sie entsprechend Aufträge bekommen. Es braucht einige Jahre Erfahrung, gute Referenzen und zufriedene Kunden, bis Sie allein davon gut leben können.

Aber auch für unternehmensinterne Moderatoren kann diese Aufgabe einen echten Reiz haben und zu einer großen Bereicherung in ihrem Job werden. Wenn Sie innerlich nicht mehr zusammenzucken bei der Frage: »Die nächste Tagung könnten doch Sie …«, sondern sich freuen, als Gastgeber der eigenen Konferenz oder Diskussionsleiter wichtiger Podiumsdiskussionen gesetzt zu sein. Dann können Sie zeigen, was in Ihnen steckt. Sie erweitern Ihre Expertise um eine Kompetenz, die vielleicht nur wenige in Ihrer Organisation besitzen. So machen Sie sich auf diese Weise unentbehrlich.

Den ersten Schritt gehen

Vielleicht haben Sie gerade jetzt eine Moderation vor sich und sind noch unsicher, ob und wie Sie das Ganze zu einer guten Sache machen. Eventuell haben Sie schon das eine oder andere Event moderiert, aber eher intuitiv aus dem Bauch heraus und würden gern professioneller an die Moderation gehen. Möglicherweise spielen Sie gerade jetzt mit dem Gedanken, beruflich etwas Neues zu wagen. Eine Aufgabe, die mehr Ihren Talenten und Ihren Interessen entspricht.

Egal wie, Sie sollten nicht zögern oder auf den optimalen Anlass warten. Fangen Sie jetzt an! Moderation ist etwas für Macher, für Menschen, die sich etwas zutrauen, auch wenn sie noch nicht alles perfekt können. Wer zu lange darüber nachdenkt, verpasst den Zeitpunkt, einzusteigen. Ich habe in meinen Seminaren immer wieder talentierte Menschen erlebt, die verbissen trainiert haben, aber am Ende nie auf der Bühne standen, weil sie ihr eigener Perfektionismus daran gehindert hat.

Deshalb möchte ich Ihnen mit diesem Buch das Handwerkszeug vermitteln und Mut machen, einfach loszulegen. Mit Moderation ist es wie mit Skifahren. Sie lesen ein Buch, machen eine Woche Skikurs, und am Ende schaffen Sie es irgendwie den Hang hinunter. Aber bis Sie elegant eine schwarze Piste hinabfahren können, werden Sie trainieren müssen. Immer wieder fahren, hinfallen, aufstehen, weitermachen. Erst die Übung macht den Meister.

Und was ist mit Talent?

In Interviews werde ich oft gefragt, was die wichtigste Voraussetzung sei, um erfolgreich Veranstaltungen zu moderieren. Gutes Aussehen ist es jedenfalls nicht. Ich glaube, es ist der Spaß am Moderieren, am Erfragen und Erzählen von Geschichten und am Gastgebersein. Wenn Sie gern Menschen um sich haben, wenn Sie neugierig auf sie sind und ihnen etwas bieten möchten, dann sind Sie richtig in diesem Job.

Training ist wichtiger als Talent

Vor einiger Zeit hatte ich eine Balletttänzerin in einem meiner Moderationsseminare. Auf die Frage, wie viel Talent man beim Tanz haben müsse, um eine erfolgreiche Ballerina zu werden, antwortete sie mir: »Beim Tanz gibt es eine einfache Formel. Du brauchst ein bisschen Talent, eine gute Ausbildung und ganz viel Übung. Das prozentuale Verhältnis ist etwa 20 : 30 : 50. Das tägliche Trainieren ist das Wichtigste.«

Aus meiner Sicht ist das beim Moderieren genauso. Schauen Sie sich die erfolgreichen Moderatoren im Fernsehen an. Günter Jauch, Johannes B. Kerner und Anne Will sind Journalisten und haben am Anfang ihrer Karriere ein Volontariat in einem Fernsehsender absolviert. Sie alle haben hart an sich gearbeitet. Sie waren erst einmal Redakteure, wie es Tausende gibt in deutschen Medien. Sie begannen ihre Karriere mit kleinen Sendungen, die meistens in den dritten Programmen liefen und an die sich heute kaum jemand mehr erinnert. Selbst bei den großen Fernsehanstalten gehörten ihre ersten Sendungen nicht zu den Sternstunden des deutschen Fernsehens. Diese Moderatoren mussten erst Routine bekommen, bis sie besser und schließlich gut wurden. Sie haben eine fundierte Ausbildung absolviert, üben diesen Beruf seit Jahren, wenn nicht sogar Jahrzehnte aus und haben mit Trainern und Coaches an sich gearbeitet. Erst durch die Erfahrung des regelmäßigen Tuns haben sie es zur Meisterschaft gebracht. Wenn Sie diese Menschen fragen, was Sie antreibt, werden Ihnen die meisten von Leidenschaft und Spaß am Moderieren erzählen.

Aber was macht nun eigentlich genau Moderationstalent aus? Ist es die Stimme, die Rhetorik oder das Auftreten? Der Begabungsforscher William Stern sah in Talent immer nur die Möglichkeit zur Leistung, unumgängliche Vorbedingungen, die jedoch nicht Leistung selbst bedeuten (Stern 1911).

Sehen Sie also Talent als einen Korb, der gefüllt ist mit gewissen Gaben, mit individuellen Begabungen für eine bestimmte Tätigkeit. Für Moderation füllen diesen Talentkorb am besten mit persönlicher Ausstrahlung, Selbstbewusstsein, rhetorischen und kommunikativen Fähigkeiten, einer wohlklingenden Stimme, Sprachgewandtheit und Allgemeinbildung. Vielleicht kommen noch Schlagfertigkeit, kabarettistische oder journalistische Grundkenntnisse dazu. All diese Fähigkeiten und Kenntnisse sind positive Vorbedingungen, aber noch keine Garantie für eine erfolgreiche Moderationsarbeit.

Der Psychologe K. Anders Ericsson geht noch weiter und glaubt, dass jeder Mensch das Potenzial in sich trägt, durch jahreslanges Üben und Lernen auf einem bestimmten Gebiet Spitzenleistungen zu erbringen (Ericsson/Pool 2016). Das heißt: Wer weniger im Körbchen hat, muss einfach härter und länger an sich arbeiten.

Haben Sie Talent? Ein kleiner Test

- ☐ Ich bin gern Gastgeber.
- ☐ Ich bin selbstbewusst.
- ☐ Ich bin kommunikativ.
- ☐ Ich bin offen.
- ☐ Ich bin sprachgewandt.
- ☐ Ich spreche klar und deutlich.
- ☐ Ich habe eine wohlklingende Stimme.
- ☐ Ich bin schlagfertig.
- ☐ Ich verfüge über situative Intelligenz und Flexibilität.
- ☐ Ich habe die Fähigkeit, mit Menschen umzugehen.
- ☐ Ich verfüge über eine gute Allgemeinbildung.
- ☐ Ich habe journalistische Grundkenntnisse.

Haben Sie zehn Häkchen oder mehr gemacht? Gratulation, Sie sind ein Naturtalent! Aber auch wenn Sie weniger Ja-Antworten angekreuzt haben, denken Sie daran: Höchstleistung ist keine Frage der Begabung, sondern des Trainings.

Die Gastgeber-Methode – Wie Sie sich auf der Bühne wohlfühlen wie im Wohnzimmer

Bei meiner Entwicklung zur Veranstaltungsmoderatorin habe ich mir viele Fragen gestellt, die Sie sich vielleicht ebenfalls stellen: Was ist das richtige Maß an Authentizität? Was können Sie auf der Bühne sagen und was nicht? Wie können Sie sich vorbereiten, wenn Sie doch situativ und natürlich reagieren möchten? Wirken Sie kompetent genug, wenn Sie Alltagssprache sprechen? Wie können Sie die Führung behalten bei einem Thema, bei dem alle Experten mehr wissen als Sie? Können Sie eine solche Veranstaltung überhaupt moderieren?

Die Gastgeber-Methode gibt Antworten auf all diese Fragen. Im Zentrum dieser Methode stehen das Rollenverständnis und die damit verbundene innere Haltung.

Die eigene Rolle finden

Bevor Sie den ersten Schritt auf die Bühne machen – wobei manchmal keine Bühne im eigentlichen Sinn vorhanden ist –, lassen Sie uns also die Rolle klären, die Sie als Moderator einer Veranstaltung haben. Damit Sie mich nicht falsch verstehen: Es geht nicht darum, dass Sie sich wie ein Schauspieler irgendeine Rolle aneignen, zum Beispiel die Rolle »Moderator«. Es geht mir dabei vielmehr um die Grundhaltung, aus der heraus Sie agieren und reagieren können.

Wir haben in unserem Leben viele Rollen gleichzeitig inne: Vater, Mutter, Sohn oder Schwester, beruflich möglicherweise Vorgesetzte und Mitarbeiter, ehrenamtlich Chorleiterin oder Elternsprecher. Jede Rolle löst ein bestimmtes Verhalten aus. Wir wissen, wie wir in einer bestimmten Rolle mit unserem Gegenüber zu reden haben. Wenn Sie als Mutter zu ihrer sechsjährigen Tochter sagen, dass sie jetzt kein Fernsehen mehr schauen darf, dann werden Sie das mit Sicherheit anders tun, als wenn Sie Ihrer Chefin mitteilen, dass Sie mit ihrem Führungsstil Probleme haben. Auch wenn wir zwar gelegentlich unsicher sind, wie wir eine bestimmte Botschaft überbringen sollen, so ist doch in der Regel eine grundsätzliche Sicherheit vorhanden, wie wir uns in den jeweiligen Situationen verhalten.

Nehmen Sie nun eine neue Aufgabe an und gehen damit in eine für Sie unbekannte Situation, sollten Sie sich unbedingt zunächst mit der Rolle beschäftigen. Denn die Rollenklarheit entscheidet darüber, ob Sie stimmig auftreten und kommunizieren können.

Jetzt könnten Sie vielleicht für sich feststellen: »Ist doch alles ganz einfach. Auf der Bühne bin ich Moderator.« In Ordnung. Aber wie ist denn ein Moderator? Ihren allerersten Moderator haben Sie vermutlich im Fernsehen gesehen. Am häufigsten nehmen wir Moderatoren im Fernsehen wahr. Vielleicht arbeiten Sie bereits als Moderator in einem Sender. Und so glauben die meisten Menschen, die moderieren wollen, dass sie genauso wie Moderatoren im Fernsehen im Allgemeinen oder wie ein bestimmter Moderator moderieren sollten. Denn schließlich haben es die Guten ins Fernsehen geschafft, und jeden Tag schalten Millionen Menschen ihr Fernsehgerät ein, um sie zu sehen. Es würde den Rahmen dieses Buches sprengen, eine Qualitätsdebatte über Fernsehmoderatoren zu führen. Ich rate Ihnen davon ab, Fernsehmoderatoren als Orientierung zu nehmen, wie ein Eventmoderator zu sein hat. Zudem möchte ich Sie davor bewahren, deren Kopie zu werden. Denn so würden Sie die Rolle Moderator nur spielen und Ihre eigene Persönlichkeit verbergen.

Der Moderator als Gastgeber

Sie sollen aber nicht spielen, sondern authentisch und stimmig in der Situation sein. Denn schließlich haben Sie Gäste, die das von Ihnen erwarten. Sie möchten Ihnen glauben, wenn Sie da vorne stehen und etwas sagen. Egal ob Sie gerade einen Redner anmoderieren oder kundtun, wo es das Mittagessen gibt, als Moderator sind Sie die offizielle und sichtbare Leitperson der Veranstaltung. Sie übernehmen die Führung. Dies ist aus meiner Sicht die wichtigste Aufgabe. Denn als Führungsperson bieten Sie Orientierung auf der Reise durchs Programm – vom ersten bis zum letzten Moment. Sie sind verantwortlich für Ihr Publikum, genauso wie für die Menschen, die mit Ihnen agieren, und für das, was passiert, nämlich dass alles in der Reihenfolge und in dem Zeitplan abläuft, wie es vorgesehen ist. Sie vermitteln Inhalte, fassen zusammen und erklären, wenn das Publikum etwas nicht versteht.

Sie stellen Fragen, diskutieren und intervenieren bei Störungen. Sie unterhalten das Publikum und sorgen für gute Stimmung. Sie geben der Veranstaltung den Rahmen, den sich der Veranstalter wünscht. Stellvertretend für ihn sind Sie das Gesicht der Veranstaltung. Sie sorgen dafür, dass sich alle wohlfühlen, sodass die Gäste am Ende erfüllt mit Freude und Erkenntnis nach Hause gehen und noch lange über die Veranstaltung reden. All das gelingt Ihnen am besten in der vertrauten Rolle des Gastgebers.

Aufgaben des Moderators

- Leiten
- Führen
- Informieren
- Unterhalten
- Inhalte zusammenfassen
- Ergebnisse kommentieren
- Interviews führen
- Talkrunden leiten
- Vermitteln
- Zeit managen
- Ziel der Veranstaltung erreichen

Das Gastgeber-Gen

Die allermeisten Menschen waren schon einmal privat Gastgeber und besitzen ein Gastgeber-Gen. Ob Geburtstagsfeier, Hochzeit oder einfach nur zum Essen – sie haben ein Gespür dafür, was zu tun ist, wenn sie Freunde zu einem bestimmten Anlass zu sich nach Hause einladen. Sie wissen intuitiv, was Gäste glücklich und zufrieden macht. Ich gebe Ihnen ein Beispiel aus dem Alltag. Vielleicht haben Sie ein solches Fest schon einmal selbst gegeben oder als Gast miterlebt.

Die Gastgeberin Vera

Vera feiert Ihren 40. Geburtstag. Sie hat eine Menge Freunde zu sich eingeladen: alte Freunde, Wegbegleiter, Menschen, die sie schon länger nicht gesehen hat. Sie feiert in ihrer Wohnung. Sie hat alles perfekt vorbereitet und sich in ein schickes Kleid geworfen. Sie empfängt ihre Freunde herzlich. Sie begrüßt sie, zeigt ihnen, wo die Getränke stehen (Leitung) und erzählt auch gleich, was es Tolles zu essen gibt (Information). Sie achtet darauf, dass das Essen nicht zu spät kommt (Zeitmanagement). Sie stellt neue Freunde und alte Bekannte einander vor (vermitteln). Für später hat sie einen Bekannten als DJ engagiert, der Musik auflegt (Unterhaltung). Natürlich stellt sie ihn ihren Freunden kurz vor. Später hat ihr Ehemann noch einen Film als Überraschung vorbereitet. Sie weiß nichts davon, bedankt sich aber anschließend vor allen Gästen bei ihm und sagt auch gleich noch ein paar Worte zum Anlass (Ereignisse kommentieren). Zu später Stunde bemerkt sie, dass zwei alte Bekannte in Streit geraten. Sie schlichtet und vermittelt (bei Störungen intervenieren). Einer der beiden ist betrunken und pöbelt andere Gäste an. Vera bittet ihn zu gehen (Führung). Es wird ausgelassen gefeiert bis spät in die Nacht. Veras Freunde kamen mit der Erwartung, ein tolles Fest zu erleben und das haben sie getan (Ziel erreichen). Die Gastgeberin hat ihr Versprechen von der Einladung eingelöst.

Soziale Kompetenz und emotionale Intelligenz

Als Gastgeber besitzen wir die soziale Kompetenz und die emotionale Intelligenz, um in der konkreten Situation stimmig zu kommunizieren und zu handeln. In der modernen Arbeitswelt nennt man diese sozialen Kenntnisse und Fähigkeiten »Soft Skills«. Diese Grundfähigkeiten im Umgang mit sich selbst und mit anderen Menschen haben wir in unserer sozialen Entwicklung mit auf den Weg bekommen. Jeder besitzt ein gewisses Maß an Selbstvertrauen, Selbstwert, Eigenverantwortung. Anderen gegenüber kann jeder seinen Wertvorstellungen entsprechend empathisch, konflikt- und anpassungsfähig sein. Wir haben schon als Kinder gelernt, wie es ist, wenn die Oma zum Kaffeetrinken kommt. Es ging weiter, wenn wir Schulfreunde zu einer Party nach Hause mitbrachten. Jetzt als Erwachsene tragen wir dieses Gastgeber-Gen in uns.

Allerdings ist diese soziale Kompetenz bei vielen Menschen im professionellen Kontext im Hinblick auf das Moderieren von Veranstaltungen und Bühnenauftritte in den Hintergrund getreten. Unter Professionalität auf der

Bühne verstehen sie: möglichst viele Fakten vermitteln, keine persönlichen Ansichten zeigen und sich bloß nicht versprechen. Wenn ich das in meinen Seminaren höre, halte ich schon einmal ein Plädoyer für Lebendigkeit und Herzlichkeit auf der Bühne. Nur weil es gängiger Standard ist, Zuschauer mit abgedroschenen Floskeln und Imagebroschüren-Deutsch zu langweilen, heißt das noch lange nicht, dass es gut ist. Im Gegenteil – mir graut davor, Gast einer solchen Veranstaltung nach dem immer gleichen Muster zu sein: Die Vorstände reden etwas. Der Moderator nickt ehrfürchtig. Es folgen interne Präsentationen mit Charts, auf denen keiner etwas lesen kann. Der Moderator findet das spannend. Die Diskussion läuft nach Drehbuch. Der Moderator fragt lieber nicht nach. Am Schluss gibt es Schnittchen. Und alle atmen auf.

Natürlich kann man sich mit dieser falsch verstandenen Professionalität irgendwie durchschlagen. Brillant wird eine Moderation aber erst, wenn zur inhaltlichen Kompetenz auch die Haltung des Gastgebers hinzukommt. Mit dieser Einstellung können Sie sich auf der Bühne so authentisch und entspannt geben wie im Wohnzimmer. Sie wissen in ungeplanten Situationen genau, was zu tun ist, denn zu Hause wissen Sie das ebenfalls. Die innere Haltung befähigt Sie, zu improvisieren oder in schwierigen Situationen zu intervenieren. Mehr noch: Sie können diese soziale Kompetenz gezielt einsetzen, um eine Veranstaltung herzlich, ergebnisorientiert und professionell zu leiten.

Profimoderatoren: charmante Gastgeber auf jeder Bühne

Natürlich können Sie jetzt einwenden: Die Tagung eines Unternehmens ist nicht meine private Geburtstagsparty. Richtig. Der Rahmen ändert sich. Statt im Wohnzimmer befinden Sie sich in einer Tagungslocation. Und die Gäste sind nicht Ihre Freunde, sondern Menschen, die Sie wahrscheinlich nicht einmal kennen. Mehr aber auch nicht. Ihre Aufgaben sind exakt dieselben, wie Sie sie als Gastgeber zu Hause haben. Nur, dass Sie nicht selbst die Gäste eingeladen haben, sondern ein Veranstalter. Und dass das Ziel nicht Ihr privates ist, sondern ein vom Auftraggeber vorgegebenes. Mit der inneren Haltung eines Gastgebers können Sie diese Verantwortung übernehmen. Sie können souverän und unterhaltsam moderieren, informative Interviews führen und spannende Podiumsdiskussionen leiten. Sie können

Sorge dafür tragen, dass die Erwartungen der Gäste erfüllt werden, und sie noch lange nach der Veranstaltung darüber sprechen, was sie gesehen und gehört haben.

Diese Haltung sollte Sie auf allen Bühnen begleiten. Dabei spielt es keine Rolle, ob Sie eine Tagung für Fachpublikum oder eine Roadshow für Jugendliche moderieren. Das Gleiche gilt für Geschäftsführer, die ihre Mitarbeiterversammlung abhalten, oder für Betriebsratsvorsitzende, die die vierteljährliche Betriebsversammlung durchführen, oder für Führungskräfte, die eine Konferenz moderieren.

Doppelrolle: Veranstalter und Moderator

Wenn Sie zu den Moderatoren gehören, die ihre Veranstaltung selbst organisieren und moderieren, haben Sie hier eine besondere Position. Sie kennen bereits das Thema und das Ziel der Veranstaltung. Sie kennen Ihre Gäste und wissen, was diese erwarten. Schließlich haben Sie sie selbst eingeladen. Damit haben Sie einen Wissensvorsprung gegenüber Profimoderatoren, die dies erst in einem Briefing klären müssen.

Diese Doppelrolle aus Veranstalter und Moderator macht es Ihnen auf der einen Seite leicht, in die Gastgeberrolle zu finden. Auf der anderen Seite birgt sie das Risiko, dass Sie sich nicht ausschließlich auf die Moderation konzentrieren können und stattdessen während der Veranstaltung zusätzlich noch mit den gesamten Organisationsabläufen beschäftigt sind. Etwa: Wann kommt das Catering? Wer empfängt die prominenten Referenten? Wo ziehen sich die Künstler um? All das sind wichtige, aber organisatorische Aufgaben, die mit der Moderation im eigentlichen Sinne nichts zu tun haben.

Veranstaltungsmoderation ist komplex und erfordert volle Konzentration. Falls Sie Ihre Veranstaltung selbst organisieren, sollten Sie sich Unterstützung suchen. Vieles lässt sich delegieren, wenn der Auftrag klar ist. Übertragen Sie einzelne Aufgaben an Teammitglieder, die auch sonst mit Ihnen zusammenarbeiten und die Veranstaltung kennen. Setzen Sie eine stellvertretende Projektleitung ein, die am Tag des Events an Ihrer Stelle Ansprechpartner für organisatorische Fragen ist. So haben Sie den Rücken frei für Ihre Arbeit auf der Bühne.

Doppelrolle: Experte und Moderator

Vor allem bei wissenschaftlichen Fachveranstaltungen ist es sehr beliebt, die Aufgabe der Moderation an einen Experten zum Thema zu vergeben. Wenn Sie aus dieser Rolle heraus moderieren, hat dies durchaus Vorteile für Sie. Denn Sie müssen sich nicht groß und breit in ein Thema einarbeiten. Der Inhalt der Veranstaltung ist bereits ihre Expertise und Sie haben es leicht, kluge und interessante Fragen zu zu stellen. Allerdings haben Sie hier ebenfalls eine Doppelrolle. Sie sind Experte, halten vielleicht sogar einen Vortrag und wechseln dann in die Rolle des Moderators, in der Sie andere Experten präsentieren oder in Diskussionsrunden befragen.

Als Moderator haben Sie die Aufgabe, Themen allgemeinverständlich für alle Zuschauer aufzubereiten, eventuell nachzufragen, wenn Inhalte unkonkret oder unverständlich, fachspezifisch sind. Eine Aufgabe, die Experten oft schwerfällt, weil sie selbst zu tief im Thema stecken. Ich habe schon oft erlebt, wenn Experten Expertenrunden moderieren, dass der Moderator mehr redet als seine Gäste und der Erkenntniswert für die Zuschauer gleich null ist, weil nur fachchinesisch geredet wird. Die Gratwanderung, als Experte Fachveranstaltungen zu moderieren, kann aber gelingen, wenn Rollenklarheit besteht. Hier sollten Experten darauf achten, dass sie sich auf das Wissensniveau ihrer Zuschauer begeben und sich ganz der Rolle des Gastgebers bewusst sind.

Ob als Profi, Veranstalter oder Experte – es spielt keine Rolle aus welcher Position heraus Sie moderieren. Für alle gilt: Werden Sie Gastgeber Ihrer Veranstaltung. Erst wenn Sie sich auf der Bühne bewegen wie im eigenen Wohnzimmer, können Sie Ihr ganzes Potenzial als Moderator entfalten. Um Ihnen Ihre Rolle als Veranstaltungsmoderator näherzubringen, lade ich Sie zu einer kurzen Übung ein.

Übung: Die Gastgeberrolle trainieren

Vorbereitung

Stellen Sie sich vor, Sie haben zu Hause Gäste eingeladen. Geburtstag, Taufe oder Sommerfest – nehmen Sie einen Anlass, der Ihnen vertraut ist und zu dem Sie tatsächlich Gäste einladen würden. Für die Übung sollen Sie zudem einen Ehrengast einladen. Wer das ist, dürfen Sie sich selbst aussuchen. Überlegen Sie sich, welche Person Sie schon immer mal (wieder) treffen wollten. Es darf durchaus eine bekannte

Persönlichkeit aus Gesellschaft, Politik, Wirtschaft, Kunst oder Kultur sein. Es darf aber auch ein Mensch sein, den Sie schon lange nicht mehr gesehen haben und gern einmal wieder treffen möchten. Denken Sie nicht zu lange nach. Nehmen Sie die Person, die Ihnen spontan einfällt. Schreiben Sie den Namen auf. Dies ist Ihr Ehrengast.

Durchführung

Stellen Sie sich bitte hin. Malen Sie sich die Situation genau aus. Was ist es für ein Anlass? Ist es eine Feier oder ein kleines Treffen? Wie viele Gäste sind gekommen? Wer genau ist Ihrer Einladung gefolgt? Sitzen oder stehen Ihre Freunde? Gibt es etwas zu trinken und zu essen? Was genau? Läuft im Hintergrund Musik? Wie ist die Stimmung? Haben Sie Ihre Wohnung oder Ihren Garten deutlich vor Ihrem geistigen Auge?

Nun zu Ihrer Aufgabe: Begrüßen Sie bitte Ihre Freunde, erzählen Sie ihnen ein bisschen etwas zum Anlass und stellen Ihren Ehrengast vor.

Reflexion

- Hatten Sie das Gefühl, Gastgeber zu sein?
- Ist es Ihnen gelungen authentisch und ganz privat zu sein?
- Wie haben Sie gesprochen?
- Was haben Sie erzählt?
- Wie standen Sie da?

Die Bühne
als Wohnzimmer

Die Gastgeber-Methode

Mit dieser Übung können Sie sich Ihr eigenes Potenzial bewusst machen. Sie besitzen bereits alle Fähigkeiten, um Gastgeber zu sein. Dieses Potenzial muss nun Stück für Stück in den professionellen Kontext transferiert, also vom Wohnzimmer auf die Bühne gebracht werden. So entwickeln Sie sich vom privaten Gastgeber zum professionellen Moderator. Das ist die große Aufgabe, die Sie vor sich haben. Mit diesem Buch möchte ich Ihnen die Methode und die Techniken dafür mit auf den Weg geben, damit Ihnen das gelingt. Es sind Tools und Techniken für die professionelle Moderation, die Sie schlüssig mit der inneren Haltung des Gastgebers verbinden können. Dabei spielt es keine Rolle, welche Form von Events und in welcher Sprache Sie moderieren. Mit dieser Technik sind Sie für alle Veranstaltungsformate gerüstet. Sie funktioniert bei einer kleinen Tagung mit 50 Führungskräften genauso wie bei der Eröffnungsfeier eines Stadtgeburtstags mit 10 000 Menschen.

Ganzheitliches Training

Die Gastgeber-Methode ist ein ganzheitliches Prinzip, das zum einen auf die Persönlichkeit des Moderators und zum anderen auf das notwendige Handwerkszeug setzt. Ziel ist es, so authentisch wie möglich vor Publikum aufzutreten. Unter ganzheitlich verstehe ich, dass der Moderator als unverwechselbare Persönlichkeit auftritt, bei der soziale und fachliche Kompetenzen miteinander verwoben sind. Deshalb werden alle diese Kompetenzen im ganzheitlichen Kontext zur Persönlichkeit und zur Rolle des Moderators trainiert.

Trainingskonzepte, die sich ausschließlich auf einzelne Fähigkeiten konzentrieren (zum Beispiel Körpersprache), schaden Veranstaltungsmoderatoren eher. Denn wer bestimmte Gesten für bestimmte Aussagen trainiert, kann niemals natürlich agieren.

Als Handwerkszeug bezeichne ich erlernbare und trainierbare Fähigkeiten, die Sie für den Auftritt vor Publikum brauchen: Körpersprache, Stimme und Sprechtechnik. Kommunikative Fähigkeiten wie Interviewtechnik, Gesprächsführung und den Umgang mit Ihren Gästen. Hinzu kommen die fachlichen Fähigkeiten, mit denen Sie sich auf Eventmoderationen inhaltlich vorbereiten können, um Themen interessant und unterhaltsam zu präsentieren. Dazu gehören journalistische Grundlagen, das Beschaffen von Informationen, das Auswählen und Präsentieren genauso wie Kreativitätstechniken. Auch wenn es auf den ersten Blick nicht so erscheint: Alle diese Kompetenzen stehen in direktem Bezug zur Persönlichkeit des Moderators.

Kompetenzen des Moderators

Zu welcher Branche zählt der Beruf des Moderators? In welchen Bereich ist er mit Blick auf die Aufgaben und Kompetenzen einzuordnen? Für den Fiskus zählen Moderatoren zu den freiberuflich Selbstständigen. Die Agenturen für Arbeit führen sie unter den darstellenden, künstlerischen Berufen. In der Sozialversicherung gehören Moderatoren zu den publizistisch-journalistisch Tätigen. Genau genommen trifft es diese Mischung ganz gut. Sie macht deutlich, wie vielseitig dieses Berufsbild ist und welche Kompetenzen maßgeblich sind.

Welche Kompetenzen brauchen professionelle Bühnenmoderatoren? Welche Fähigkeiten kann man entwickeln und welche müssen erlernt werden? Die Übersicht auf der nächsten Seite fasst die grundlegenden Kompetenzen zusammen.

Kompetenzen für professionelle Moderatoren

Soziale Kompetenzen

- Authentizität – Stimmigkeit
- Gastgeberhaltung und Wertschätzung
- Empathie
- Wahrhaftigkeit
- Selbstbewusstsein
- Kritikfähigkeit
- Offenheit und Neutralität im Gespräch
- Flexibilität
- Belastbarkeit und Umgang mit Stress und Lampenfieber
- Kreativität und Mut

Auftrittskompetenzen

- Körpersprache: Gestik, Mimik, Haltung, Stand
- Bewegung auf der Bühne
- Stimme
- Sprechen
- freies Sprechen vor Publikum

Kommunikative Kompetenzen

- Umgang mit Gästen auf der Bühne
- Kommunikation mit Publikum
- Gesprächsführung bei Interviews und Diskussionen
- aktives Zuhören
- Umgang mit Störungen

Fachliche Kompetenzen

- journalistische Grundkompetenzen (Informationen beschaffen, auswählen und präsentieren)
- Moderationsdramaturgie
- konzeptionelle Kompetenzen
- Storytelling
- Umgang mit Technik auf der Bühne
- Doppelmoderation
- Publikumsinteraktionen

Soziale Kompetenzen des Moderators: Wie Sie zur Bühnenpersönlichkeit werden

Auf dem Arbeitsmarkt haben die sozialen Kompetenzen in den letzten Jahren enorm Karriere gemacht. Im mittleren Management gelten sie als eine sehr wichtige Schlüsselqualifikation. Wer ein Team motivieren kann, wer kritikfähig ist und gleichzeitig seine Ziele durchsetzt, hat gute Chancen, es ganz nach oben zu schaffen. Für Veranstaltungsmoderatoren gehören die Soft Skills gleichermaßen zu den wichtigsten Kompetenzen. Die Psychologie unterscheidet mehr als 100 Persönlichkeitsmerkmale, die zu den sozialen Kompetenzen zählen. Werfen wir einen Blick auf die zehn wichtigsten Tugenden die Sie brauchen, um erfolgreich Veranstaltungen zu moderieren.

Die zehn wichtigten sozialen Kompetenzen eines Bühnenmoderators

Erstens: Authentizität – Stimmigkeit. »Sei du selbst!«, lautet das erste Gebot für Moderatoren. Damit ist gemeint: Verstelle dich nicht, spiele keine Rolle, sondern gib dich auf der Bühne so, wie du bist. Handle und rede authentisch und situationsgerecht wie im Alltag.

Ob Sie nun ein witziger Typ sind, der gern viel gestikuliert und redet, oder ob Sie eher introvertiert und sachlich sind, spielt dabei keine Rolle. Wir wollen echte Menschen sehen – mit echten Gefühlen, mit Ecken und Kanten, ja – und auch mit Fehlern. Menschen, die uns unterhalten, informieren und kompetent auf ihre eigene ganz individuelle Art und Weise durch ihre Veranstaltung führen. Das ist das Geheimnis erfolgreicher Moderatoren. Sie schaffen es, andere für sich einzunehmen, indem sie ihre Persönlichkeit zeigen. Sie beeindrucken uns mit der Art, wie sie auftreten und mit uns sprechen. Jeder kann das im Fernsehen beobachten. Es gibt viele Moderatoren, aber nur wenige wirklich gute. Die, die es ganz nach oben geschafft haben, sind starke Persönlichkeiten und zeigen Profil. Oder wie es der TV-Moderator Thomas Gottschalk in einem Interview (SPIEGEL 47/2011) sagte: »Ich muss mir keine Pseudofröhlichkeit zurechtlegen oder zurechtlegen lassen, sondern bin vor der Kamera weitgehend so, wie mich Gott geschaffen hat. Und ich lebe gut davon.« So wie wir Thomas Gottschalk in seinen zahlreichen Sendungen und Fernsehevents erleben, kennen ihn seine Freunde. Er gibt sich öffentlich genauso wie privat. Da gibt es keinen Unterschied.

Zweitens: Gastgeberhaltung und Wertschätzung. Lieben Sie Ihr Publikum! Mit »lieben Sie« meine ich natürlich nicht die erotische Liebe, sondern die Wertschätzung. Wenn Sie Ihre Zuschauer wertschätzen, werden Sie alles dafür tun, dass es ihnen gut geht. Wie oft erlebe ich Events, in denen die Moderatoren mehr mit sich als mit ihrem Publikum beschäftigt sind. Man sieht ihnen regelrecht an, wie sehr sie damit beschäftigt sind, ihre Gedanken zu sortieren und nach Fakten und Stichworten zu suchen, die sie unbedingt loswerden wollen. Genau das ist das Problem. Wer zu sehr auf sich und seine Gedanken bezogen ist, kann nicht im Kontakt mit dem Publikum sein. Aber genau das ist die eigentliche Aufgabe. In der Bezeichnung Gastgeber ist das Wort »geben« enthalten. Dem Publikum etwas geben, ist die Bestimmung eines Moderators. Dazu muss er mental und physisch mit seinen Gästen verbunden sein, mit seinem Denken und seinem Blick. Begegnen Sie Ihrem professionellen Publikum genauso wertschätzend wie Ihren Gästen zu Hause.

Drittens: Empathie. Dies ist die Fähigkeit, sich in andere Personen einfühlen zu können, ihre Gedanken, Gefühle und Motive zu erkennen. Und dazu gehört, entsprechend darauf zu reagieren. Auf der Bühne ist das eine überlebenswichtige Fähigkeit. Stellen Sie sich vor, ein Moderator bemerkt nicht, wenn die Stimmung bei den Zuschauern ins Negative umschlägt. Oder: Er hat einen Redner auf der Bühne, der gehemmt vom Lampenfieber kaum einen Ton herausbringt. Würde der Moderator nicht entsprechend reagieren, hätte dies fatale Folgen für die Veranstaltung.

Ein Gastgeber sollte spüren, was seine Gäste auf dem Herzen haben, was sie denken und brauchen. Diese Fähigkeit hängt stark mit der eigenen Selbstwahrnehmung zusammen. Je offener jemand mit seinen eigenen Gefühlen umgeht, umso besser kann er sich in andere Menschen hineinversetzen. Allerdings: Wer auf der Bühne unter Lampenfieber leidet, hat es schwerer, empathisch zu sein. Eine Studie des Psychologen Jeffrey Mogil von der Universität Montreal hat gezeigt, dass Stress die Fähigkeit zur Empathie hemmt. Das heißt: Wenn Sie wissen, dass Sie unter Auftrittsangst leider, achten Sie besonders auf Ihren Kontakt zum Publikum.

Viertens: Wahrhaftigkeit. Diese Tugend ist sowohl für die Art und Weise Ihres Auftritts wichtig als auch für den Inhalt des Gesagten. Denn ein Moderator wirkt nur dann glaubhaft, wenn er authentisch auftritt und die Wahrhaftigkeit zu spüren ist. Viel zu oft erlebe ich, dass sich selbst Profis tolle Geschichten für ihre Moderation ausdenken. Geschichten, die frei erfunden sind oder so nicht ganz stimmen. Ich warne davor, irgendetwas zu erfinden und auf der Bühne zu erzählen. Erstens möchten Zuschauer nicht angelogen werden. Zweitens wollen sie ihm glauben, auf ihn vertrauen und im Ernstfall vom ihm wissen, wo der Notausgang ist, wenn es brennt. Drittens: Erlogene Geschichten können einem gehörig um die Ohren fliegen. Wenn nämlich eine der auftretenden Personen später auf die Geschichte eingeht und den Moderator etwas dazu fragt, verstrickt er sich in Lügen. Halten Sie es daher wie der französische Philosoph Voltaire: »Alles was du sagst, sollte wahr sein, aber nicht alles Wahre solltest du sagen.«

Fünftens: Selbstbewusstsein. Diese Eigenschaft besitzt einen natürlichen Gegenspieler: den inneren Kritiker. Vermutlich kennen Sie ihn recht gut, wenn er alles Mögliche kommentiert und kritisiert. Er schwatzt immer dann dazwischen, wenn Sie gerade etwas machen wollen, das Ihnen besonders am Herzen liegt. »Du bist nicht kompetent genug. Du redest dummes Zeug. Du bist besser am Schreibtisch aufgehoben als auf der Bühne.« Mit solchen Sprüchen kann er einem gewaltig auf die Nerven gehen und Lampenfieber beim Auftritt produzieren.

Der innere Kritiker existiert jedoch nur in unseren Köpfen. Daher mein Tipp an Sie: Schieben Sie solche Gedanken beiseite. Bei einem Auftritt hat der innere Kritiker nichts zu suchen. Weisen Sie ihn in die Schranken und gehen Sie selbstbewusst an Ihre Aufgabe. Mentale Übungen dazu finden Sie im Kapitel »Lampenfieber – Strategien gegen Redeangst« (s. S. 160 ff.). Wer auf der Bühne moderiert, darf sich nicht wie ein kleines Kind hinter Mamas Hosenbein verstecken wollen. Ein Kollege drückte es einmal sehr einfach aus: »Als Moderator musst du es einfach aushalten, von vielen angeglotzt zu werden.« Es sind aber nicht nur die Blicke, die es auszuhalten gilt, sondern auch das öffentliche Reden und Handeln, die innere Stärke und ein gehöriges Maß an Selbstbewusstsein erfordern.

Sechstens: Kritikfähigkeit. Der innere Kritiker hat allerdings durchaus eine Daseinsberechtigung. Und zwar dann, wenn er gefragt wird. Wenn sich das

Selbstbewusstsein ganz ohne Regulativ auf der Bühne austoben könnte, hätten wir es mit einer selbstverliebten Rampensau zu tun. Und wer will das schon sein? Insofern ist eine gesunde Kritikfähigkeit eine wichtige Tugend für Veranstaltungsmoderatoren. Ich bitte meine Auftraggeber von Events anschließend immer um ein ehrliches Feedback. Manchmal gibt es Videoaufzeichnungen, die ich mir geben lasse und anschaue. Konstruktive Kritik ist ein großartiges Instrument, sich und seinen Auftritt zu reflektieren und besser zu werden. »Wer aufhört, besser zu werden, hat aufgehört, gut zu sein!«, sagte der Unternehmer Philip Rosenthal. Die Fähigkeit, Kritik neugierig und offen anzunehmen, sollte Ihre Karriere immer begleiten.

Siebtens: Offenheit und Neutralität im Gespräch. Moderatoren müssen offen für Menschen und ihre Themen sein. Sie sollen sich unvoreingenommen einlassen auf ihre Gäste und das, was ihnen der Veranstalter als Programm aufgetragen hat.

Gelegentlich werden Sie Vorurteile bei sich entdecken, von deren Existenz Sie nicht einmal wussten. Vielleicht erinnern Sie sich an die letzte Mitarbeiterversammlung Ihres Unternehmens, die der Stellvertreter des Geschäftsführers moderiert hat, und bei der die Zuschauer ziemlich unaufmerksam waren. Welche Gefühle kamen in Ihnen hoch? Welche Vorurteile entdecken Sie im Rückblick darauf?

Seien Sie offen: Es liegt in Ihrer Hand, dass es bei Ihrer Moderation anders wird. Auch bei Themen, bei denen Sie möglicherweise anderer Meinung als ein Referent sind, rate ich zu Unvoreingenommenheit. Sie dürfen natürlich Ihre Meinung haben, sie können sie auch kundtun (sofern dies nicht die Ziele des Veranstalters torpediert), dürfen Programminhalte kommentieren, aber es bleibt Ihre persönliche Meinung. Die Zuschauer bilden sich ihre eigene.

Ein Sonderfall sind Interviews und Diskussionsrunden. Sie erfordern zur Offenheit zudem die Neutralität als weitere Kompetenz. Moderieren Sie beispielsweise eine Diskussion zum Thema Umweltschutz, ist es oberste Priorität, dass Sie als Moderator neutral fragen. Sie dürfen Diskussionen nicht in eine Richtung beeinflussen. In Interviews gilt ebenfalls: keine Beeinflussung, Gespräche werden immer neutral geführt. Andernfalls fühlen sich die Zuschauer an der Nase herumgeführt. Sie outen sich entweder als Mikrofonhalter auf zwei Beinen oder die Gäste fühlen sich von Ihnen zu einer bestimmten Meinung gedrängt.

Achtens: Flexibilität. Veranstaltungen sind Unikate. Auch wenn es sich vielleicht um eine Reihe gleicher Veranstaltungen handelt, so gestaltet sich doch jede für sich einzigartig in Bezug auf das Publikum, den Ort, den Tag, das Wetter, die Stimmung und so weiter. Diese Einzigartigkeit macht den Reiz, aber auch die Schwierigkeit aus, Veranstaltungen zu moderieren. Wir müssen einen Plan haben, sollten aber jederzeit in der Lage sein, diesen Plan zu verlassen und uns auf neue Situationen einstellen. Deshalb erfordert Veranstaltungsmoderation hohe Flexibilität und situatives Entscheidungsvermögen im Umgang mit Themen und Publikum. Dabei spielt es keine Rolle, ob Sie vor 50 oder 5000 Menschen auf der Bühne stehen. Ihre Flexibilität gibt Ihnen die Freiheit, auf ungeplante Situationen angemessen zu reagieren.

Die Preisverleihung, bei der der Preisträger nicht erschien

Vor einigen Jahren moderierte ich eine große, internationale Preisverleihung. Im festlich geschmückten Ballsaal des Fünf-Sterne-Hotels saßen 400 geladene Gäste. Die gesamte Exzellenz der Branche war vor Ort. Als ich gerade gemeinsam mit einem Laudator einen der Gewinner verkündete und ihn auf die Bühne bat, erschien niemand. Zunächst fragte ich noch einmal, ob der Gewinner im Saal sei. Vielleicht hatte er mich überhört. Doch nach einem kurzen Moment wurde klar, hier im Saal war der Preisträger nicht. Was tun?

Weil ich wusste, dass einige Gäste vor dem Saal standen, bat ich seine Kollegen, sie mögen doch kurz nachschauen, ob er vielleicht gerade draußen ist und ihm Bescheid geben, dass er als Preisträger auf der Bühne verlangt wird. Dann sagte ich zum Laudator: »Lassen Sie uns doch ein bisschen plaudern, bis unser Preisträger erscheint.« Doch er kräuselte die Stirn und ich sah ihm deutlich an, dass er keineswegs mit mir plaudern wollte, weil er unter Lampenfieber litt. Oder vielleicht hatte er zu diesem Thema nicht allzu viel zu sagen. Ich signalisierte ihm mit meinem Blick und einem kleinen Nicken, dass ich verstanden hatte und hielt das Gespräch unterhaltsam an der Oberfläche.

Alsbald erschien jemand vor der Bühne, der uns mitteilte, dass der Preisträger gar nicht vor Ort sei. Er könne den Preis stellvertretend für ihn mitnehmen. Sodann fuhren wir fort und den Laudator verabschiedete ich anschließend mit den Worten »… das hatten wir so nicht geplant, haben Sie vielen Dank für das Gespräch.« Er strahlte und ging selbstbewusst von der Bühne.

Neuntens: Belastbarkeit und Umgang mit Stress und Lampenfieber. Wer behauptet, dass Moderation ein leichter Job sei, der macht sich entweder selbst etwas vor, oder er hat noch nie auf der Bühne von Anfang bis Ende durch eine Veranstaltung geführt. Wenn eine Moderation gut ist, sieht sie leicht aus. Aber in Wirklichkeit ist sie anstrengend wie ein Marathon. Erinnern Sie sich an die Aufgaben, die ich im vorherigen Kapitel zur Gastgeber-Methode beschrieben habe. Die Verantwortung für das Ganze, die Livesituation, die vielen unterschiedlichen Tätigkeiten. Der Moderator ist lange vor dem eigentlichen Auftritt in die Veranstaltung involviert mit Briefing, Vorbereitung und Konzept. Dazu kommt das Reisen, das Sich-Einstellen auf fremde Menschen und immer neue Situationen, die Anspannung vor und während des Auftritts, das Lampenfieber und der Stress, der mit allem zusammenhängt. Schließlich gibt es nur diese eine Chance, dass die Veranstaltung zum Erfolg wird. All das macht die Aufgabe Moderation zu einem echten Mammutprojekt, die eine gute mentale und körperliche Kondition erfordert.

Zehntens: Kreativität und Mut. Viele Veranstaltungen sind langweilig, weil sich Moderatoren nichts trauen und sich an gängige Formulierungen halten, anstatt sich abseits davon zu bewegen. Kennen Sie die Formulierung: »Ich freue mich, dass Sie so zahlreich erschienen sind«? Ich glaube nicht, dass diejenigen diesen Satz zur Einleitung sagen, weil ihnen nichts anderes einfiele. Ihnen fehlt schlicht der Mut, etwas anderes auszuprobieren. Mit der bewährten Floskel bewegen sie sich auf sicherem Terrain. Es kann ihnen nichts passieren und keiner kann Anstoß nehmen. Das ist richtig. Aber sie reißen auch keinen vom Hocker und wahrscheinlich entfliehen ihre Zuschauer schon nach kurzer Zeit mit den Gedanken anderswohin.

Deshalb: Seien Sie mutig! Zeigen Sie sich. Erzählen Sie Geschichten. Gehen Sie ins Publikum. Befragen Sie Ihre Zuschauer. Wagen Sie Neues. Machen Sie Dinge, mit denen das Publikum nicht rechnet. Sie müssen keinen Kopfstand auf der Bühne machen, aber Sie sollten etwas wagen. Ihre Zuschauer werden es Ihnen danken mit Aufmerksamkeit und Begeisterung.

Gehen Sie auf die Reise zu sich selbst

Immer wieder werde ich gefragt, mit welchen Persönlichkeitsmerkmalen man denn mehr oder weniger Erfolg hat. Ich kann Ihnen dazu nur sagen: Der Markt für Veranstaltungsmoderatoren ist groß genug, sodass jeder Typ seine Zuschauer findet – vorausgesetzt, er besitzt die grundlegenden Kompetenzen.

Auftraggeber suchen gezielt nach Moderatorenpersönlichkeiten für ihre Events. Vor einiger Zeit fragte eine große Agentur bei uns nach einem Moderator, der seriös und kompetent durch eine Tagung führen sollte. Bei einer erneuten Anfrage meldete sich die gleiche Agentur auf der Suche nach einer extrovertierten Party-Moderatorin für eine karibische Nacht. Daran sehen Sie, wie wichtig es ist, dass Sie Persönlichkeit zeigen.

Mein Tipp lautet daher: Versuchen Sie nicht Everybodys Darling zu sein. Moderatoren, die mausgrau daherkommen, werden nicht wahrgenommen. Wer sich anbiedert und nur anderen gefallen will, verliert seine Persönlichkeit. Machen Sie sich auf die Reise zu sich selbst. Fragen Sie sich: Wer bin ich? Wie bin ich? Womit fühle ich mich wohl? Genauso sollten Sie auch auf der Bühne auftreten.

Übung: Vorbilder

Welche drei Moderatorenpersönlichkeiten fallen Ihnen ein? Notieren Sie die Namen und schreiben Sie jeweils dazu, welche Eigenschaften diese Moderatoren ausmachen. Was fällt Ihnen besonders auf? Entdecken Sie etwas, das Sie bewundern? Was genau ist das?
Vorbilder weisen auf Ressourcen hin, die in Ihnen angelegt sind. Versuchen Sie dieses Potenzial auszubauen.

Übung: Fremdbild und Selbstbild

Nun geht es um Sie. Fragen Sie sich: Wie bin ich? In Ihrer Persönlichkeit haben Sie ganz individuelle Merkmale, die Sie einzigartig machen. Ziel dieser Übung ist es, Bewusstsein über das eigene Verhalten und Ihre Persönlichkeit zu bekommen. Beschreiben Sie sich selbst. Notieren Sie Ihre Eigenschaften auf einem Blatt.
Dann bitten Sie parallel dazu eine Person Ihres Vertrauens, Sie ebenfalls zu charakterisieren und dies auf einem Blatt zu notieren.

Auswertung
Gleichen Sie Selbstbild und Fremdbild ab. Je näher sich Selbstbild und Fremdbild kommen, umso besser klappt die Kommunikation und umso einfacher ist es, Verhalten zu ändern.
Wenn Sie feststellen, dass eine große Diskrepanz zwischen Ihrem Selbstbild und dem Fremdbild herrscht, schärfen Sie Ihre Wahrnehmung für das eigene Verhalten. Lernen Sie die Wirkung Ihres eigenen Verhaltens besser einschätzen, indem Sie sich öfter Feedback einholen.

Kommunikative Kompetenzen – Dialog statt Monolog

Der gute Draht zum Publikum

Ich bin immer wieder erstaunt, wie wenig Moderatoren über Kommunikation wissen, obwohl diese Kompetenz gewissermaßen »überlebensnotwendig« auf der Bühne ist. Vielleicht denken Sie jetzt: Wieso? Auf der Bühne rede doch nur ich und die anderen hören zu. Vordergründig scheint das so. Der Moderator ist derjenige, der spricht – zumindest größtenteils. Trotzdem befindet er sich im ständigen Dialog mit dem Publikum. Der Moderator agiert. Das Publikum wiederum reagiert: mit Aufmerksamkeit, mit Kopfschütteln, mit Applaus. Beifall kann Zustimmung oder Dank signalisieren, etwa nach einem interessanten Vortrag oder einer großartigen, künstlerischen Show. Ein kurzer Zwischenapplaus nach der Ankündigung eines Referenten wird in aller Regel die Begrüßung dieser Person sein. Kopfschütteln kann Missbilligung ausdrücken.

All diese Reaktionen des Publikums gilt es als Moderator wahrzunehmen, zu verstehen und dementsprechend wieder darauf zu reagieren. Es geht also darum, im ständigen Kontakt mit den Zuschauern zu sein und mit ihnen zu kommunizieren. Dies gilt im besonderen Maße für interaktive und partizipative Events, bei denen weniger im Voraus geplant werden kann. Wenn die Gäste sich einbringen und Inhalt und Verlauf des Events mitgestalten, kann die Moderation nur durch Kommunikation mit ihnen entstehen. Wie dies gelingt und wie Sie einen guten Draht zum Publikum bekommen, davon handelt dieses Kapitel.

Dialog statt Monolog

Vielleicht fühlt sich das für Sie am Anfang seltsam an: Wie geht das, im Dialog zu sein, wenn Sie keine verbale Antwort erhalten wie bei einem direkten Gespräch? Vielen Moderatoren gelingt es nur mit Mühe, mit Ihrer Aufmerksamkeit bei den Gästen zu sein. Sie kreisen stattdessen viel zu sehr um sich selbst. Dabei denken sie darüber nach, wie sie stehen, wie sie aussehen und was sie alles sagen wollen. In der Folge reden sie zu schnell und zu viel. Sie texten ihre Zuschauer buchstäblich zu und interessieren sich nicht dafür, wie es den anderen damit geht. Hier zeigt sich, dass der Fokus verschoben ist. Statt bei den Gästen ist er beim Gastgeber selbst. Wie es sich anfühlt, wenn ein Gastgeber ständig nur um sich selbst kreist, brauche ich Ihnen nicht zu erklären.

Also: Richten Sie Ihren Fokus auf Ihre Gäste. Dies gelingt insbesondere dann besonders gut, wenn Sie beim Sprechen Pausen machen. Versuchen Sie Ihre Gäste bewusst wahrzunehmen und sich empathisch in sie einzufühlen. Halten Sie die Verbindung, indem Sie die Reaktionen des Publikums aufnehmen und in Ihre Moderation einfließen lassen. Etwa: »... Ich sehe, dass einige von Ihnen mit dem Kopf schütteln ...« Wenn es Ihnen schwerfällt, von der Bühne aus Kontakt zu halten, können Sie direkt ins Publikum gehen. Dies muss allerdings mit einer sinnvollen Aktion verknüpft sein. Beispielsweise könnten Sie eine Umfrage machen (Techniken zur Publikumsaktivierung stelle ich ab Seite 213 vor). Machen Sie sich immer wieder klar: Sie moderieren für Ihre Gäste und nicht für sich selbst. Alles was Sie tun und sagen, sollte Ihre Gäste meinen. Natürlich haben Sie im Hinterkopf einen Auftrag. Aber Sie sollen ihn für und mit Ihren Gästen erfüllen.

Nachfolgend möchte ich Ihnen vier Modelle aus der Kommunikationswissenschaft kurz vorstellen, die für die Arbeit auf der Bühne praktische Dienste leisten. Dazu zeige ich Ihnen Möglichkeiten, wie sie das jeweilige Modell für sich nutzen können. Mit diesen Basics wird es Ihnen leichter fallen, Kontakt mit den Zuschauern herzustellen und souveräner, wertschätzender und zielgerichteter zu moderieren – insbesondere, wenn Situationen anspruchsvoll sind, wenn Sie zum Beispiel Gespräche wie Interviews und Podiumsdiskussionen leiten möchten oder es um Themen geht, die »heiße Eisen« sind.

Erstes Modell: Jedes Verhalten ist Kommunikation

Der Kommunikationspychologe Paul Watzlawick schrieb in seinen Grundsätzen: »Man kann nicht nicht kommunizieren, denn jede Kommunikation (nicht nur mit Worten) ist Verhalten und genauso wie man sich nicht nicht verhalten kann, kann man nicht nicht kommunizieren« (Watzlawick/Beavin/Jackson 2000, S. 58).

Zwischenmenschliche Kommunikation ist ein ständiger Austausch von Informationen. Der Sender überbringt die Informationen, ein oder mehrere Empfänger nehmen sie wahr, interpretieren und reagieren auf sie und werden sodann zum Sender. Ein Wechselspiel von auditiven und visuellen Signalen zwischen Menschen. Auditiv ist alles, was für die Ohren wahrnehmbar ist: gesprochene Sprache, Laute und die Sprechmelodie. Zu den visuellen Signalen gehören Mimik, Gestik und Körpersprache. Diese sichtbaren Signale sind entscheidend für das Bild, das wir abgeben beziehungsweise das wir uns von anderen machen. Wenn wir miteinander reden, senden und empfangen wir also eine Mischung aus unterschiedlichsten hörbaren und sichtbaren Signalen. Watzlawick ging davon aus, dass Kommunikation Verhalten ist. Und weil Verhalten kein Gegenteil kennt, hat auch Kommunikation keines. Wir kommunizieren also immer – und zwar auf die unterschiedlichsten Arten.

Bedeutung für Veranstaltungsmoderation: Selbst wenn der Moderator auf der Bühne eine Sprechpause macht, sendet er damit eine Botschaft. Schaut er dabei hilflos in die Luft, könnte sie lauten: »Oh Schreck, was wollte ich bloß sagen!« Schaut er dagegen aufmerksam ins Publikum, könnte sie lauten: »Ich warte, bis Sie mir aufmerksam zuhören.« Durch das komplexe Zusammenspiel der Signale können wir in den gleichen Satz unzählige Bedeutungen hineinlegen oder hineininterpretieren.

Die Sender-Empfänger-Beziehung: Wenn die gut gemeinte Äußerung als Ärgernis ankommt, stimmt etwas mit der Kommunikation nicht.

Außerdem hat die Kommunikation auf der Bühne eine viel größere Tragweite. Einer sendet und viele empfangen beziehungsweise viele senden und einer empfängt. Im Klartext: Was Sie einmal getan und gesagt haben, ist im Raum und damit von vielen gesehen und gehört. Klarstellungen oder Relativierungen wie in einem Gespräch zwischen zwei Personen sind hier viel schwieriger und oft ungenau.

Zweites Modell: Wir sprechen auf zwei Ebenen

Eine weitere für Moderation wichtige Erkenntnis von Watzlawick ist, dass wir es bei allem Gesagten stets mit zwei Ebenen zu tun haben. Neben der reinen inhaltlichen Sachebene enthält eine Äußerung immer auch den Hinweis darauf, wie der Empfänger sie verstehen soll. Dieser Subtext ist die emotionale Ebene. Sie definiert, wie wir die Äußerung verstanden wissen wollen. Allerdings wird dieser Subtext selten explizit ausgesprochen, sondern zumeist »nebenher« über Stimme, die Betonung und über die Körpersprache übermittelt. Wir können den Satz »Ich habe auf dich gewartet.« auf die unterschiedlichste Weise sagen und ihm jedes Mal eine andere Bedeutung verleihen. Das bedeutet:

- inhaltliche Ebene = was wir sagen
- emotionale Ebene = wie wir es sagen

Wie Sie dieses Modell nutzen können: Machen Sie sich bewusst, dass Sie nichts sagen können, ohne gleichzeitig eine Meinung kundzutun. Es beginnt bei der Art und Weise, wie Sie Ihre Gäste begrüßen, und endet damit, wie Sie sie verabschieden. Klären Sie bereits während der Vorbereitung, wie Ihre Informationen später ankommen können und sollen. Insbesondere bei kniffligen Themen, die »heiße Eisen« sind, ist bei deren Übermittlung Feingefühl gefragt. Ich frage meine Auftraggeber im Vorgespräch immer, welche Stimmung sie sich für die Veranstaltung wünschen und mit welchen Erwartungen und Stimmungen die Gäste kommen. Dazu kläre ich vor jedem Auftritt meine innere Haltung, indem ich mich selbst zur Veranstaltung, zum Thema und zum Publikum in Beziehung setze. Erst wenn ich mit alldem im Klaren bin, kann eine Moderation sowohl inhaltlich als auch emotional stimmig werden.

Die Betonung entscheidet über die Wirkung

Stellen Sie sich folgende Szene vor: Wir befinden uns auf einer Tagung eines Unternehmens. Es ist der Morgen des zweiten Tages. Am Vorabend gab es eine Abendveranstaltung, auf der die Mitarbeiter zusammen mit dem Management ausgiebig gefeiert haben. Das Tagesprogramm beginnt mit einer Begrüßung des Geschäftsführers. Der Moderator kündigt ihn mit den Worten an: »Ich bitte Werner Schmidt auf die Bühne, der gestern **ausgiebig** gefeiert hat.« Betonung auf ausgiebig, die Stimme senkt sich am Ende des Satzes. Subtext: »Ups. Der Chef sieht aber schlecht aus heute morgen.« Eine andere Variante: »Ich bitte Werner Schmidt auf die Bühne, der gestern ausgiebig **gefeiert** hat.« Betonung auf gefeiert, die Stimme hebt sich am Satzende. Subtext: »Wie schön, der Chef hatte Spaß. Der ist nah bei seinen Mitarbeitern.«

Mithilfe der folgenden Übung können Sie ausprobieren, wie sich mit unterschiedlicher Betonung die Bedeutung eines Satzes verändert.

Übung: Betonung und Stimmung verändern die Bedeutung

Betonungen

Betonen Sie die Wörter der Übungssätze der Reihe nach.

- Ich bin gern für Sie da.
- Wir müssen gemeinsam etwas erreichen.

Achten Sie auf die unterschiedlichen Bedeutungen, die die Betonungen hervorrufen.

Stimmungen

Bei dieser Übung können Sie erfahren, wie sich über unterschiedliche Betonung die Beziehung zum Empfänger ändert. Sprechen Sie die Beispielsätze in unterschiedlichen Stimmungen:

- sachlich
- überheblich
- enttäuscht
- wütend
- genervt

Beispielsätze:

- Das habe ich von dir erwartet.
- Lass mich das mal sehen.

Durchführung

Allein können Sie diese Übung mit der Diktierfunktion des Smartphones dokumentieren und anhören. Mit einem Übungspartner können diese Übungen abwechselnd machen und sich gegenseitig Feedback zur Wirkung geben.

Drittes Modell: Die vier Ohren des Publikums

Der Kommunikationspsychologe Friedemann Schulz von Thun hat insgesamt fünf Kommunikationsmodelle entwickelt, die alle sehr pragmatisch sind und im Alltag helfen, klarer zu kommunizieren. Sein bekanntestes Modell ist sicher das Kommunikationsquadrat, auch als 4-Schnäbel/4-Ohren-Modell bekannt (Schulz von Thun 1981). Es verdeutlicht, dass jede Äußerung ein Paket aus vier Botschaften enthält, die sowohl der Sender spricht als auch der Empfänger hört. Meistens wird nur ein konkreter Aspekt explizit ausgesprochen, die anderen schwingen implizit mit.

Bei allem, was Sie auf der Bühne sagen, tragen Sie somit nicht nur Informationen vor, sondern definieren gleichermaßen mit der Art zu sprechen die Beziehung zum Publikum oder zu Ihrem Gesprächspartner. Weiterhin geben Sie sogar noch etwas von sich preis und fordern andere zu einer Handlung auf. Und je nachdem wie Sie formulieren und betonen, erzeugen Sie eine andere Wirkung beim Publikum. Sie sprechen mit vier Schnäbeln, Ihre Zuschauer hören mit vier Ohren.

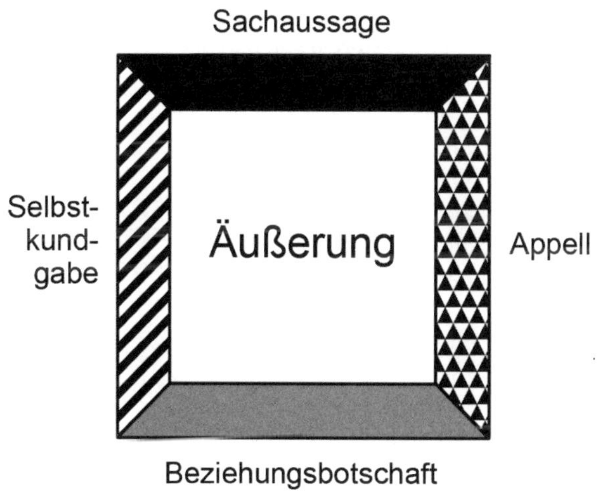

Kommunikationsquadrat (nach Schulz von Thun)

- **Sachaussage**: worüber ich informiere beziehungsweise worüber ich informiert werde
- **Die Selbstkundgabe**: was ich von mir kundgebe beziehungsweise was der Sender von sich kundgibt

- **Die Beziehungsbotschaft:** was ich von dir halte, und wie wir zueinander stehen – was der Sender von mir hält
- **Der Appell:** wozu ich jemanden veranlassen möchte – wozu mich der Sender auffordert

Wie Sie das Modell nutzen können: Für Moderatoren hat das Kommunikationsquadrat seine Stärken besonders in der direkten Interaktion.

Kritik aus dem Publikum

Eine Begebenheit, die mir eine Seminarteilnehmerin geschildert hat: Sie ist Programmleiterin einer Veranstaltungsreihe an einer renommierten Schweizer Institution. Und sie ist Deutsche. Folgendes passierte, als sie eine Diskussionsrunde moderierte: Nach Ende des Gesprächs lud sie wie immer das Publikum ein, sich an der Diskussion zu beteiligen. Ein Zuschauer meldete sich zu Wort. Doch statt eine Frage an einen der Diskutanten zu stellen, griff er die Moderatorin an. Sie als Deutsche könne doch nicht in der Schweiz moderieren. Sie habe überhaupt keine Ahnung, würde auch nicht Schweizerdeutsch reden, und überhaupt würde es doch nicht gehen, eine Deutsche an einer Schweizer Institution moderieren zu lassen. Dies alles brachte er in einem aufgebrachten und herabwürdigenden Ton vor.
Die Moderatorin reagierte professionell, indem sie die Äußerung stehen ließ und die Diskussion mit anderen Wortbeiträgen weiterführte. Dennoch fühlte sie sich persönlich angegriffen und verletzt.
Dass sie mir Monate später diese Geschichte erzählte, zeigt, wie sehr dieser Mann mit seiner Äußerung Eindruck gemacht hatte. Im Training haben wir mit dem Kommunikationsquadrat ein Modell genutzt, um diese Äußerung zu analysieren und besser zu verstehen. Im vermeintlichen Angriff verstecken sich nämlich auch noch andere Botschaften. Die Frage ist, welche davon die Moderatorin hören möchte.

Analye der Äußerung mit dem Kommunikationsquadrat

- Sachaussage: Du bist Deutsche.
- Selbstkundgabe: Ich als Schweizer höre lieber Schweizerdeutsch. Ich wünsche mir eine Schweizer Moderatorin (Ich mag keine Deutschen.).
- Beziehungsbotschaft: Du als Ausländerin (Deutsche) kannst hier nicht moderieren. Du bist inkompetent!
- Appell: Engagiert eine Schweizer Moderatorin!

Kritik anders hören: Die VW-Regel. Die Tücken des Alltags. Ein Kommentar wie dieser kann dem Gastgeber einer Veranstaltung immer begegnen. Sei es offen aus dem Auditorium oder als Feedback unter vier Augen. Allerdings liegt es am Empfänger selbst, wie er die Äußerung hört. Vielen Menschen geht es wie der Moderatorin aus dem Beispiel. Sie hören Feedback und kritische Äußerungen nur mit dem Beziehungsohr und nehmen dies persönlich. Mit der Folge, dass sie gekränkt und verunsichert sind.

Friedemann Schulz von Thun gab mir einmal bei einem Seminar die VW-Regel an die Hand. VW bedeutet: Vorwürfe sind Wünsche. Will heißen, in einem noch so aggressiv formulierten Vorwurf steckt eigentlich ein Wunsch des Senders. Hören Sie Kritik zunächst mit dem »Selbstkundgabe-Ohr«. Versuchen Sie also, ihn zu verstehen: Was will mir der Sender mit seiner Äußerung über sich mitteilen? Für die Moderatorin im geschilderten Beispiel fühlt es sich ganz anders an, wenn sie statt »Du bist inkompetent.« hört: »Ich höre lieber Schweizerdeutsch und wünsche mir eine Schweizer Moderatorin.« Ich finde die VW-Regel großartig. Sie ist leicht zu erlernen und in jeder Lebenslage anwendbar. Nicht nur bei Veranstaltungen, auch im Alltag hilft das andere Hinhören, mit kritischen Äußerungen oder Angriffen entspannter umzugehen.

Kritik anders hören: Vorwürfe sind Wünsche

Viertes Modell: Schaffen Sie innere und äußere Klarheit

Wer nach außen klar und stimmig kommunizieren möchte, muss zunächst einmal mit sich selbst im Reinen sein. Doch oft erleben wir angesichts einer Herausforderung oder einer Entscheidung ein inneres Durcheinander von Stimmen. »Zwei Seelen wohnen, ach! in meiner Brust …«, legte Goethe seinem Faust in den Mund und beschrieb damit wohl seine eigene innere Zerrissenheit. Der Kommunikationspsychologe Friedemann Schulz von Thun spricht von der inneren Pluralität, die das Seelenleben des Menschen kennzeichnet und die stimmige Kommunikation zu einer Herausforderung macht (Schulz von Thun 1998).

Um diese Vielstimmigkeit sichtbar und greifbar zu machen, hat er das Modell des inneren Teams entwickelt. Bei dieser Methode geht es darum, die vielen inneren Stimmen zu beherrschen und sie zu nutzen, sodass wir nach außen in Übereinstimmung mit uns selbst klar kommunizieren können. Der Begriff »inneres Team« lehnt sich an das Arbeitsleben an. Die Stimmen werden durch Teammitglieder mit ihren jeweiligen Haltungen, Wünschen und Gefühlen personalisiert. Wie bei normalen Teams auch gilt es, aus dem zerstrittenen Haufen ein funktionierendes und leistungsfähiges Team zu machen – unter der Leitung eines Chefs. Dazu müssen die inneren Akteure nach außen sichtbar gemacht werden.

Wie Sie das Modell nutzen können: Auch wenn diese Methode vorrangig im Coaching zur Diagnose und Lösung innerer Störungen angewendet wird, eignet sie sich doch sehr gut zur Selbstklärung vor anspruchsvollen Bühnensituationen. Denn schon allein durch die Visualisierung erhalten wir einen Überblick von dem, was da in uns los ist. Mit dem Blick von außen gewinnen wir Klarheit und Ruhe.

Anleitung: Erhebung des inneren Teams anhand einer Beispielsituation

Eine Pressesprecherin hat von ihrem Chef den Auftrag bekommen, die Mitarbeitertagung ihres Unternehmens zu moderieren. Sie hat bereits einige Workshops moderiert, aber mit Veranstaltungsmoderation vor großem Publikum keine Erfahrung. Zudem muss sie die Tagung organisieren und die Rede für den Chef schreiben. Das alles vor dem Hintergrund, dass das Unternehmen umstrukturiert wird. In dieser Situation fühlt sie sich enorm angespannt und zerrissen in Bezug auf ihre Rolle als Moderatorin. Sie hat Lampenfieber und weiß nicht, wie sie stimmig auf der Bühne auftreten und kommunizieren kann. Einerseits will sie als Führungskraft ihrer Rolle gerecht werden. Andererseits ist sie Mitarbeiterin dieses Unternehmens und ist – wie ihre Kollegen auch – beunruhigt. Zudem hat sie für sich selbst den Anspruch, die Sache gut machen wollen. Eine anspruchsvolle Situation, die unbedingt innerer Klärung bedarf. Dazu bietet sich die Visualisierung ihres Inneren Teams an.

- Auf ein Blatt malen wir als erstes ein leeres Brustbild, in das wir die inneren Akteure aufnehmen (s. Abbildung »Erhebung des Inneren Teams«).
- Dann wird das Anliegen in einer Frage formuliert und darüber geschrieben: »Wie kann ich die Tagung moderieren?«
- Zur Erhebung des inneren Teams wendet sich die Pressesprecherin dann ihren inneren Stimmen zu. Dies geschieht, indem sie sich folgende Frage stellt: »Was regt sich in mir, wenn ich an die Tagungsmoderation denke? Gibt es da eine Stimme, die sich als erste zu Wort meldet?«
- Die erste Stimme ist das erste Teammitglied. Es erhält seinen Platz im Vordergrund des Brustbilds mit Namen. Dazu wird eine kurze, prägnante Aussage dieser Stimme formuliert und in die Sprechblase geschrieben.
- Dann geht es weiter. Nach und nach kommen weitere Teammitglieder dazu. Es kann sein, dass sich nicht alle Stimmen gleich zu Wort melden. Es kann auch sein, dass einem ein Name erst später klar wird, oder dass sich zu den Mitgliedern noch Symbole gesellen. All das nehmen wir bei der Erhebung des inneren Teams mit auf.
- Anschließend schauen wir uns die Besetzung ihres inneren Teams an. Wer hat sich gemeldet und mit welcher Botschaft?

Erhebung des inneren Teams

Das innere Team der Pressesprecherin zur Frage: »Wie soll ich die Tagung moderieren?«

Beim inneren Team der Pressesprecherin wird deutlich, dass die Perfektionistin und die Zweiflerin das innere Team dominieren und die Gastgeberin und die Kommunikationsbeflissene nicht viel zu melden haben.

Nach der Analyse werden alle Teammitglieder unter Leitung eines Oberhaupts zur Aussprache zu einer inneren Teamkonferenz einberufen. Das Oberhaupt ist das bewusste Ich, also die Instanz, die über dem Ganzen steht, und von der wir sprechen, wenn wir »ich« sagen. Diese obere Instanz der Pressesprecherin steuert die Aussprache und lässt jedes Teammitglied zu Wort kommen. Dazu gehen Sie im Selbstcoaching jeweils in die Rolle des Teammitglieds und sprechen mit seiner Stimme.

- Die Perfektionistin könnte sagen: »Mach bloß keine Fehler! Was würden die Kollegen sagen, wenn du als Pressesprecherin nicht gut reden kannst. Bereite dich akribisch vor, schreibe jedes Wort auf, lerne auswendig ...«
- Die Kommunikationsbeflissene meldet sich folgendermaßen zu Wort: »Miteinander reden hat schon immer etwas gebracht. Das ist schließlich meine Kompetenz als Pressesprecherin ...«

So geht es weiter mit den anderen Mitgliedern des inneren Teams. Sie nimmt die Stimmen mit all ihren Anteilen wahr und greift ordnend, reflektierend und vermittelnd ein – ganz wie bei einer Teamkonferenz im Arbeitsleben. Das Ziel ist, dass das Oberhaupt am Ende unter Berücksichtigung aller Stimmen eine Antwort auf die formulierte Frage findet, die auf einer inneren Vereinbarung basiert. Sie könnte als Antwort auf die Frage »Wie kann ich die Tagung moderieren?« lauten: »Ich werde mich im Vorfeld gründlich vorbereiten. Auf der Bühne verlasse ich mich auf das, was ich im Alltag ohnehin gut kann.«

Den systemischen Blick einnehmen: »Willst du ein guter Kommunikator sein, so schau erst in dich selbst hinein und nimm auch den Systemblick ein«, stellt Schulz von Thun fest (1998). Will heißen, wer sich selbst besser versteht, kommuniziert und moderiert besser. Dabei ist die Selbsterkundung nur ein Aspekt, um stimmig auftreten zu können. Gleichzeitig geht es aber auch darum, situationsgerecht zu kommunizieren. Nicht in jedem Augenblick können wir alle inneren Stimmen offen zu Wort kommen lassen. Es kann schwer daneben gehen, wenn der Moderator einer Mitarbeitertagung nach der Rede des Vorstands seinen Standpunkt zur Unternehmensführung zum Besten gibt. Das mag vielleicht authentisch sein, aber diplomatisch ist es nicht.

Körpersprache, Mimik und Gestik – Wie Sie wirkungsvoll auftreten

Eine Geste schreibt Geschichte

Es war nur eine Sekunde, eine Handbewegung und ein Fotograf, der in diesem Moment auf den Auslöser drückte: Der grinsende Josef Ackermann, der vor Gericht die Hand zum Victory-Zeichen streckt und damit endgültig seinen Ruf eines arroganten und gierigen Machtmenschen zementierte. Eine unbedachte Geste als Sinnbild für die Verfehlungen einer ganze Branche.

So folgenreich wie jene Geste des früheren Vorstandschefs der Deutschen Bank sind zum Glück die wenigsten. Die Geschichte macht deutlich, wie wirkungsvoll Körpersprache ist. Wir müssen gar nicht reden, um etwas zu sagen. Mit der Körperhaltung, der Gestik, der Mimik, dem Blick und der Bewegung im Raum zeigen wir, ob wir interessiert sind oder ob uns unser Gegenüber zu Tode langweilt. Wir signalisieren Unsicherheit oder Überlegenheit, Offenheit oder Verschlossenheit, Stress oder Entspannung.

Das ist nicht verwunderlich, denn die Körpersprache ist unsere Ursprache. Jahrtausendelang haben sich unsere Vorfahren über archaische Gebärden wie Haltung, Mimik, Gestik und Laute miteinander verständigt. Sprachwissenschaftler gehen davon aus, dass sich unsere komplexe Begriffssprache erst vor rund 100 000 Jahren entwickelt hat.

Körpersprache ist ein mächtiges Kommunikationsmittel. Zu diesem Schluss kam auch der amerikanische Psychologe Albert Mehrabian. Er untersuchte 1971, wodurch Menschen stimmig und glaubwürdig wirken. Er fand heraus, dass dies in der Hauptsache von den stillen Botschaften, die wir mit Gesten, Mimik und Körperhaltung senden, abhängt. Demnach fokussieren wir uns zu 55 Prozent auf die Körpersprache und unsere äußere Ausstrahlung. 38 Prozent unserer Wahrnehmung kommen der Stimme und dem Tonfall zu. Der reine Wortinhalt spielt für die Glaubwürdigkeit mit nur sieben Prozent eine untergeordnete Rolle (Mehrabian 1971). Er verwendete allerdings in seinen Tests jeweils nur ein Wort und betonte auch immer wieder, dass er aus seinen Ergebnissen keine allgemeinen Erkenntnisse im Hinblick auf Kommunikation ableiten wollte (Gutzeit/Neubauer 2013, S. 108). Daher bedeuten diese Ergebnisse nicht, dass der Inhalt Ihrer Moderation unwichtig ist. Denn darüber entscheiden auch andere Faktoren: zum Beispiel ob beim Publikum besonderes Interesse vorhanden ist. Bedenken Sie aber: Der Körper sendet eine sehr starke Botschaft. Auch wenn die Studie aus einem analogen Zeitalter stammt und nur die Aspekte Glaubhaftigkeit beziehungsweise Widersprüchlichkeit untersucht wurden, so gibt sie einen wichtigen Hinweis darauf, worauf es bei einem Auftritt vor Publikum ankommt: Körpersprache, Tonfall und Inhalt müssen zueinander passen, also kongruent sein.

Soll man Körpersprache trainieren ?

Es gibt Körpersprachetrainer, die ihren Klienten raten, Gesten und Körperhaltungen für bestimmte Situationen zu trainieren und sie vor dem Spiegel einzustudieren. Ich halte diese Empfehlung für Unsinn, weil es eben nicht gelingt, damit auf der Bühne stimmig aufzutreten. Was dabei herauskommt, können wir bei allzu gekünstelten Auftritten öffentlicher Personen sehen. Da spielen die Hände Ballett zum magischen Dreieck, die geballte Faust wird als kraftvolle Geste nach oben gereckt und die Arme zur »Ich-bin-offen-und-liebe-euch-alle«-Geste nach vorn ausgebreitet, selbst wenn es überhaupt nicht zum gerade Gesagten passt. Lassen Sie das lieber, wenn das nicht Ihre Form des Ausdrucks ist. Ich rate dringend davon ab, wie ein Schauspieler Gesten einzustudieren, die nicht die eigenen sind. Wie lässt sich aber dann Bühnenpräsenz erreichen?

In diesem Kapitel erfahren Sie, wie Sie mit der Gastgeber-Methode mit wenig Aufwand Ihre Wirkung auf der Bühne deutlich verbessern können und souverän und präsent auftreten. Dazu nutzen Sie Ihre ganz individuelle, authentische Körpersprache des Alltags und verbinden sie mit Techniken für den Auftritt vor Publikum.

Verhaltenstraining statt Körpersprachetraining

Als Erstes ist es wichtig, ein Bewusstsein für den eigenen körpersprachlichen Ausdruck zu entwickeln. Jeder Mensch hat bestimmte Eigenarten und Angewohnheiten, die ihn ausmachen. Es gibt einzelne körpersprachliche Signale, die in dieser Kombination nur bei ihm zu finden sind, auch wenn sich die Art des Gangs und der Körperhaltung bei vielen Menschen gleicht. Aber die Kombination aus bestimmten Gesten und Haltungen ist individuell. Es kann die Art und Weise der Handbewegungen sein, das Strahlen der Augen, das Heben der Augenbrauen, das Kräuseln der Lippen.

Wie spricht Ihr Körper? Welche Eigenheiten und Angewohnheiten haben Sie? Analysieren Sie mithilfe einer Videoaufzeichnung Ihre Körpersprache und machen Sie sich bewusst, wie Sie wirken. Wenn Sie wissen, wie und wodurch Sie auf andere wirken, können Sie an Ihrer Körpersprache arbeiten. Mit Arbeiten meine ich nicht, spezielle Gesten anzutrainieren, sondern gewisse Verhaltensweisen zu verändern. Sie können zum Beispiel bewusst darauf achten, gerade zu stehen oder Ihre Gäste anzuschauen, wenn sie mit Ihnen reden. Bei allem sollten Sie authentisch bleiben und stimmig bezogen auf die Situation auftreten. Ob das ruhig, energiegeladen oder witzig ist, hängt von Ihren Temperament ab.

Die optimale Körperspannung

Wenn Sie ein lässiger Typ mit wenig Körperspannung sind, wäre es für Sie vielleicht authentisch, im Wohnzimmer mit hängenden Schultern zu stehen. Auf der Bühne brauchen Sie jedoch eine optimal an die Situation angepasste Körperspannung und eine aufrechte Haltung, damit Sie präsent sind. Diese optimale Körperspannung wird in der Bewegungspädagogik Eutonie oder Wohlspannung genannt. Sie liegt in der Mitte zwischen überspannt (wie ein Flitzebogen) und unterspannt (wie ein nasser Sack). Wie sich dieser situationsädaquate Spannungszustand anfüllt, sollten Sie herausfinden.

Übung: Körperspannung erspüren

Stellen Sie sich zunächst aufrecht hin und überspannen Ihren Körper, anschließend gehen Sie in die Unterspannung. Zum Schluss finden Sie Ihre Mitte. Diese Haltung sollte sich gut für Sie anfühlen.

Es ist völlig normal, dass sich der Körper im Laufe eines Tages unterschiedliche Spannungszustände sucht. In einem unbeobachteten Augenblick im Büro fläzt sich so mancher gern in seinen Stuhl. Bei einer Veranstaltung dürfen Sie das in der Pause machen, aber nicht, wenn Sie vor Publikum auf der Bühne stehen. Als Gastgeber sollten Sie mit Ihrer Haltung Präsenz ausstrahlen.

Stehen Sie wie ein Baum

Das Gleiche gilt für Ihren Stand. Besonders beliebt unter Männern ist die John-Wayne-Haltung: der Stand breitbeinig, das Becken nach vorn gekippt und die Schultern hängen herab. Als Zuschauer hat man das Gefühl, dass der Moderator gleich einen Colt aus dem Halfter zieht. Nicht besser, aber genauso unbequem ist die Griechische-Statue-Haltung. Vornehmlich Damen haben dabei einen Fuß schräg hinter dem anderen. Die Hüfte ist verdreht und die Arme liegen eng am Körper. Das sind aber zwei Arten zu stehen, mit denen Sie keinen guten Eindruck machen. Versuchen Sie hüftbreit zu stehen und verteilen Sie das Gewicht gleichmäßig auf beide Beine. Der Kopf sollte sich gerade über den Schultern, die Schultern gerade über der Hüfte befinden (s. folgende Abbildung rechts). Wenn Sie mit beiden Füßen fest im Boden verwurzelt sind, kann Sie nichts so schnell umhauen. Denn so manche Aussage und ungeplante Situation kann einen Moderator im übertragenen Sinne ganz schön ins Wanken bringen. Achten Sie zudem unbedingt darauf, nicht unruhig auf der Stelle hin und her zu trippeln.

John-Wayne-Haltung – Griechische-Statue-Haltung – gute Körperhaltung

Das magische Dreieck der Bühne

Hektische Bewegungen machen Zuschauer nervös. Wenn Sie sich auf der Bühne bewegen, sollten Sie das stets eher etwas langsamer tun, aber genauso natürlich wie sonst im Alltag auch. Wenn Sie von einer Seite der Bühne zur anderen gehen, bleiben Sie Ihren Gästen zugewandt. Dafür lassen Sie eine Schulter leicht geöffnet, sodass die Verbindung zum Auditorium bestehen bleibt. Das sollte ebenfalls so sein, wenn Sie auf einer Leinwand etwas zeigen, auf ein Flipchart schreiben oder jemanden begrüßen.

So lange Sie dabei auf der Bühne stehen, bewegen Sie sich in Ihrem Handlungsdreieck. Sie finden es, wenn Sie in der Mitte der Bühne stehen und mit nach vorn gestreckten Armen Ihre Zuschauer zu umfassen versuchen. Schauen Sie jetzt nach unten, sehen Sie wie Ihre Arme gleichsam ein Bühnenfeld umreißen. In dieser Fläche haben Sie den optimalen Raumkontakt zu Ihrem Auditorium. Das Gleiche gilt natürlich auch, wenn keine Bühne vorhanden ist, wenn Sie sich also auf gleicher Höhe wie Ihre Zuschauer befinden.

Handlungsdreieck beim Moderieren

Aber auch dort sollten Sie nicht willkürlich herumlaufen. Unkoordiniertes Hin- und Herlaufen schwächt die Wirkung des Sprechers. Ein eindrückliches Beispiel dafür lieferte Apple-Vorstand Tim Cook bei dem Special Event am 12. September 2018 im Steve-Jobs-Theater in Cupertino. Während seines fünfminütigen Eröffnungsvortrags lief er permanent von links nach rechts, dann von rechts nach links, immer fünf Schritte von der einen Seite zur anderen. Im Gehen waren seine Bewegungen monoton und seine Gestik zurückhaltend. So blieb seine Rede trotz der phänomenalen Bühne und einer bildgewaltigen Präsentation kraftlos und wenig überzeugend.

Videotipp: https://www.youtube.com/watch?v=wFTmQ27S7OQ (Minute 4:17 bis 9:00)

Am besten wirken Bewegungen, wenn der Standortwechsel dramaturgisch mit der Moderation zusammenpasst. Ich mache das, indem ich mich gewissermaßen mit den Sinnschritten meiner Moderation bewege. Ich gebe Ihnen ein Moderationsbeispiel.

Bewegung auf der Bühne, Moderationsbeispiel einer Marketingtagung

(Standort Bühnenzentrum) »Guten Tag und herzlich willkommen zur Marketingtagung. Ich bin Nicole Krieger. Ich freue mich sehr, dass ich hier heute bei Ihnen sein darf. Ich werde Sie als Moderatorin durchs Programm begleiten. Ich führe ebenfalls ein kleines Unternehmen, daher interessiert es mich natürlich genauso wie Sie, welche Dinge Kunden glücklich machen.
(Gang zur Position A) Wir sprechen hier heute darüber, wie Kunden Kaufentscheidungen treffen. Was passiert eigentlich im Kopf von Konsumenten, wenn sie sich für ein Produkt oder eine Dienstleistung entscheiden? Und können Unternehmen oder Verkäufer das irgendwie beeinflussen?
(Gang zur Position B) Im Grunde treffen wir ständig Kaufentscheidungen. Mal läuft das unbewusst: Zum Beispiel habe ich mir heute Morgen, so ganz nebenbei, einen Kaffee gekauft. Mal geht es ganz schnell: Wenn ich im Supermarkt meinen Wocheneinkauf mache, dann treffe ich 30, 40 Kaufentscheidungen in einer halben Stunde. Und dann wiederum geht es ganz langsam: Etwa, wenn die Entscheidung unser Leben länger betrifft. Im letzten Jahr habe ich mir ein neues Auto gekauft. Da habe ich vorher im Internet recherchiert, sämtliche Testberichte gelesen, bin Probe gefahren – und habe mich schließlich entschieden.
(Gang zurück zur Position Bühnenzentrum) Wir starten mit einem Blick in die Innenwelt von Konsumenten. Wie ticken Kunden? Was geht eigentlich in unserem Kopf vor, wenn wir etwas kaufen? Und gibt es Kaufknöpfe? Antworten hören Sie jetzt von …«

Postionen auf der Bühne

Wohin mit den Händen?

Eine der häufigsten Fragen, die ich in meinen Seminaren höre ist: Was mache ich nur mit meinen Händen? Ich antworte mit einer Gegenfrage: Was machen Sie denn im Alltag mit Ihren Händen, wenn Sie mit jemandem reden? Wer sich auf der Bühne wie im Wohnzimmer fühlt und bewegt, verschwendet wahrscheinlich keinen Gedanken daran, wie er seine Hände hält und bewegt. Solange das Moderieren von Veranstaltungen aber nicht zu Ihrem Alltag gehört und damit Routine geworden ist, ist es verständlich, dass Sie an Ihre Hände denken. Ich habe bereits erwähnt, dass es künstlich wirkt, sich bestimmte Handhaltungen anzutrainieren. Allerdings gibt es ein paar Erkenntnisse, wo der Mitteleuropäer normalerweise seine Hände hat, wenn er redet, und wie er gestikuliert und welche Gesten kraftvoll wirken. Der optimale Platz für die Hände ist – Nein! – nicht in den Hosentaschen, sondern vor dem Körper auf Höhe des Bauchnabels.

Das hat damit zu tun, dass wir die Körperzonen unterschiedlich wahrnehmen. Von den Füßen bis zum Nabel befindet sich der negative Bereich. Gestik in dieser Zone hat wenig oder negative Wirkung. Zum Beispiel die zum Feigenblatt verschränkten Hände vorm Geschlecht. Der Kopf gilt als über-positiver Bereich. Alles was hier stattfindet, hat eine besonders starke Wirkung. Etwa der erhobene Zeigefinder und Ähnliches. Die Zone vom Nabel bis zum Kinn nehmen wir positiv wahr. Hier können die Hände ruhig ineinander liegen, und hier sollte sich die Gestik abspielen. Und zwar mit offenen nach oben gerichteten Handflächen. Stellen Sie sich vor, Ihre Hände wären Tabletts. Mit ihnen geben Sie und nehmen Sie Informationen. Die Hände zu zeigen heißt: Ich habe nichts zu verbergen und bin offen. Ein weiterer Grund für offene Hände ist, dass Gesten Wortaussagen unterstützen. Sie können sie verstärken oder abschwächen. Außerdem kann über die frei gestikulierenden Hände und Arme mögliche Anspannung abfließen. Bei Rednern, die ihre Hände in den Hosentaschen vergraben, kann das sehr lustig wirken. Wenn bei jedem zweiten Wort die Ellenbogen am Körper wackeln, sieht das aus wie ein Huhn beim Flugversuch.

Wo Soldaten ihre Hände halten

Wenn die Soldaten bei der Bundeswehr den Befehl »Rührt euch« oder »Stehen Sie bequem« erhalten, haben sie für diese entspannte Haltung die Vorgabe, die Hände hinter dem Rücken zu verschränken. Hände verbergen, lässt die Menschen nicht gerade sehr offen und freundlich wirken. Aber das sollen Soldaten eines Heeres im Einsatz wohl eher nicht. Dies lässt vermuten, dass beim Gegner das Gefühl entstehen soll, dass der Soldat jederzeit verteidigungsbereit ist.

Hilfsmittel für die Hände

Wenn es Ihnen anfangs schwerfällt, eine entspannte Position für Ihre Hände zu finden, nehmen sie etwas in die Hände. Für die meisten Teilnehmer meiner Seminare sind Moderationskarten ein gutes Hilfsmittel. Denn sie erfüllen einen Zweck und niemand fragt sich, was sie da mit sich herumtragen. Ebenfalls gut geeignet sind Gegenstände, über die Sie sowieso in der Moderation sprechen. Wenn Sie beispielsweise über eine neue App reden, könnten Sie ein Smartphone in der Hand haben und anhand dessen erklären.

Aber: Dinge, die keine Funktion haben, verleiten Sie dazu, mit ihnen zu spielen. Solange Sie Kugelschreiber, Laserpointer und andere Objekte nicht sinnvoll nutzen, lassen Sie sie besser weg und bewegen Ihre Hände frei. Als Gastgeber Ihrer Veranstaltung sollten Sie sich nicht festhalten müssen.

Wie Sie Ticks abtrainieren

Kennen Sie Menschen, die einen bestimmten Tick haben? Manche drehen zum Beispiel beim Sprechen an ihrem Ehering, andere schieben mit dem Zeigefinder die Brille auf der Nase nach oben oder räuspern sich ständig. Diese Angewohnheiten lenken Zuhörer ab und sollten abgelegt werden. Das gelingt, indem man sich erst einmal bewusst macht, in welchen Situationen der Tick auftaucht. Im nächsten Schritt überlegt man sich eine Alternative, die es anzustreben gilt. Darauf richtet man die Handlung aus. Statt »Ich möchte nicht die Brille hochschieben« konzentriert man sich auf »Ich möchte meine Hände vor dem Körper lassen«.

Als Unterstützung habe ich im Training sehr gute Erfahrung mit roten Klebepunkten gemacht.

> **Tipp**
>
> Kleben Sie einfach einen roten Punkt als Erinnerung für das angestrebte Ziel auf eine gut sichtbare Stelle. Ob das die Moderationskarte, der Bühnenboden oder ein Stehpult ist, entscheiden Sie selbst. Immer, wenn nun Ihr Blick auf den roten Punkt fällt, erinnern Sie sich daran, dass Sie die Hände vor dem Körper lassen möchten.

Aufmerksame Gastgeber schauen Ihre Gäste an

Ich habe Moderatoren erlebt, die vor Publikum sprechen und dabei mit den Augen an ihrem Manuskript festgeheftet scheinen. Ab und an blicken sie verstohlen auf, um zu schauen, ob das Publikum noch dasitzt. Stellen Sie sich einmal vor, Sie würden zu Hause Ihre Gäste beim Reden nicht anschauen. Ich unterstelle, dass Ihre Freunde über kurz oder lang beleidigt nach Hause gehen würden.

Gute Gastgeber sind aufmerksam und nehmen zu einhundert Prozent wahr, was um sie herum passiert. Sehen ist das Tor zur Welt. Rund 80 Prozent der Informationen aus der Umwelt nehmen wir über die Augen wahr. Wer beim Moderieren die meiste Zeit auf seine Moderationskarte schaut, wird von seinen Gästen nicht besonders viel mitbekommen. Nur wenn wir die Menschen anschauen, erreichen wir sie. Besonders direkt erleben wir das bei Kindern. Wenn ich meiner sechsjährigen Tochter sage, sie möge doch jetzt bitte dies oder jenes tun, und ich sie dabei nicht anschaue, passiert gar nichts. Nur wenn wir beim Sprechen angeschaut werden, fühlen wir uns wirklich gemeint. Gesprächspartner, die uns anschauen, empfinden wir als positiv.

Eine Studie (Kleck/Nuessle 1968) ergab, dass Menschen, die zu 80 Prozent der Zeit Augenkontakt hielten, als freundlich, aufrichtig und selbstbewusst eingeschätzt wurden. Personen, bei denen das nur zu 15 Prozent der Fall war, galten als gleichgültig, kalt und defensiv. Auf der Bühne besteht zudem noch die räumliche Distanz zwischen Moderator und Auditorium, die in zwingender Weise durch Blickkontakt überbrückt werden muss. Daher empfehle ich Ihnen, Ihre Gäste mindestens 90 Prozent der Zeit anzuschauen.

Wen anschauen?

Um wirklich alle Menschen mit Ihrem Blick zu erreichen, empfiehlt es sich ein gedachtes W zu schauen. Alternativ fächeln Sie den Raum mit Ihrem Blick ab (s. folgende Abbildung). Dazu lassen Sie langsam Ihre Augen von einer Seite zur anderen wandern – ohne dabei in einen Scheibenwischerblick zu verfallen. Zudem können Sie im Auditorium zwei Personen auswählen, die Ihnen Zustimmung und positive Unterstützung signalisieren. Diese Ankerpersonen schauen Sie hin und wieder an, aber nicht länger als fünf Sekunden, sonst fühlen sie sich angestarrt.

Denken Sie daran: Blickkontakt ist ein wesentlicher Gradmesser für Aufmerksamkeit und Präsenz.

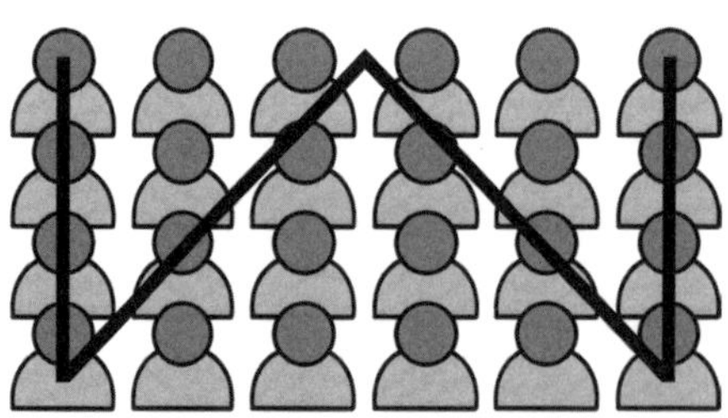

Der Blick folgt einem gedachten W

Charisma und Präsenz

> **Ein charismatischer Auftritt**
>
> Vor einigen Jahren begleitete ich als Moderatorin eine Veranstaltung in der kanadischen Botschaft in Berlin. Als Gastrednerin war die kanadische Informationsfreiheits- und Datenschutzbeauftrage Dr. Ann Cavoukian eingeladen. Einige Augenblicke vor Beginn der Veranstaltung – ich stand schon neben der Bühne, auf den Moment des ersten Auftritts konzentriert – kam der Botschafter aufgeregt zu mir. Die Dame sei doch sehr klein, ob ich ihr nicht ein Podest besorgen könne. Auf das könne sie sich stellen, damit sie besser zu sehen und somit präsenter sei bei ihrer Rede. Irgendwie gelang es mir, ihn davon zu überzeugen, das dies nicht nötig sei. Was dann passierte, sprach für sich. Ann Cavoukian betrat die Bühne, sie hatte keine Präsentationsmedien, sie ging nicht ans Rednerpult. Sie stellte sich in die Mitte der Bühne und hielt ein mitreißendes Plädoyer für Datensicherheit und internationale Lösungen. Die Zuschauer folgten gebannt ihren Ausführungen und selbst der Botschafter entspannte sich. Er war tatsächlich besorgt gewesen, dass eine hochkompetente Frau wie sie nicht allein durch ihre Persönlichkeit überzeugen kann. Diese Geschichte macht deutlich: Körpergröße ist nicht entscheidend für Charisma und Präsenz.

Was genau lässt Menschen wie Ann Cavoukian, Barak Obama oder Thomas Gottschalk strahlen und andere nicht? Ist es ihr Blick, die Haltung oder der Gang? Den wenigsten Menschen ist es in die Wiege gelegt, brillant aufzutreten. Sie haben gemeinsam mit Trainern an ihrer Performance gearbeitet. Sie sind charismatisch, weil sie die Werkzeuge eines überzeugenden Auftritts bis ins kleinste Detail beherrschen. Sie sind präsent, weil es im Moment ihres Auftritts nichts anderes als diesen Moment gibt. Sie sind zu einhundert Prozent bei sich und ihren Zuschauern.

Präsenz ist Achtsamkeit

Das ist in einer digitalisierten Welt gar nicht so einfach. Immerfort werden wir überflutet mit Reizen, ständig poppen neue Informationen auf: E-Mails, Kurznachrichten, Tweets, Xing-Kontaktanfragen, Anrufe suchen und binden unsere Aufmerksamkeit. Oft sind wir mit den Gedanken abwesend und nicht auf das Wesentliche konzentriert. Konzentration ist die Fähigkeit, seine Aufmerksamkeit beständig auf einer gewählten Sache oder Tätigkeit zu halten, ein bewusster Akt des Willens. Jede Führungsaufgabe im Job beansprucht diese volle Konzentration. Auf der Bühne ist Sie jedoch mehr als das notwendig: Sie benötigen Präsenz.

Für diesen Zustand kommen zur Konzentration die Zugewandtheit und die Entspannung hinzu. Das bedeutet: achtsam sein gleichsam für sich selbst, für die Menschen und Dinge, die um Sie herum passieren. Achtsamkeitspraktiker bezeichnen dies als innere Energie der Neugier, der Offenheit und des Interesses an der Umwelt im Moment des Augenblicks. Buddhistische Mönche sprechen bei Achtsamkeit von einer Haltung des offenen Herzens. Mit offenem Herzen im Hier und Jetzt des Augenblicks zu sein, scheint mir eine gute Anleitung fürs Moderieren.

Wie Sie Ihre Bühnenpräsenz steigern

- Körpersprache ist unser stärkstes Wirkmittel.
- Verhaltenstraining statt Körpersprachetraining.
- Die optimale Körperspannung auf der Bühne liegt zwischen überspannt und unterspannt.
- Stehen Sie in einer aufrechten Haltung. Das Gewicht gleichmäßig auf beiden Beinen.
- Bewegen Sie sich ruhig auf der Bühne. In der Fläche des Handlungsdreiecks haben Sie optimalen Kontakt zu Ihren Zuschauern.
- Nutzen Sie verschiedene Positionen und bleiben Sie Ihren Gästen mit dem Körper zugewandt.
- Die Hände gestikulieren frei vor dem Körper.
- Der Blickkontakt mit dem Auditorium beträgt 90 Prozent.
- Mit einem dem gedachten W schauen Sie alle Gäste an.
- Ticks abtrainieren: Definieren Sie Anstrebungsziele statt Vermeidungziele.
- Präsenz ist Achtsamkeit.

Stimme – Wie Sie überzeugend und gut klingen

Auftrittsprofis wissen ganz genau: Wer vor Publikum Erfolg haben möchte, muss gut klingen. Für Moderatoren ist eine angenehme und überzeugende Stimme gleichermaßen ein wesentlicher Faktor für ihren Erfolg. Nur mit einer vollen und starken Stimme verschaffen wir uns Gehör. Ihr Klang prägt die Stimmung und entscheidet, was beim Zuhörer ankommt. Neben der Körpersprache ist die Stimme unser wichtigstes Ausdrucksmittel.

Der Atem muss fließen

Meinem ersten Stimm- und Sprecherzieher begegnete ich mit Anfang 20 während meines Fernsehvolontariats. Er war Schauspieler und Opernsänger alter Schule. Gleich in der ersten Stunde offenbarte er mir, wenn einmal eine Moderatorin aus mir werden solle, müsse meine Stimme tragfähiger werden und besser klingen. Dann wies er mich an, mich auf den Boden zu legen und verschwand im Nebenzimmer. Wenig später kam er mit einem großen Brockhaus-Lexikon zurück. Das pflanzte er mir direkt auf den Bauch und meinte: »So, nun atme in den Bauch. Nur wer weiß, wie der Atem fließt, kann sprechen.«

Auch wenn diese Form des Stimm- und Sprechtrainings heute überholt ist, so steckt doch im Kern Wahrheit und Sinn darin. Der Atem ist der Motor für die Stimme (Gutzeit /Neubauer, 2010, S. 23). Seine perfekte Stärke und Strömung sind die Voraussetzung, damit eine Stimme gut klingen kann.

Sie müssen nicht gleich eine professionelle Stimm- und Sprechausbildung machen, um Veranstaltungen zu moderieren. Dennoch lege ich Ihnen ans Herz, ein Ohr für Ihre Stimme zu bekommen, sie zu trainieren und zu pflegen. Viele Veranstaltungen dauern einen ganzen Tag und haben eine laute Umgebung. Nur wenn Sie dabei richtig und ökonomisch mit Ihrer Stimme umgehen, werden Sie auch am Abend noch gut klingen. Selbst wenn Stimme und Sprechen zusammengehören, geht es in diesem Kapitel zunächst um die Stimme als Voraussetzung für gutes Sprechen. Sie erfahren, wie Sie sie vor Auftritten vorbereiten können, wie Sie Stimmprobleme in den Griff bekommen und was Sie im Alltag tun können, um besser zu klingen.

Die Stimme: Spiegel der Persönlichkeit

»Sprich, damit ich dich sehe«, sagt Sokrates zum Knaben Charmides in Platons gleichnamigen Dialog, damit er einen tieferen Zugang zu ihm bekomme als nur durch sein Äußeres. Mit seinem Sprechen und dem Erklingen seiner Stimme verspricht sich Sokrates in die Seele von Charmides erblicken zu können (Platon 1986).

Und tatsächlich verrät uns die Stimme viel über die Persönlichkeit eines Menschen. Seine innere Welt schwingt im Klang der Stimme nach außen. Wir können hören, wenn ein Redner voller Freude und glücklich gestimmt ist. Genauso vernehmen wir, wenn jemand ängstlich ist oder Lampenfieber hat. Die Stimme spiegelt die momentane Befindlichkeit wider. Bewusst und unbewusst transportiert sie Gefühle und Emotionen nach außen. Dabei klingt jede Stimme anders. Sie ist so einzigartig, dass sogar die Kriminalistik Methoden kennt, eine Person anhand ihrer Stimme gerichtstauglich zu identifizieren.

Das bedeutet: Die Stimme ist Ihr akustischer Fingerabdruck. An ihr werden Sie erkannt.

Wie Sie Ihre Stimme trainieren können

Schon ein Baby besitzt die komplette Stimmpalette. Was es daraus entwickelt, hängt jedoch von der Mutter oder vom Vater ab – ein Baby kann jeden Laut, jede Klangqualität und jeden Dialekt lernen. Denn Stimme wird wie das Sprechen durch Imitation der Hauptbezugsperson erlernt. Und alles, was einmal erlernt ist, kann wieder umgelernt werden. Sie können also an Ihrer Stimme arbeiten und sie gezielt verbessern. Allerdings verändern sich – wie bei allen automatisierten Verhaltensweisen – Gewohnheiten nicht über Nacht. Die Qualität der Stimme zu verbessern erfordert in der Regel mehrere Monate kontinuierliches Training.

Der erste wichtige Schritt für die Arbeit an der Stimme ist, sich selbst zu hören. Das Auge führt den Menschen in die Welt – das Ohr führt die Welt in den Menschen, sagte der Jazzkritiker Joachim Ernst Berendt. Unsere Ohren können Signale 100-mal feiner wahrnehmen als die Augen. Wir können die Mitte einer Gitarrensaite mit den Ohren auf den Millimeter genau exakt bemessen. Mit dem bloßen Auge wäre dies nicht möglich (Berendt 2000, Audio-CDs).

Um die eigene Stimme zu verändern, ist es zunächst einmal erforderlich, den Klang der eigenen Stimme genau wahrzunehmen. Ich empfehle Ihnen dazu den Stimmkompass, den der Sprechtrainer Olaf Nollmeyer entwickelt und in seinem Buch »Die souveräne Stimme« veröffentlicht hat (2005, S. 45). Dieses einfache Modell bündelt die vier grundlegenden Eigenschaften, die eine gute Stimme ausmachen und die Sie als Moderator brauchen, um stimmlich zu überzeugen.

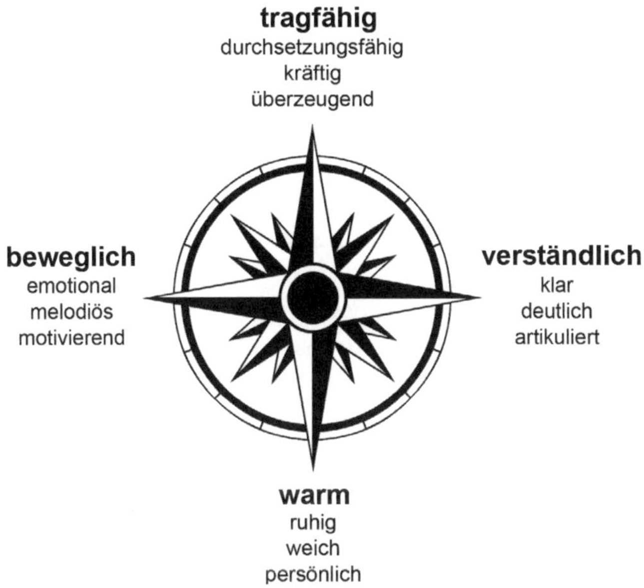

Stimmkompass (nach Olaf Nollmeyer)

Der Stimmkompass ermöglicht Ihnen eine gute Selbsteinschätzung. Mit der nachfolgenden Übung können Sie auf die Reise zu Ihrer Stimme gehen.

Übung: Reise zur eigenen Stimme

Nehmen Sie einen x-beliebigen Text und lesen Sie ihn laut. Nehmen sie ihn mit einem Gerät auf (zum Beispiel als Sprachmemo mit dem Smartphone). Anschließend hören Sie sich an (am besten mit einem Kopfhörer) und schätzen Ihre Stimme mit Hilfe des Stimmkompasses ein.

- Welche der vier Eigenschaften sind in Ihrer Stimme gut entwickelt?
- Welche könnten Sie ausbauen?
- Was wünschen Sie sich allgemein für Ihre Stimme?
- Machen Sie sich dazu Notizen.

Im Folgenden greife ich einige der häufigsten stimmlichen Anliegen meiner Seminarteilnehmer auf und beschreibe dazu mögliche Übungen. Die meisten der Übungen stammen von den Trainern und Logopäden, die ich über die Jahre als Moderatorin persönlich oder über ihre Bücher kennen- und schätzen gelernt habe. Einige Übungen habe ich speziell für die Bühne weiterentwickelt. Sie eignen sich gut, um allein – also auch ohne Trainer – an der Stimme zu arbeiten.

Wer professionell als Eventmoderator arbeiten möchte, dem empfehle ich aber, sich auf jeden Fall einen guten Stimm- und Sprecherzieher zu gönnen. Tragen Sie beim Üben bequeme Kleidung und flache Schuhe. Sorgen Sie für eine ruhige Umgebung, in der Sie nicht gestört werden. Wenn Ihnen eine Übung nicht guttut, brechen Sie sie ab.

Anliegen: Ich möchte eine vollere und gut klingende Stimme

Was im Alltag ein Wunsch sein kann, ist auf der Bühne Voraussetzung für Präsenz. Wer vor Publikum auftritt, braucht eine kraftvolle und ausdrucksstarke Stimme. Sie befähigt den Moderator, sich auch in kritischen Situationen durchzusetzen.

Eine starke Stimme ist das Ergebnis vieler unterschiedlicher Faktoren. Stimmklang entsteht, indem die Atemluft durch die schwingenden Stimmlippen nach außen strömt. Er verstärkt sich durch die Resonanzräume im Mund, Kopf und Brustkorb. Je entspannter und durchlässiger diese Räume sind, umso besser die Schwingung, umso wohlklingender und voller ist eine Stimme. Dazu muss der Atem entspannt fließen und die Körperspannung optimal sein.

Ich empfehle Ihnen, Ihre Stimme vor jedem Auftritt mit einem kleinen Übungsprogramm aufzuwärmen:

- Jogging für die Stimmbänder
- Gesichtsmuskeln lockern
- Körpermuskulatur lockern

Je nachdem wie es Ihre Situation zulässt, können Sie es direkt vor der Veranstaltung oder am Morgen machen.

Aufwärmprogramm für die Stimme

Erste Übung: Drei Minuten Jogging für die Stimmbänder

Jeder Sportler wärmt seine Muskeln zu Beginn eines Trainings auf. Auch für das Moderieren sollten Sie Ihre Stimme aufwärmen. Summ- und Brummübungen sorgen für gesunde und gut befeuchtete Stimmlippen und damit für einen vollen, entspannten Stimmklang. Machen Sie gleich morgens Frühsport für die Stimme. Summen Sie am besten im Bad. Die gekachelte Umgebung verstärkt die Resonanz.

Legen Sie Ihre Lippen leicht aufeinander, die Zungenspitze berührt den oberen Gaumen hinter den Schneidezähnen. Summen Sie zuerst eine Minute lang »Mmmmmm«. Beobachten sie das Gefühl an der Zungenspitze. Dann ändern Sie die Tonhöhe und summen von hoch zu tief und umgekehrt. Als letzten Schritt kauen Sie das »Mmmmmm« so, als würde sich eine köstliche Speise in Ihrem Mund befinden. Wenn Sie merken, dass es zwischen den Lippen bis in die Nasenspitze leicht kribbelt, machen Sie es richtig.

Zweite Übung: Drei Minuten Gesichtsmuskulatur lockern

Kennen Sie den Ton, den kleine Jungs machen, wenn Sie Autorennen spielen? Er geht: Brrrmm, Brrrmm, Brumm … Mit Lippenflattern lockern Sie die Lippen- und die Gesichtsmuskulatur.

Als Nächstes klopfen Sie mit Ihren Fingen Ihr Gesicht ab. Lassen Sie die Fingerkuppen beider Hände wie Regentropfen auf die Haut prasseln. Verweilen Sie erst eine Weile auf der Stirn und den Schläfen, dann klopfen Sie um die Augen herum über die Jochbeine, Nase und Wangen und weiter um den Mund herum bis zum Kinn und wieder zurück.

Gähnen Sie wie ein Löwe mehrmals hintereinander. Diese Übung entspannt nicht nur die Kiefer- und Gesichtsmuskulatur, sondern sorgt zudem für eine gute Sauerstoffzufuhr. Durchs Gähnen strömt die Atemluft tief in unsere Lungen, was im ganzen Körper für Entspannung sorgt.

Dritte Übung: Drei Minuten Körpermuskulatur lockern

Stellen Sie sich hüftbreit und entspannt hin. Die Knie dürfen leicht gebeugt sein, die Arme hängen am Körper herab. Zuerst schütteln Sie den linken Arm aus, als wollten Sie Spannung loswerden. Beginnen Sie mit dem Handgelenk, weiter über das Ellenbogengelenk bis zum Schultergelenk. Dann schütteln Sie den rechten Arm auf die gleiche Weise aus. Anschließend federn Sie mit Ihren Knien wie eine Marionette und schütteln Ihren ganzen Körper durch. Sobald Sie das Gefühl haben, dass Ihr Körper gut in Schwingung ist, tönen Sie zur Bewegung »o – a – o«. Hören Sie die Schwingung im Ton? Dann machen Sie die Übung richtig.

Anliegen: Wie finde ich meine optimale Sprechstimmlage?

Jeder Mensch hat eine Stimmlage, in der er entspannt und ausdauernd sprechen kann. Im Alltag nutzen Sie diese optimale Sprechstimmlage automatisch am häufigsten. Sie liegt im unteren Drittel des gesamten Stimmumfangs, ungefähr vier Töne über dem tiefsten Ton, der gebildet werden kann. Allerdings nicht nur auf einem Ton, sondern ungefähr auf ein bis zwei Tönen. Allerdings sollen Sie nicht nur in dieser Tonlage moderieren, das wäre langweilig und monoton. Es geht darum, Höhen und Tiefen zu nutzen, aber immer wieder in diesem Wohlfühlbereich der Stimme zurückzukehren.

Finden Sie Ihre optimale Tonlage

Von meinem Kollegen Ernst-Marcus Thomas (2015, S. 48) stammt dazu die »Och, nö«-Übung, mit der Sie sich wunderbar auf Ihre optimale Tonlage einschwingen können. Stellen Sie sich folgende Situation vor: Sie sitzen entspannt in einem Sessel und jemand bittet Sie, jetzt eine Runde joggen zu gehen. Dazu haben Sie gerade überhaupt keine Lust und sagen: »Och, nö.« Das ist die Stimmlage, die Sie für diese Übung brauchen.

Nun zur Übung: Suchen Sie sich einen Abschnitt aus einer Zeitung heraus, und lesen Sie ihn laut. Hören Sie aufmerksam zu, wie Sie klingen. Nach diesem Abschnitt sagen Sie mehrmals hintereinander in Ihrer entspannten Haltung: »Och, nö.« Dann lesen Sie den nächsten Abschnitt in dieser Stimmlage. Danach wiederholen Sie Ihr »Och nö«. Machen Sie diese Übung zehn Minuten lang. Kurz vor einer Moderation können Sie sich an diese Stimmlage erinnern, in dem Sie mehrmals hintereinander »Och nö« sagen. Wenn Sie ständig Menschen um sich herum haben, gehen Sie dafür an einen ungestörten Ort.

Anliegen: Meine Stimme rutscht bei Auftritten in die Höhe

Meistens passiert es bei Aufregung, aber auch bei Emotionen wie Ärger und Wut, dass die Stimme schrill oder piepsig wird. Ein Grund, warum bei Anspannung die Stimme nach oben rutschen kann, ist die Hochatmung. Statt tief aus dem Bauchraum strömt die Atemluft dabei flach aus dem oberen Brustkorb. Weil das Atemvolumen damit geringer ist, wird öfter geatmet. Das ist übrigens die typische Stressatmung, die wir ebenfalls beobachten können, wenn wir im Alltag unter Strom stehen.

Atmen Sie richtig?

Erstens: Vor der Veranstaltung

Für eine klangvolle und entspannte Stimme muss der Atem aus dem Bauch kommen und gleichmäßig fließen. Diese Übung fördert die Bauchatmung. Dazu setzen Sie sich aufrecht auf einen Stuhl, ohne sich anzulehnen. Nur der Po ist auf der Sitzfläche. Die Beine und Oberkörper sind jeweils im rechten Winkel. Die Füße stehen hüftbreit auseinander. Die Arme hängen locker neben Ihrem Körper. Nun legen Sie Ihren Oberkörper entspannt auf den Oberschenkeln ab. Der Kopf darf ebenfalls locker herunterhängen. Jetzt atmen Sie. In dieser Position können Sie gar nicht anders, als in den Bauch zu atmen.

Alternativ können Sie sich hinlegen. Das Brockhaus-Lexikon dürfen Sie getrost weglassen. Es reicht, wenn Sie spüren, wie Ihr Atem die Bauchdecke hebt und senkt.

Zweitens: Während der Veranstaltung

Wenn Sie bemerken, dass während des Sprechens die Stimme hochrutscht, hilft folgender Trick: Machen Sie eine kurze Sprechpause, dann atmen Sie tief ein und beginnen Sie Ihren nächsten Satz mit einem »So«, »gut« oder »Ja« – wichtig ist dabei, den Vokal zu dehnen und die Stimme wie bei der »Och, nö«-Übung senken. Aber Vorsicht: Nicht zu oft machen, sonst lenkt es ab.

Anliegen: Ich spreche zu leise und werde nicht gehört

Bei Veranstaltungsmoderation gilt: Ist der Raum zu groß für die Stimme, benötigen Sie ein Mikrofon. Die Lautstärke regelt der Tontechniker. Bei Messen oder Open-Air-Veranstaltungen erlebe ich oft, dass die Umgebungslautstärke sehr hoch ist. Auch hier heißt es, nicht ins Mikrofon brüllen, sondern die Technik arbeiten lassen.

Wenn Sie aber normalerweise häufig oder sogar immer zu leise sprechen, wirkt dies unsicher und defensiv. Vielleicht ist Stress die Ursache? Im Alltag beißen viele Menschen die Zähne aufeinander nach dem Motto »Zähne zusammenbeißen und durch …«. Dadurch verkrampft sich die Kiefermuskulatur und der Mund kann beim Sprechen nicht ausreichend geöffnet werden. Für einen guten Klang muss der Kiefer aber weit sein, damit der Schall seinen Weg nach draußen findet.

Übung: Kaumethode nach Fröschels

Besser als jede Massage von außen wirkt die Kaumethode des österreichischen Arztes Emil Fröschels, einem der Mitbegründer der Logopädie. Sie basiert auf der Erkenntnis, dass Kaubewegungen den Rachen weiten und die typischen Verkrampfungen des Sprechapparats lösen. Durch Kauen massieren Sie Ihre Kiefermuskulatur und sorgen für die perfekte Balance im Mund und Rachenraum.
Und so funktioniert die Kaumethode: Sicher haben Sie schon einmal beim Genuss eines gut schmeckenden Essens unwillkürlich den Ton »Mhm« gemacht. Genau dies ist die Übung, die Ihre Stimme voll und weich werden lässt. Suchen Sie sich etwas Essbares – am besten einen Apfel oder ein Stück Brot (bitte auf keinen Fall einen Kaugummi), beißen Sie ein Stück ab, und kauen Sie es sehr langsam und bewusst. Dazu tönen Sie genussvoll ein langgezogenes »Mhm, mhm«. Üben Sie zunächst einige Male mit Kaugut. Später stellen Sie sich nur vor, Sie hätten etwas im Mund. Dann tönen Sie die Kausilben auf die verschiedenen Vokale: »Mjam, mjam, mjam – mjim, mjim, mjim – mjom, mjom, mjom – mjem, mjem, mjem«. Ziehen Sie die Vokale ganz genussvoll in die Länge.
Wenn Sie die Übung oft genug gemacht haben, erinnert sich Ihr Gehirn an die Wirkung auch ohne Essen im Mund.

Anliegen: Nach längerem Sprechen werde ich heiser

Heiserkeit entsteht in aller Regel durch zu viel Druck auf den Kehlkopf. Wer beim Sprechen schnell heiser wird, erhöht automatisch den Druck auf die Stimme, um wieder lauter zu werden. So beginnt ein Teufelskreis. Die Halsmuskulatur verkrampft, Kehlkopf und Stimmlippen können nicht mehr frei schwingen, und der Klang wird dumpf und monoton.

Steuern Sie entgegen, indem Sie ihren gesamten Körper lockern und zum Schwingen bringen. So bekommen Sie wieder Resonanz in Ihre Stimme. Dazu muss zunächst der Kehlkopf entlastet und dann wieder zum Schwingen gebracht werden. Sehr gut geht das mit dem Aufwärmprogramm. Aber auch viele klassische Yogaübungen sind wunderbare Resonanzübungen für die Stimme.

Das folgende kleine Notfallprogramm habe ich in Anlehnung an das Stimmtraining von Olaf Nollmeyer (2005, S. 21) weiterentwickelt, sodass Sie es auch bei einer Veranstaltung anwenden können.

Das Notfallprogramm

Suchen Sie sich einen Platz, an dem Sie ungestört sind, beispielsweise einen Garderoben- oder Besprechungsraum. Legen Sie sich mit dem Rücken auf den Boden, sodass Ihr ganzer Körper entspannt ist (Alternative: Setzen Sie sich in einer bequemen Sitzhaltung auf einen Stuhl). Atmen Sie tief in den Bauch. Gehen Sie fünf Minuten auf Gedankenreise durch Ihren Körper. An welchen Punkten hat er Kontakt zum Boden, wie fühlen sich die Körperteile an, wo sitzen Verspannungen? Versuchen Sie Ihren Atem an diese Stellen zu schicken.

Suchen Sie sich eine Wand, gegen die Sie auf dem Rücken liegend Ihre Füße im rechten Winkel stellen können (Alternative: im Sitzen). Summen Sie mit leicht aufeinander liegenden Lippen eine Minute ganz entspannt. Anschließend legen sie die flachen Hände aufs Gesicht und summen weitere zwei Minuten. Spüren Sie, an welchen Stellen Schwingung entsteht.

Bleiben Sie in dieser Position. Nun öffnen Sie die Lippen und tönen bei jedem Ausatmen ein langgezogenes »O«. Zunächst ganz leise in Ihrer Sprechstimmlage, dann werden Sie etwas lauter. Achten Sie auf einen weichen Stimmeinsatz, indem Sie ein h vor das o hängen. Das klingt dann wie »Hoooooooo«.

Zum Schluss dieser Übung setzen Sie sich bequem hin und beobachten dabei Ihren Atem: das Einatmen, die Atempause und das Ausatmen. Nach einer Weile beginnen Sie, das Ausatmen mit einem Seufzen zu begleiten. Wichtig ist, dass Sie Ihren Atem nicht verändern, sondern nur stimmlich unterstützen. Seufzen Sie erst leise und dann etwas lauter. Nach fünf Seufzern machen Sie eine kurze Pause. Dann seufzen Sie zehnmal auf einem langen »W«. Seufzen verringert die Spannung und erleichtert den Körper.

Zur Erweiterung Ihrer Übungspalette empfehle ich Ihnen das erwähnte Trainingsbuch von Olaf Nollmeyer sowie die »60 Impulskarten Stimmtraining« (2016) von Sabine F. Gutzeit.

Oft ist Heiserkeit mit einem Kloßgefühl im Hals verbunden. Um sie loszuwerden, räuspern sich die Betroffenen. Beim Räuspern schlagen die Stimmlippen hart zusammen und werden zusätzlich gereizt. Mit der Folge, dass sie noch rauer werden und mehr Schleim produzieren, der dann wieder zum Räuspern animiert. Besser ist es, einmal ordentlich den Schleim abzuhusten.

Wenn Sie oft heiser sind oder eine Stimmstörung vermuten, sollten Sie einen Phoniater konsultieren. Das ist ein HNO-Facharzt, der sich auf Stimmstörungen spezialisiert hat.

Bad-Voice-Days

Wissen Sie, was ein »Bad-Hair-Day« ist? Im Angelsächsischen nennt man einen schlechten Tag so. Selbst Moderatoren klingen nicht jeden Tag gleich gut. Auch ich musste lernen, dass es im Leben einer Moderatorin »Bad-Voice-Days« gibt. Sie wissen bereits, dass die Stimme mit dem körperlichen Befinden zusammenhängt. Und das ist eben tagesabhängig. Diese Bad-Voice-Days gibt es übrigens ganz offiziell. Opernsängerinnen dürfen während Ihrer Menstruation pausieren, weil sie an diesen Tagen nicht bei bester Stimme sind. Die Hormone im Zyklus verändern die Schleimhaut der Stimmbänder und können die Stimme rauer und ungleichmäßiger machen. Egal, was bei Ihnen der Auslöser für einen Bad-Voice-Day sein könnte – machen Sie sich an solchen Tagen nicht verrückt.

Pflegeanleitung für Ihre Stimme

- Versuchen Sie, im Alltag guter Stimmung zu sein. Das schlägt sich direkt auf Ihre Stimme nieder.
- Bewegen Sie sich. Lassen Sie das Auto stehen, gehen Sie zu Fuß. Und laufen Sie die Treppen, anstatt den Fahrstuhl zu nehmen.
- Machen Sie Sport. Körperliche Aktivität entspannt und unterstützt die tiefe Bauchatmung.
- Trinken Sie viel über den Tag verteilt. Damit beugen Sie der Austrocknung der Stimmbänder durch die trockene Luft in Veranstaltungsräumen vor.
- Sprechen Sie in normaler Lautstärke. Wenn Sie brüllen, setzen Sie Ihren Kehlkopf unter Druck.
- Wenn Sie asiatisches Essen lieben, sollten Sie vor Veranstaltungen darauf verzichten. Scharfe Gewürze und Glutamat verschleimen die Stimme. Auch scharfe Mentholbonbons bewirken eher das Gegenteil dessen, was sie versprechen. Sie trocknen die Stimmlippen aus. Besser geeignet zum Lutschen sind Emser-Salz-Tabletten oder Isla Moos.
- Singen Sie mal wieder. Ob richtig oder falsch, spielt dabei keine Rolle. Singen macht gute Laune und bringt die Stimme in Schwingung.
- Probieren Sie, einige der vorgeschlagenen Übungen in Ihren Alltag zu integrieren und so Ihre Stimme dauerhaft in Schwung zu bringen.

Sprechen und Sprache – Wie Sie wirklich verstanden werden

Als Gastgeber sind Sie in aller Regel der Erste und der Letzte, der mit den Gästen spricht. All Ihre Aufgaben: Ankündigen, Einleiten, Überleiten, Kommentieren und Gesprächeführen sind unmittelbar mit Sprache und Sprechen verbunden. Deshalb ist es wichtig, auf der Bühne neben Sprachgefühl auch die richtige Sprechtechnik zu haben. Dazu gehören Artikulation, Rhythmus und Pausen. Aber auch die Emotionen, die Sie mit dem Sprechen übermitteln, sind entscheidend, ob eine Moderation ihr Ziel erreicht. Im ersten Teil dieses Kapitel zeige ich Ihnen, wie Sie mit einer guten Sprechtechnik punkten. Im zweiten Teil geht es um die Sprache des Gastgebers und wie Sie auf der Bühne mit Worten Wirkung erzeugen.

Dialekt oder Hochdeutsch

Viele Menschen glauben, weil Fernsehmoderatoren weitestgehend Hochdeutsch sprechen, müssen Moderatoren auf der Bühne genauso sprechen. Das ist nicht so. Kein Zuschauer erwartet, dass Sie lupenreines Hochdeutsch sprechen. Das tut in Deutschland sowieso kaum einer. Selbst in Norddeutschland gibt es Sprachvarianten, die von der hochdeutschen Aussprachenorm abweichen. Interessant ist für Sie zu wissen, wie Dialekt in der Moderation auf Zuschauer wirkt.

Stellen Sie sich vor, Sie sind für einige Zeit im Ausland und hören jemanden Deutsch sprechen, vielleicht sogar im Dialekt ihres Heimatortes. Was empfinden Sie dabei? Bei den meisten Menschen kommen unwillkürlich Heimatgefühle auf. Mundart zu sprechen vermittelt Nähe, Zugehörigkeit und Verbundenheit und bedeutet regionale Verwurzelung.

Aufgrund der Sprache sortieren wir andere unbewusst in drei Kategorien ein: Sympathie, Hierarchie und Status. Hochdeutsch wird im Allgemeinen mit Bildung und hohem sozialen Status verbunden. Wer Mundart spricht, wirkt sympathisch, aber auch provinziell und rangniedrig.

Auf der Bühne gilt die Regel: Sprechen Sie die Sprache Ihrer Gäste. Wenn Sie zum Beispiel in Bayern die Eröffnung eines regionalen Autohauses mit Gästen aus der Region im bayerischen Dialekt moderieren, ist das völlig in Ordnung. Sobald Sie aber für eine Firma mit überregionaler Bedeutung und mit Gästen aus ganz Deutschland auf der Bühne stehen, sollten Sie mehr oder weniger Hochdeutsch sprechen, damit Sie von allen verstanden werden. Erinnern Sie sich, was ich Ihnen über die Tugenden des Gastgebers erzählt habe: Wertschätzung heißt, Sorge dafür zu tragen, dass sich Ihre Gäste wohlfühlen. Das tun sie nur, wenn sie alles verstehen.

In Österreich und der Schweiz ist Dialekt etwas Selbstverständliches. Die Moderatoren des öffentlich-rechtlichen Fernsehens in Österreich müssen zwar einen Hochdeutschtest absolvieren, bevor sie auf Sendung dürfen. Später, im Moderationsalltag, ist dann die regionale Färbung ihrer Aussprache erwünscht. Auch auf der Bühne wird der österreichische Dialekt gern gehört, aber nicht vorausgesetzt. Ich empfehle, im Sinne des Publikums entweder den lokalen Dialekt oder bei überregional relevanten Veranstaltungen österreichisches Hochdeutsch zu sprechen.

Ähnlich ist die Situation in der Schweiz. Weil es dort neben dem Schweizerdeutsch noch Französisch und Italienisch als Landessprache gibt, sollten Sie vor einer Moderation immer klären, in welcher Sprache auf der Bühne gesprochen werden soll. Solange Sie jeder Zuschauer versteht, richten Sie sich nach der Mehrheit der Zuschauer. Wenn nicht alle folgen können, empfehle ich die Kernaussagen zweisprachig zu moderieren. Die Technik der zweisprachigen Moderation erläutere ich detailliert im letzten Abschnitt des Kapitels »Anmoderation: Themen einleiten Übergänge schaffen, Interesse erzeugen« (s. S. 107 f.).

Wenn Sie als professioneller Moderator Ihre Dienste im gesamten deutschsprachigen Raum anbieten wollen, brauchen Sie Ihre Herkunft nicht zu verleugnen. Allerdings empfiehlt es sich, Hochdeutsch zu beherrschen. Dies ist eine Frage des Trainings. Mit professioneller Unterstützung durch einen Sprechtrainer und etwas Disziplin lässt sich Hochdeutsch jederzeit erlernen wie eine zweite Sprache. Dabei brauchen Sie nicht auf Ihren Dialekt verzichten. Sobald Sie es fließend sprechen, können Sie mühelos vom Dialekt zum Hochdeutsch wechseln.

Artikulation

Viel wichtiger und effektiver als Hochdeutsch ist eine deutliche Artikulation. Kennen Sie Menschen, die beim Sprechen die Zähne nicht auseinander bekommen? Sie nuscheln, verschlucken die Silben und verschleifen die Vokale und Konsonanten zu einem undeutlichen Sprachbrei. Solchen Menschen zuzuhören, ist schon im direkten Gespräch enorm anstrengend und erfordert Konzentration. Auf der Bühne wird es noch schwieriger. Da ist es den Gästen nicht zu verübeln, wenn sie gedanklich abschalten und sich mit etwas anderem beschäftigen, weil sie nichts verstehen. Zuschauer schätzen es, wenn jemand klar und deutlich sagt, was Sache ist.

»Mach doch mal die Zähne auseinander.« In diesem Satz steckt ganz viel Wahrheit. Nur wer den Mund beim Sprechen richtig aufmacht, kann sich deutlich ausdrücken. Zuständig dafür sind eine Reihe Muskeln in unserem Gesicht. Wangen-, Kiefer- und Lippenmuskeln müssen entspannt und die Zunge beweglich sein, damit sich das Kiefergelenk gut öffnen lässt. Genauso wichtig für die Artikulation ist die klare Intension der Botschaft. Wer ein Sendungsbedürfnis hat und weiß, warum er etwas sagen will, macht die Zähne beim Reden automatisch besser auseinander und spricht somit klarer und deutlicher.

Auch wenn Sie zu den Leuten gehören, die aus dem Bett springen und wie ein Wasserfall reden können, sollten Sie sich vor einem Auftritt einsprechen. Kein Profi macht auf der Bühne einen Kaltstart.

Wie sich Peter Kraus auf seinen Auftritt vorbereitet

Vor einigen Jahren hatte ich bei einer Abendgala den Sänger Peter Kraus anzumoderieren. Kurz vor seinem Auftritt sah ich, wie er auf dem Flur hin und her lief und Stimm- und Sprechübungen machte. Immer wieder tönte er: »Ba ba ba ba ba, da da da da« und lies seine Lippen flattern. Er wärmte sich auf, obwohl er zu diesem Zeitpunkt bereits 55 Jahre Bühnenerfahrung hatte. Die Show, die er später ablieferte, war sensationell. Ich bin heute noch tief beeindruckt von seiner Stimme und Ausdruckskraft.

Die nachfolgenden Übungen verbessern die Beweglichkeit der Gesichtsmuskeln und machen die Zunge beweglich und sorgen so für eine deutlichere Artikulation. Sie eignen sich prima, um sich vor einer Moderation aufzuwärmen. Diese Gesichtsgymnastik lässt Sie lustig aussehen. Probieren Sie sie entweder allein vor dem Spiegel oder mit Ihren Kindern aus. Die werden ihren Spaß haben.

Übungen zur Verbesserung der Artikulation

Dicke Backen machen

Wie das geht, kennen Sie vielleicht noch aus Kindheitstagen: Blasen Sie Ihre Wangen auf, halten Sie die Spannung für einen Moment und lassen Sie sie die Luft wieder heraus. Sie können es auch abwechselnd links und rechts machen. Einige Male wiederholen.

Zungengymnastik

Tippen Sie mit der Zunge immer wechselseitig die linke und die rechte Backe an. Dann tippen Sie kräftig mit der Zunge jeden Zahn einzeln von innen an. Schließlich fahren Sie mit der Zunge über die Außenseite der Zähne. Auch diese Übung einige Male wiederholen.

Unterkiefer lockern

Bei Anspannung neigen Menschen dazu, die Zähne aufeinanderzubeißen. Dadurch sind die Kiefergelenke übermäßig angespannt. Aus dem Alltag kennt man die »verbissenen Typen«, bei denen das Muskelspiel der Wangen sogar von außen zu sehen ist. Lassen Sie Ihren Unterkiefer eine Minute locker hängen. Das können Sie übrigens mehrfach am Tag machen, um zu entspannen.

Videotipp: https://www.youtube.com/watch?v=woqd4metvwc&feature=youtu.be

Artikulationsübung: Fingersprechen

Diese Übung unterstützt Sie dabei, den Kiefer beim Sprechen weit zu öffnen.
Nehmen Sie einen nicht allzu langen Text. Lesen Sie ihn zunächst einmal normal. Dann nehmen Sie Ihre beiden Zeigefinger locker bis auf die Höhe der Fingernägel zwischen die Eckzähne. Achten Sie darauf, dass der Unterkiefer dabei nicht vorgeschoben wird. Nun lesen Sie den Text zweimal hintereinander mit Fingern zwischen den Zähnen. Anschließend lesen Sie den gleichen Text wieder ohne Finger im Mund. Beobachten Sie, wie sich Ihre Artikulation verändert hat. Hören Sie sich gut zu und achten Sie darauf, wie sich Ihre Kiefermuskulatur anfühlt.
Früher nahm man für diese Übung einen Korken. Besser ist es aber, die Finger zu benutzen. Denn der Korken birgt das Risiko, dass Sie zu fest darauf beißen und die Kiefermuskulatur auf diese Weise verspannen. Bei den Fingern werden Sie das sehr schnell merken, wenn Sie zu sehr zubeißen.

Sprechtempo

In meinen Seminaren erlebe ich immer wieder, wie schwer es Menschen fällt, beim Moderieren Pausen zu machen. Sobald sie auf der Bühne stehen, verfallen sie in eine Art Beschleunigungsmodus. Sie reden ohne Punkt und Komma – in der Hoffnung, es möglichst schnell hinter sich zu bringen und möglichst viel in die Köpfe der Zuschauer hineinzutransportieren. Diese Hoffnung bleibt allerdings unerfüllt. Hohes Sprechtempo überfordert die Zuschauer. Denn sie haben keine Zeit, das Gehörte auf sich wirken zu lassen und zu verarbeiten. Außerdem wirken Menschen, die zu schnell sprechen, hektisch, nervös und unsicher.

Redner, die langsam sprechen hingegen werden als souverän, überzeugend und glaubwürdig empfunden. Wenn Sie nicht wissen, was langsam ist, machen Sie den Test. Das normale, als angenehm empfundene Sprechtempo beträgt etwa 130 Wörter pro Minute. Die entspricht etwa einer Drittel DIN-A4-Seite.

Mut zur Pause

Beim Sprechen gibt es kein kraftvolleres Wirkmittel als die Pause. Wobei Sprechpausen in der Moderation – je nach Einsatz – nur zwischen einer halben und zwei Sekunden dauern, alles andere wirkt künstlich oder wie ein Blackout. Pausen geben der Moderation Struktur. Sie unterteilen eine Rede in sinnvolle Schritte. So wie wir im Alltag beim Sprechen kurze Gedankenpausen machen, werden auch in der Moderation – allerdings bewusst – Pausen eingelegt. Sie ermöglichen den Zuhörern, dem Gesagten zu folgen.

Eine Pause kann zudem die Bedeutung des Gesagten unterstreichen. Dabei muss sie entweder kurz vor der hervorzuhebenden Aussage oder kurz nach der Aussage eingesetzt werden.

Sprechpausen ermöglichen Interaktionen mit dem Publikum. Wenn Sie eine rhetorische Frage stellen, zum Beispiel: »Erinnern Sie sich noch an Ihre Schulzeit?«, benötigt das Publikum einen Augenblick, um innerlich auf Ihre Frage zu antworten. Diese Pause machen Sie gedanklich mit, bevor Sie weitersprechen.

Ebenso ist eine Pause gut, wenn Sie eine Reaktion vom Publikum erwarten, etwa wenn Sie zu Beginn der Veranstaltung Ihre Gäste begrüßen: »Herzlich willkommen in Berlin! Schön, dass Sie alle hier sind.« Wenn Sie nach diesem Satz die Stimme senken und eine Pause machen, wird das Publikum Ihre Begrüßung mit einem Applaus erwidern.

Die Sprechpause ermöglicht Ihnen eine bessere Kommunikation mit Ihren Gästen. Sie gibt Ihnen die Chance, die Menschen im Auditorium wahrzunehmen. In Momenten, in denen Sie nicht reden, können Sie viel besser erkennen, ob diese wirklich zuhören und welche Signale von ihnen zurückkommen. Wenn Sie ununterbrochen reden, ist dieser Kanal belegt. Andersherum ist auch von der Persönlichkeit des Gastgebers in einem Redeschwall nicht viel erkennbar.

Pausen können Sie bewusst einsetzen, um die Aufmerksamkeit zu steigern. Eine klassische Situation, die bei den meisten Tagesveranstaltungen vorkommt, zeigt das folgende Beispiel:

Mit einer Sprechpause die Aufmerksamkeit des Publikums gewinnen

Es ist nachmittags um drei Uhr während einer Konferenz. Die Kaffeepause ist gerade vorbei. Eigentlich müsste die Moderation mit dem Programm fortfahren, wäre da nicht die Unruhe im Saal. Einige Teilnehmer stehen noch in den Durchgängen, andere reden miteinander. Wenn der Moderator nun direkt mit der nächsten Einleitung beginnt, hat er schlechte Karten. Denn die Mehrheit im Saal würde nicht mitbekommen, was jetzt auf der Bühne passiert.

Ich nutze in diesem Fall ganz bewusst eine lange Pause. Im Gegensatz zur Sprechpause kann sie durchaus eine Minute dauern. Dazu gehe ich während der Unruhe auf die Bühne, fordere die Gäste auf, mir ihre Aufmerksamkeit zu schenken und bitte Platz zu nehmen, damit wir mit dem Programm fortfahren können. Ich bleibe auf der Bühne, warte und schaue so lange, bis ich das Gefühl habe, dass mein Publikum wieder bei der Sache ist. Dann beginne ich mit der eigentlichen Anmoderation des nächsten Programmpunkts.

Lange Sprechpausen funktionieren auch, um während einer Moderation Ruhe im Saal zu bekommen. Allerdings etwas kürzer und nur mit einem freundlichen, charmanten Lächeln. Sonst wirkt diese Form der Pause arrogant und oberlehrerhaft.

Manche Menschen neigen dazu, Fülllaute zu benutzen. Sie sagen »Ähm«, »Äh«, »Ne«, wenn sie beim Sprechen darüber nachdenken, was sie als nächstes sagen wollen und nicht im Fluss ihrer Gedanken sind. Anstatt der Pause sagen sie Ähm. Das kann sehr störend auf die Rede wirken. Ich habe schon erlebt, dass sich Gäste den Spaß machen, statt zuzuhören, Fülllaute zu zählen. Wenn Ihnen das bekannt vorkommt und Sie nicht Teilnehmer einer Ähm-Meisterschaft werden wollen, rate ich Ihnen diese Angewohnheit abzulegen. Mit Selbstbeobachtung und Disziplin ist das recht schnell zu schaffen. Machen Sie sich bewusst, wann sie ein Füllwort nutzen. Anstatt des Füllworts machen Sie eine Pause. Wenn Ihnen das schwerfällt, können Sie sich (wie bei anderen Ticks) einen roten Punkt als optische Erinnerung irgendwohin aufkleben. Niemand erwartet, dass jedes Wort wie aus der Pistole geschossen aus Ihrem Munde kommt. Auch im Alltag machen wir Pausen beim Sprechen, um nachzudenken. Außerdem geben Pausen den Raum zum Atmen und zum Denken, was die Anspannung senkt. Mein Tipp: Haben Sie Mut zur Pause!

Was Sie mit Sprechpausen bewirken

- Pausen geben der Moderation Struktur.
- Pausen ermöglichen Interaktion mit dem Publikum.
- Pausen ermöglichen eine bessere Kommunikation.
- Pausen steigern die Aufmerksamkeit.
- Pausen geben Raum zum Atmen und zum Denken.

Emotionen machen Moderationen lebendig

Nachrichtensprecher sind zur Neutralität verpflichtet. Sie sind reine Informationsvermittler und lesen uns in einer Viertel- oder halben Stunde wertfrei die neuesten Meldungen des Tages vor. Veranstaltungen sind aber keine distanzierten Nachrichtensendungen und Veranstaltungsmoderatoren keine Sprecher, sondern Gastgeber, die ihre Meinung kundtun und Persönlichkeit zeigen dürfen. Sie präsentieren immer eine Mischung aus Information und Unterhaltung – auch wenn meistens ein Aspekt im Vordergrund steht. Bei einer technischen Fachtagung oder einer Betriebsversammlung ist der Informationsanteil größer als der Unterhaltungsanteil. Bei einer Preisverleihung oder einer Abendveranstaltung ist es umgekehrt. Es sind immer beide Werte vorhanden, lediglich das Verhältnis ändert sich abhängig vom Format.

Zwar haben wir in Deutschland traditionell eine sachorientierte Informationskultur, der Trend geht aber hin zu mehr Unterhaltung und dem Zeigen von Emotionen. Das ist auch daran zu erkennen, dass seit Jahren im Fernsehen und bei Events das Infotainment große Erfolge feiert. Denn es ist belegt, dass Menschen Informationen am intensivsten aufnehmen, wenn sie emotional dargestellt werden (Wegener 2001, S. 136). Auf den Spagat zwischen Information und Unterhaltung angesprochen, sagte der ZDF Moderator Claus Kleber: »... ich würde lieber über Emotion argumentieren. Wir versuchen Informationen so zu vermitteln, dass der Zuschauer bereit ist, sie aufzunehmen« (Die ZEIT 22/2013).

Es kostet mich manchmal regelrecht Überzeugungsarbeit, angehenden Moderatoren klarzumachen, dass eine Moderation emotional sein darf, sogar sein muss. Eine Moderation ohne Emotionen ist wie Fernsehen in Schwarz-Weiß. Emotionen machen Informationen und Sprache lebendig, weil sie immer mit Geschichten verknüpft sind und sich direkt mit Gefühlswelt der Zuschauer verbinden. Emotionen bringen Farbe in die Sprache und machen die Moderation abwechslungsreich. Je nachdem, ob wir freudig gespannt, gelangweilt oder wütend sind, ändern sich Rhythmus, Geschwindigkeit und Lautstärke des Sprechens.

Jetzt werden Sie vielleicht sagen, bei einer Betriebsversammlung kann ich doch nicht emotional sein. Warum nicht? Ihre Führungsaufgabe besteht darin, die Verbindung zwischen Themen, Publikum und Situation herzustellen. Das Publikum bringt seine eigenen Einstellungen und Emotionen zum Thema mit und möchte abgeholt werden. Indem Sie die Gefühle und Emotionen des Publikums aufgreifen, entsteht eine Bindung. Dabei dürfen Sie sich auch selbst einbringen und beim Sprechen Ihre innere Haltung zeigen. Die einzige Ausnahme sind Interviews und Diskussionen. Mehr dazu später in diesem Buch. Bei erfolgreichen Fernsehmoderatoren wie Jörg Pilawa und Barbara Schöneberger hören wir immer ihre persönliche Haltung mit, wenn sie etwas kommentieren. Mit der Sprechhaltung vermitteln sie eine bestimmte Einstellung zum Gesagten: neugierig, interessiert, sachlich, freudig, gelangweilt, traurig, überrascht und so weiter.

Wie kommt Emotion in die Moderation?

Vom Moderator wird Wahrhaftigkeit erwartet. Deshalb muss sich seine Sprechhaltung immer mit seiner inneren Haltung decken. Alles andere wäre Schauspielerei. Ich kläre vor jeder Moderation sowohl meine innere Haltung als auch die Haltung der Zuschauer zum Thema der Moderation. Folgende Fragen helfen dabei weiter:

- Was habe ich mit dem Thema zu tun?
- Wie geht es mir mit dem Thema?
- Was bedeutet das Thema/die Person für die Zuschauer?

Bei einer Fachpressekonferenz zu Zahnimplantaten habe ich persönlich mit dem Thema nicht viel mehr als jeder normale Patient damit zu tun. Insofern deckt sich meine innere Haltung mit denen vieler Patienten, die sich ein gesundes, funktionsfähiges Gebiss wünschen. Ich kann also mit ehrlicher Sprechhaltung sagen, dass es wichtig ist, dass Zahnimplantate sicher und langlebig sind. Und natürlich interessiert mich, was die Forschung tut, damit das so ist. Habe ich ein Fachpublikum vor mir, versuche ich herauszufinden, mit welchen Emotionen meine Gäste gekommen sind. Es könnte sein, dass die Neuentwicklung eines Implantats die Arbeit vor Zahnärzten revolutioniert, und dass alle nur auf die neuen Studienergebnisse gewartet haben. Allerdings mache ich diese Haltung und Emotion nicht zu meiner eigenen, sondern greife sie auf und kommentiere sie entsprechend.

Vielen Menschen fällt es schwer, öffentlich Emotionen zu zeigen. Kein Wunder, schließlich öffnen wir damit das Tor zu unserer inneren Gefühlswelt. Versuchen Sie, vor jeder Veranstaltung auszuloten, was für Sie in Ihrem Rahmen liegt beziehungsweise wie viel Sie von sich als Gastgeber in einem professionellen Rahmen preisgeben möchten.

Übung: Emotionen in die Moderation bringen

Mit dieser Übung können Sie ausprobieren, was in Ihnen steckt und wie sich die jeweiligen Emotionen auf das Sprechen auswirken. Erzählen Sie zwei Begebenheiten aus dem Alltag, die schon beim Darandenken Emotionen in Ihnen wecken. Sprechen Sie laut und frei, also ohne Stichworte. Sprechen Sie die Emotion während Ihrer kurzen Erzählung immer mit aus: »Es macht mich *glücklich*, dass…,« oder »Wenn ich an … denke, *langweilt* es mich zutiefst…«
Vorschläge für Sprechhaltungen:

- glücklich
- gelangweilt
- traurig
- überrascht
- wütend

Beobachten Sie, wie sich Tempo, Rhythmus, Lautstärke verändern. Wie fühlt sich die Emotion im Körper an? Wo spüren Sie die Emotion?

Verleihen Sie Ihren Worten Flügel

Kommunikationsprofis wissen um die Bedeutung der Emotionen und setzen sie gezielt ein. Die Kunst ist es, zu allem den richtigen Ton zu treffen. Großartige Beispiele liefert dazu der frühere amerikanische Präsident Barak Obama. Er liest seine Reden nicht herunter, er spult sie nicht ab. Er macht jeden Auftritt zu einem starken Statement. Nach dem tödlichen Attentat in einer Kirche 2015 in Charleston nahm auch Präsident Obama an der Trauerfeier teil. Anstatt eine klassische Rede zu halten, verlieh er seinen Worten einen besonderen Nachdruck. Am Ende seiner Rede sang er das legendäre Kirchenlied »Amazing Grace«. Die Wirkung war ungeheuer. Wie ein Lauffeuer verbreitete sich die Aufzeichnung mit dem singend, trauernden Präsidenten in den Medien der Welt. Mit dieser emotionalen Botschaft erreichte Obama die Herzen seiner Zuhörer. Mehr noch: Er brannte sich damit ins mediale Gedächtnis der Zeit ein. Diese Rede gilt als einer seiner bedeutendsten Auftritte.

Verständliche Sprache

Zwar ist eine Moderation wesentlich kürzer als eine Rede und sie hat eine andere Funktion – sie ist nicht das Thema selbst, sondern führt es ein – dennoch gelten die gleichen Anforderungen an Sprache und Verständlichkeit wie bei einer Rede.

Wie Texte sein müssen, um möglichst gut vom Leser und Hörer verstanden zu werden, hat der Kommunikationspsychologe Friedemann Schulz von Thun gemeinsam mit anderen Wissenschaftlern in 1980er-Jahren in verschiedenen Experimenten untersucht (Schulz von Thun 1981, S. 140). Aus den Ergebnissen entwickelte er das Hamburger Verständlichkeitskonzept. Darin formuliert er, dass die Verständlichkeit der Sprache vor allem von vier Eigenschaften abhängt:

- Einfachheit
- Gliederung, Struktur
- Kürze, Prägnanz
- Zusätzliche Stimulanz

Einfache Sprache: Die wenigsten Menschen sprechen, wenn sie beim Bäcker ihre Brötchen kaufen, in kleistschen Schachtelsätzen. Nur auf der Bühne ist diese merkwürdige Art zu sprechen immer wieder zu hören. Das mag daran liegen, dass einfache Sprache oft mit der Angst verbunden ist, banal und nicht fundiert genug zu wirken. Komplexe Sprache erhöht jedoch nicht die Kompetenz, sondern erzeugt Frust beim Zuschauer. Denn alles, was nicht so klingt wie Alltagssprache, strengt beim Zuhören an. Auch die Aufzählung von Fakten und Zahlenkolonnen überfordert Zuschauer. Kein Mensch kann sich merken, dass der tägliche Berufsverkehr in Stuttgart mit 225 000 Pendlern dafür zuständig ist, dass die höchstzulässige Feinstaubbelastung von 50 Milligramm pro Kubikmeter an 91 Tagen im Jahr überschritten wurde.

Einfach Sprache heißt: Reden wie ein normaler Mensch im Alltag. Schon Kurt Tucholsky gab Rednern den guten Ratschlag: »Hauptsätze, Hauptsätze, Hauptsätze« (Tucholsky 1954). Für Moderatoren gilt die Regel: ein Gedanke, maximal 14 Wörter pro Satz und möglichst wenig Nebensätze verwenden.

Benutzen Sie aktive statt passive Formulierungen. Statt: »Das schnelle Erreichen der optimalen Kühltemperatur ist für das Lebensmittel besonders wichtig.« Besser: »Für das Lebensmittel ist es besonders wichtig, dass die optimale Kühltemperatur schnell erreicht wird.«

Auch Fremdwörter haben in einer Moderation nichts zu suchen. Untersuchungen haben ergeben, dass die Aufmerksamkeitskurve bei Radiozuhörern massiv abfällt, wenn ein Moderator ein Fremdwort benutzt. Es dauert im Schnitt 40 Sekunden, bis sie annähernd auf dem gleichen Level wie zuvor ist (Friedrichs/Schwinges 2005, S. 219). Auch Wissenschaftler wünschen sich eine klare, prägnante Sprache. Bei Fachveranstaltungen sitzen zwar weitestgehend Fachexperten im Publikum, jedoch unterscheiden sich meistens ihre Wissensgebiete. Somit gilt es, auf einen gemeinsamen, sprachlichen Nenner kommen.

Gliederung und Struktur: Dieser »Verständlichmacher« ist vor allem bei längeren Moderationen relevant. Die beste Geschichte nützt Ihnen nichts, wenn Sie zusammenhanglos erzählt wird. Achten Sie auf die logische Reihenfolge von Raum und Zeit, wenn Sie einen Sachverhalt erklären. Konkret heißt das: Nutzen Sie nur eine Erzählperspektive und gliedern Sie Informationen in Sinnschritte auf.

Aufzählungen und Argumente verankern sich am besten im Gedächtnis der Zuschauer, wenn sie im Dreierpack gebracht werden. »Unser nächster

Gast ist Forscher, Weltenbummler und Bestsellerautor …« Auch Sprechpausen sind ein wichtiges Strukturelement für besseres Verständnis. Damit geht es nicht nur Ihren Zuschauern, sondern auch Ihnen selbst besser. In Seminaren erlebe ich immer wieder, dass Ordnung im Kopf ein Wundermittel gegen Lampenfieber ist.

Kürze und Prägnanz: Kurz und prägnant zu reden heißt: Informationen zu bündeln und mit wenig Worten auf den Punkt kommen. Diese Gabe brauchen Moderatoren von allen Rednern am meisten. Weitschweifigkeit ist eine Untugend, die kein Auftraggeber gern sieht. Denn Ihre Aufgabe ist es, die anderen zu präsentieren und nicht sich selbst. Wahrscheinlich haben Sie auch schon einmal einem Redner gesehen, der vom Hölzchen aufs Stöckchen kam und jede noch so kleine Information bis zum Platzen aufgeblasen hat. Solchen Moderatoren verordne ich Redediät.

Auch Formulierungen auf der Metaebene wie: »Ich möchte Ihnen gleich zu Beginn sagen, dass …«, wirken umständlich und langatmig. Sagen Sie nicht, was Sie gleich sagen, sondern tun Sie es einfach. Eine prägnante Sprache ist frei von Wortmüll und anderen Sprachungetümen. Abgenutzte Formulierungen wie »sozusagen, quasi, in aller Munde« blähen eine Moderation auf und machen die Sätze zu lang. Außerdem haben sie eine ähnliche Wirkung wie Füll-Laute. Mein Tipp: Achten Sie bereits bei im Alltag darauf, dass sich solche Formulierungen nicht in Ihre Sprache einschleichen.

Download:
Bullshit-Bingo Spiel
https://moderatorenschule-bw.de/sites/default/files/karte-bullshit-bingo-moderatorenschule-bw.pdf

Zusätzliche Stimulanz: Alles was die Zuschauer nicht intellektuell, sondern gefühlsmäßig anspricht, sorgt für zusätzliche Stimulanz. Geschichten, Bilder und Vergleiche aus der Lebenswelt machen Moderationen spannend und interessant. In diesem Buch setze ich dazu unterschiedliche Elemente ein: Ich gebe Ihnen Beispiele aus dem echten Moderatorenalltag, lade Sie zu Übungen ein, zeige Bilder und lasse andere Personen in Zitaten sprechen.

Auf der Bühne bringe ich gern Dinge mit, die ich den Zuschauern zeige und ihnen etwas dazu erzähle. Wie Sie solche Objekte in die Moderation einbauen können, erfahren Sie im Detail beim Thema Storytelling (s. S. 109).

Diese vier Eigenschaften sind alle gleichermaßen wichtig. Sie machen die Moderation verständlich und es kommt mehr vom Inhalt beim Publikum an. Haben Sie also schon bei der Konzeption von Moderationen ein Auge auf diese fantastischen Vier.

TEIL 2

Bevor Ihre Gäste kommen – Vorbereitung der Moderationen

Frei sprechen – die große Freiheit auf der Bühne

Wie sprechen Sie vor Publikum? Schreiben Sie sich einen Text, den Sie mehr oder weniger ablesen? Lernen Sie Ihre Moderation auswendig? Entwickeln Sie Moderationskarten, auf denen möglichst viele Stichworte stehen, damit Sie auf keinen Fall etwas vergessen?

Wahrscheinlich haben Sie bei einer der Fragen genickt. Die meisten machen es so. Interessanterweise fühlen sich die wenigsten damit wohl, sondern eher gestresst. Kein Wunder. Denn Sie sind keine Schauspieler. Sie haben nicht gelernt, professionell Texte zu rezitieren oder auswendig wiederzugeben. Die öffentliche Situation setzt Sie zudem unter Druck, es möglichst gut zu machen. »Aber ich kann doch nicht unvorbereitet auf die Bühne gehen!«, werden Sie jetzt vielleicht sagen. Das sollen Sie auch nicht. Ich zeige Ihnen eine Technik, mit der Sie als Gastgeber eine große Freiheit gewinnen. Sie erlaubt Ihnen, flexibel auf das Geschehen zu reagieren, es zu kommentieren und interaktiv mit dem Publikum zu agieren. Und dennoch sind Sie gut vorbereitet. Sie erhalten ein Konzept, mit dem Sie Ihre Themen zielgenau auf den Punkt bringen. Grundlage dafür ist das freie Sprechen vor Publikum.

Die Tonstörung

Vor einigen Jahren moderierte ich eine Tagung für das Bundesinnenministerium zum Thema »Demografischer Wandel in Deutschland«. Mitten in der Begrüßungsmoderation kam eine Tontechnikerin zu mir auf die Bühne. Ohne etwas zu sagen, ging sie auf mich zu und stellte sich direkt neben mich. Erst als ich sie fragte, was denn los sei, erklärte sie mir, dass ich in den hinteren Reihen nicht zu verstehen sei und dass sie meinen Mikrofonsender haben will. Ich selbst hatte die Tonstörung nicht bemerkt. Sie wechselte den Sender aus und ging von der Bühne.

Mit einem auswendig gelernten Text im Kopf wäre ich durch diese Unterbrechung völlig aus dem Konzept gekommen. Wahrscheinlich hätte ich hilflos in die Luft geschaut, herumgestottert und nur mit Mühe wieder in den Text zurückgefunden. Ich hätte wenig souverän gewirkt. Der Anspruch auf meine Führungsrolle als Gastgeberin hätte sich gleich zu Beginn dieser Veranstaltung in Luft gelöst. Die Aufmerksamkeit meiner Gäste auf das Thema wäre ebenfalls dahin gewesen.

Frei moderierend konnte ich authentisch bleiben und angemessen auf die Situation reagieren. Ich habe damals einfach gesagt, was Sache ist: dass wir eine kleine Tonstörung hatten, die ich auf der Bühne gar nicht bemerkt hatte, und dass ich hoffe, dass mich jetzt alle hören können. Dann habe ich noch einmal mit anderen Worten den Kern meiner letzten Aussage wiederholt. So hatten sich alle Gäste gut mitgenommen gefühlt: diejenigen, die sich gewundert hatten, was los war, und diejenigen, die mich zuvor nicht gehört hatten.

Freies Sprechen ist das Gegenteil von Ablesen oder auswendig lernen. Es bedeutet: Der Moderator hat verstanden, wovon er spricht und kann es jederzeit anders formulieren. Im Moment vor einer Moderation kennt er immer nur das *Was*, nicht aber das *Wie*. Das entsteht erst in der Situation. Freies Sprechen ist eine der Kernkompetenzen der Gastgeber-Methode.

Freies Sprechen ist Alltagssprache

Frei Sprechen müssen Sie nicht lernen. Sie können es bereits. Denn Sie machen es jeden Tag. Wenn Sie morgens beim Bäcker Brötchen kaufen, wenn Sie im Büro mit den Kollegen sprechen, wenn Sie abends mit Freunden in der Kneipe sitzen – das ganze Leben besteht daraus, dass wir frei sprechen. Die Mutter erzählt den Kindern, wann und wo sie die Oma besuchen. Die Oma erzählt den Kindern die Geschichte von Tante Erna, die beim Eisessen vom Stuhl fiel. Und Tante Erna erzählt, dass zu viel Eis essen Bauchschmerzen macht. Im Alltag übermitteln wir Informationen ausschließlich im Erzählen – und in Alltagssprache. Nur bei öffentlichen Reden – und dazu zähle ich Moderationen – wagen es viele Menschen nicht, frei zu erzählen. Da spulen erfahrene Führungskräfte im Stakkato die Bulletpoints auf ihrer Karte ab, ohne darüber nachzudenken, ob sich das irgendeiner merken kann, geschweige denn dadurch Lust auf das Programm der Veranstaltung bekommt.

Warum das so ist, kann ich nur mutmaßen. Möglicherweise zeigt sich darin die Angst, (öffentlich) Fehler zu machen und den Erwartungen des Auftraggebers (ob nun als Dienstleister oder Mitarbeiter) nicht gerecht zu werden. Oder es steckt der Wunsch dahinter, möglichst viele Informationen detailgenau unterzubringen und alles so zu sagen, wie es vorher aufgeschrieben und abgesprochen war. Dieser Wunsch muss eine Illusion bleiben.

Wenn Sie frei sprechen, gehen in der Regel lediglich unwichtige Details verloren. Und das ist gut so. Menschen wollen die Suppe nicht in Atome aufgespalten haben. Sie wollen wissen, wie sie schmeckt, was darin ist, und warum diese Suppe eine großartige Sache für ihren Speiseplan ist.

Sie werden nicht alles so sagen, wie es aufgeschrieben war. Denn wer frei spricht, wird jedes Mal anders formulieren. Wenn Sie Ihren Gästen zu Hause die Geschichte vom letzten Urlaub erzählen, werden Sie zwar immer dieselbe Geschichte erzählen, aber Sie werden sie jedes Mal anders formulieren. Solange Sie wissen, worüber Sie sprechen, bereitet Ihnen das keinerlei Mühe. Ihre Gäste würden Sie wahrscheinlich ziemlich verwundert anschauen, wenn Sie ein Manuskript hervorholen, um vom letzten Urlaub zu erzählen.

Freies Sprechen vor Publikum

In drei Punkten unterscheidet sich das Moderieren auf der Bühne vom Erzählen auf der Wohnzimmercouch:

- Sie machen es in der Öffentlichkeit. Dass Ihnen dies eventuell Unbehagen bereitet, kann ich gut verstehen. Angesichts einer Bühnensituation vor vielen fremden Augen kann einem schon einmal das Herz in die Hose rutschen.
- Sie sprechen höchstwahrscheinlich über ein Thema, das nicht Ihr privates ist. Vielleicht wurde es Ihnen angetragen und Sie wissen nicht viel darüber. Verständlich, dass Sie sich gut vorbereiten wollen.
- Ihre Moderation verfolgt ein strategisches Ziel. Sie soll den Auftrag des Veranstalters und die Erwartungen des Publikums erfüllen. Denn anders als bei Ihren Freunden erhalten Sie beim Event keine zweite Chance, »die Geschichte« noch einmal zu erzählen.

Was heißt das nun für Ihre Arbeit als Veranstaltungsmoderator? Bei der Gastgeber-Methode geht es darum, vorhandene Ressourcen zu nutzen und sie mit Handwerkszeugen an den professionellen Kontext anzupassen. So, wie Sie bei der inneren Haltung auf die des Gastgebers zurückgreifen, nutzen Sie beim Moderieren die freie Rede des Alltags. Sie erzählen die Dinge so, wie Sie sie auch Ihren Gästen zu Hause erzählen. Sie greifen dabei auf Ihren Wortschatz und Ihre persönliche Alltagssprache zurück. Die ist normalerweise voll von Bildern, Vergleichen und Assoziationen. Außerdem fällt Ihnen das Reden in dieser Sprache am leichtesten. Für die Bühne benötigen Sie lediglich noch ein Handwerkszeug, das Ihnen die Vorbereitung ermöglicht und bei der Moderation Struktur bietet. Dazu aber später mehr. Ich möchte Sie zunächst einladen, das freie Sprechen ein wenig zu üben, damit sind Sie gut vorbereitet, in Ihre Moderationen einsteigen können.

Übung: Frei sprechen zu einem Stichwort

Ich gebe Ihnen ein Stichwort und Sie sprechen dazu zwei Minuten frei. Legen Sie direkt los und bereiten Sie sich nicht vor. Falls Sie ein Smartphone zur Hand haben, machen Sie eine Tonaufnahme davon. Und hier ist Ihr Begriff: Gurke.

Auswertung
Wie ging es Ihnen? Worüber haben Sie gesprochen?

Wenn ich diese Übung in meinen Seminaren mache und Stichworte zurufe, haben wir immer etwas zu lachen. Denn die meisten fangen dann bei Gurke an, etwas gestresst von grünen Gurken, Gewürzgurken, Landgurken, der Gurkengröße, der Anbauregion und der EU-Gurkenverordnung zu sprechen. Sie reihen einen Fakt an den anderen und erzählen etwas völlig Belangloses. Sie konstruieren die Sätze zusammen, irgendwann kommen sie ins Schwimmen und brechen ab. Würden die Teilnehmer abends zu Hause ihre Partner auf Gurken ansprechen, würde es wahrscheinlich ganz anders laufen. Sie würden erzählen und etwas Persönliches einflechten, das mit Gurken zusammenhängt. Aber sobald die Situation etwas mit Sprechen vor Publikum zu tun hat, fällt es vielen Menschen schwer oder sie trauen es sich nicht zu.

Sprechdenken trainieren

Im Schnitt sprechen wir 16 000 Wörter am Tag – entgegen der allgemeinen Annahme unterscheiden sich Männer und Frauen darin nicht. Es gibt allerdings sehr wohl Ausnahmen: Die Quasselstrippen, die jedes Limit sprengen und die Schweigsamen, die es vielleicht gerade mal auf 1 000 Wörter am Tag bringen. Aber: Viel reden, macht noch keinen Moderator. Die wesentliche Kompetenz ist die Eloquenz. Ein Moderator muss mit Worten jonglieren können: Dinge exakt beschreiben, Situationen haargenau kommentieren, Themen auf den Punkt bringen. Dafür braucht es mehr, als nur beim Bäcker Brötchen kaufen zu können. Wie gut sich jemand ausdrücken kann, hängt im Wesentlichen davon ab, wie groß sein Grundwortschatz ist und wie gut sein Sprechdenken funktioniert, also das Sprechen beim Denken und das Denken beim Sprechen klappt.

Wenn Sie merken, dass Ihnen freies Sprechen schwerfällt, empfehle ich Ihnen täglich laut zu lesen. Schon bei der Entwicklung von Kindern ist nachgewiesen, dass das tägliche Lesen die Sprachentwicklung und den Wortschatz fördert. Suchen Sie sich ein Buch, das Sie wirklich interessiert. Lesen Sie sich daraus selbst einmal am Tag 20 Minuten laut etwas vor und hören Sie sich dabei gut zu. Neben der Tatsache, dass Sie Ihre Eloquenz und Ihr Sprechdenken trainieren, bescheren Sie sich damit ein äußert sinnliches Erlebnis. Das Lautlesen eines Romans lässt Sie die Geschichte viel intensiver wahrnehmen. Probieren Sie es aus! Außerdem helfen die folgenden Übungen, das Sprechdenken zu trainieren.

Übungen zum Sprechdenken

Übung 1
Beschreiben Sie exakt eine Tätigkeit in ihrer chronologischen Abfolge.

Übung 2
Steigern Sie den Schwierigkeitsgrad: Wählen Sie spontan einen kurzen Zeitungsartikel aus. Lesen Sie ihn durch und erzählen Sie anschließend den Inhalt in eigenen Worten.

Die Anatomie des freien Sprechens – Kino im Kopf

Was passiert genau beim freien Sprechen? In dem Moment, in dem ich Ihnen hier das Wort *Joghurt* aufschreibe, haben Sie sofort ein Bild im Kopf, und ein Film beginnt zu laufen. Möglicherweise sehen Sie den Joghurt im Supermarkt im Regal stehen oder in Ihrem Kühlschrank. Oder Sie erinnern sich an den letzten Joghurt, den Sie gegessen haben. Beim Verarbeiten des Wortes sucht sich das Gehirn automatisch Referenzpunkte in der Erinnerung. Es greift auf vorhandenes Wissen und Erfahrungen zurück und dockt dabei an innere Bilder an. Sie wissen sicher, unsere Sprache ist erst 100 000

Jahre alt, das Denken in Bildern jedoch viel älter. So schaffen wir es, unvorbereitet mit fremden Menschen ein Gespräch zu führen. Wenn wir auf der Straße nach dem Bahnhof in unserer Heimatstadt gefragt werden, können wir sagen, wo er ist. Bei einem Rendezvous fällt uns immer etwas ein, auch wenn der andere plötzlich über Frankreich oder Mode spricht. Wir reagieren zwanglos mit dem, was uns gerade dazu in den Kopf kommt und in den Rahmen der Situation passt. Vor unserem geistigen Auge läuft ein Kinofilm ab, und wir geben ihn wieder.

Was unterscheidet diese Situationen von der Übung »Frei sprechen zu einem Stichwort« (s. S. 87)? Der Rahmen ist der entscheidende Punkt. Er wird definiert durch die Intension und das Ziel des Sprechens. Wem wollen wir was warum sagen? Wenn Ihnen zu Gurken viele Bilder und Aspekte in den Kopf gekommen sind, ist das normal. Vielleicht konnten Sie sich, wie die Seminarteilnehmer, nicht für eines entscheiden und haben der Reihe nach etwas Belangloses abgespult. Wenn ich Ihnen jetzt aber einen Rahmen für das freie Sprechen vorgebe und damit Ihr Thema begrenze, wird es einfacher. Sprechen Sie frei, und erklären Sie einem Kind, warum Gurken gesund sind. Jetzt müssen Sie nur noch auf das erste und damit stärkste Bild reagieren. Und schon läuft es. Für die nächste Übung gebe ich Ihnen einen Rahmen vor.

Übung: Frei sprechen mit einem vorgegebenen Rahmen

Sprechen Sie frei zu den folgenden Sätzen. Bereiten Sie sich nicht vor und legen Sie direkt los. Wenn Sie mögen, nutzen Sie ein Smartphone für eine Tonaufnahme. Erzählen Sie mindestens zwei Minuten.

- Erklären Sie einem Amerikaner, in welcher Form Sie zu Hause Gurken zubereiten.
- Begeistern Sie Ihren Chef dafür, einmal in der Woche Gurkensalat für alle Kollegen Ihrer Abteilung zu spendieren.
- Machen Sie einem Freund Ihren Standpunkt zur EU-Gurkenverordnung klar. (Sie sieht vor, dass alle Gurken gleich groß und gerade sind.)

Falls Ihnen nichts einfällt, helfe ich Ihnen mit einem Tipp: Denken Sie an Persönliches, Erlebnisse, Bezüge, Assoziationen.

Wie war es dieses Mal? Konnten Sie locker und entspannt über Gurken reden? Ich vermute, es fiel Ihnen leichter als vorhin. Und wahrscheinlich haben Sie bei jedem Satz anders gesprochen. Das haben Sie gut gemacht. Denn auch im Alltag erklären Sie einem Kind die Zusammenhänge anders als einem Fachspezialisten. Diese sogenannte Ansprechhaltung definiert die Art und Weise, wie Sie sprechen.

Freies Sprechen ist Kino im Kopf

Vom freien Sprechen zum freien Moderieren

Langsam nähern wir uns der eigentlichen Moderation auf der Bühne. Gerade eben haben Sie noch über Gurken gesprochen. Genauso gut können Sie das über ein x-beliebiges Thema tun. Wichtig ist, dass Sie immer eine Intention haben. Wem erzählen Sie etwas? Was wollen Sie erreichen mit Ihren Worten? Achtung: Noch moderieren Sie nicht. Zunächst geht es erst einmal nur ums freie Sprechen. Wie Sie die unterschiedlichen Moderationen aufbauen können, erfahren Sie anschließend im nächsten Kapitel.

Wiederholen Sie die vorangegangenen beiden Übungen zu dem Thema, zu dem Sie moderieren möchten. Den Rahmen dürfen Sie sich dieses Mal selbst geben. Sie werden sehen, es wird immer einfacher. Suchen Sie sich etwas aus, zu dem Sie bereits etwas wissen. Stellen Sie sich vor, Sie erzählen es einem Freund oder Ihrem Partner. Los geht's!

Übung: Frei sprechen zum Thema Ihrer Moderation

Notieren Sie sich ein Stichwort als Thema Ihrer Veranstaltung. Achten Sie darauf, noch keine Moderation daraus zu machen, sondern erst einmal nur frei zu sprechen. Sprechen Sie so lange, bis Sie das Gefühl haben, sie könnten unendlich weitermachen. Wenn Sie mögen, nutzen Sie ein Smartphone für eine Tonaufnahme.
Nun ergänzen Sie die Übung mit einem Rahmen. Am besten nutzen Sie gleich den Ihrer Veranstaltung. Bleiben Sie beim Erzählen.

Auswertung
Haben Sie bei der letzten Übung in der Erzählsprache des Alltags gesprochen?

Frei sprechen mit Vorbereitung

Später, auf der Bühne, sollen Sie zwar frei sprechen, dennoch ist es wichtig, sich vorzubereiten und zu proben. Es gibt Techniken, mit denen Sie sich zu Ihrer freien Rede Notizen machen können. Wie die funktionieren, zeige ich anhand eines Beispiels.

Stichwort Digitalisierung

Nehmen wir das aktuell allseits beliebte Wort Digitalisierung. Wenn ich zum Stichwort Digitalisierung frei spreche, klingt das so:
»Bei Digitalisierung fällt mir sofort mein **Smartphone** ein. Ich habe lange Zeit keines gehabt, aber mittlerweile gehört es zu meinem Arbeitsalltag. Ich finde es gut, dass ich nicht mehr im Büro sitzen muss, um E-Mails zu checken, und dass ich überall erreichbar bin.
Die Digitalisierung macht uns total **flexibel**. Mit meinem Smartphone kann ich jederzeit auf meine Daten in der Cloud zugreifen. Ich brauche nicht mehr zig Festplatten. Da habe ich meine Fotos und meine Musik darauf.
Ich habe zudem eine Menge **Apps** auf meinem Smartphone, beispielsweise das Wetter, die Nachrichten und die Bahn. Es gibt für alles und jeden Lebensbereich heutzutage Apps. In Berlin wurde gerade eine **Bikini-App** vorgestellt, die beim Sonnenbaden mit einem Chip im Bikini kommuniziert. Und die sagt einem dann, wann ich genug UV-Strahlung auf der Haut habe und in den Schatten muss.
Auf der anderen Seite entstehen durch die Digitalisierung **riesige Datenmengen**. Big Data – Daten sind das neue Öl, heißt es so schön. Was passiert mit unseren Daten? …« und so weiter.

Das Topfsystem

Sie erkennen, zum Thema Digitalisierung lässt es sich locker sehr viel reden. Wenn ich mir das, was Sie gerade in der Übung gelesen haben, auf einer Moderationskarte notieren will, kann ich zwei verschiedene Techniken nutzen. Mein Favorit ist eine visuelle Methode, die an das Mindmapping erinnert, sich aber ein wenig davon unterscheidet. Ich habe sie als junge Moderatorin vom Trainer Michael Rossié gelernt. Er nennt diese Methode das Topfsystem (Rossié 2004, S. 31). Sie ist auch unter dem Begriff Sterntechnik bekannt.

Das Thema kommt in einen Kreis in die Mitte. Das ist der Topf. Unser Topf heißt Digitalisierung. Um den Topf herum ordne ich kreisförmig die Inhalte, die ich benötige, um zu meinem Thema zu sprechen. Wir notieren keine Sätze, sondern nur die Gedanken beziehungsweise einzelne Stichwörter, die zum Bild im Topf führen. Bei meinem Beispiel zur Digitalisierung hatte ich fünf Gedanken: Smartphone, macht flexibel, viele Apps, Bikini-App, riesige Datenmengen.

Wenn Sie diese Methode nutzen, ist es wichtig, dass Sie immer mehr wissen, als Sie auf der Karte stehen haben. Nur dann können Sie mühelos und interessant zu Ihrem Thema erzählen. Auf jeden Fall sollten das zu jedem Punkt ein paar Sätze sein. Andernfalls besteht die Gefahr, dass Sie ins Abhaken von Stichworten kommen. In welcher Reihenfolge Sie nun die Informationen zum Thema bringen, spielt überhaupt keine Rolle. Beginnen Sie mit dem, was Ihnen im Moment für die Situation als das Wichtigste erscheint. Bei meinem Beispiel könnte ich genauso gut mit Big Data oder mit der Bikini-App anfangen – je nachdem, was mir gerade passend für die Situation erscheint. So erhalte ich fünf verschiedene Varianten einer freien Rede zu Digitalisierung.

Wenn Sie nun aus der freien Rede eine Anmoderation konzipieren wollen, sollten Sie für sich immer den Anfang und das Ende der Moderation festlegen. Dies ist wichtig, um eine gute Dramaturgie zu erzeugen. Mehr dazu erfahren Sie im folgenden Kapitel.

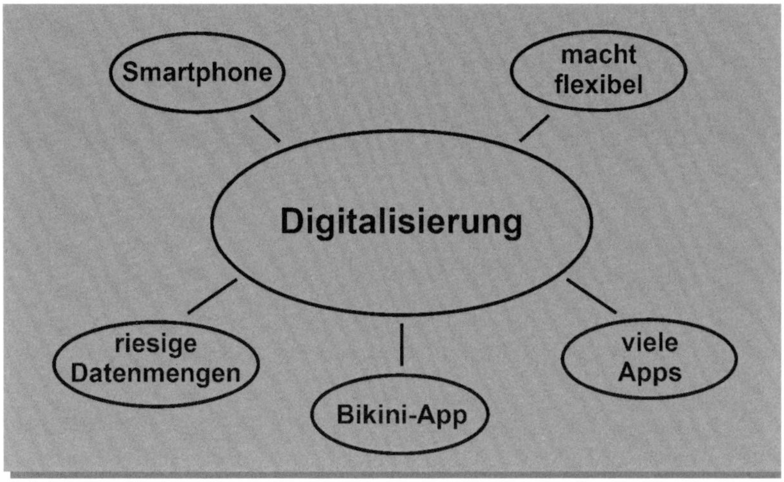

Topf- oder Sterntechnik für freies Sprechen

Natürlich passiert es durchaus, dass Sie mit dieser Methode Details vergessen. Das ist kein Problem. Was wirklich wichtig ist, werden Sie sagen. Was Ihnen nicht einfällt, ist in dem Augenblick nicht von Relevanz. Wer von den Gästen weiß schon, was Sie auf Ihrer Moderationskarte stehen haben? Auf der Bühne sollten Sie keine Energie daran verschwenden, sich Dinge einprägen zu müssen, die sie normalerweise nicht im Kopf haben. Namen, Daten, Zahlen und Fakten können Sie aufschreiben und ablesen. Das Gleiche gilt für Zitate und Sätze, die Sie auf die Goldwaage legen müssen. Ich empfehle allerdings sparsam damit umzugehen. Denn Sie wissen: Die Zuschauer schätzen es, wenn sie angeschaut werden.

Stichwortmethode

Die zweite Variante, Inhalte zu Papier zu bringen, ist die Stichwortmethode. Dazu notieren Sie sich auf einem Blatt oben als Erstes das Thema. Darunter ordnen Sie die Hauptbegriffe chronologisch an. Mehr Informationen bringen Sie unter, indem Sie weitere Details von den Hauptpunkten abtreppen (s. folgende Abbildung). Mit dieser Technik haben Sie die Sicherheit, dass Sie alles der Reihe nach verwenden und somit die Dramaturgie haben, die Sie sich vorher überlegt haben. Der Nachteil ist, dass sie damit festgelegt sind. Es wird schwieriger auf Unvorhergesehenes zu reagieren. Sobald Sie einen

Punkt vergessen haben, laufen Sie Gefahr, aus dem Konzept zu kommen. Ich empfehle diese Technik nur dann, wenn Sie etwas nach einer zeitlich genauen Abfolge moderieren müssen, zum Beispiel eine protokollarische Begrüßung oder einen Programmpunkt, der einen bestimmten Ablauf hat. So sieht ein Stichwortzettel meines Redebeispiels zur Digitalisierung aus:

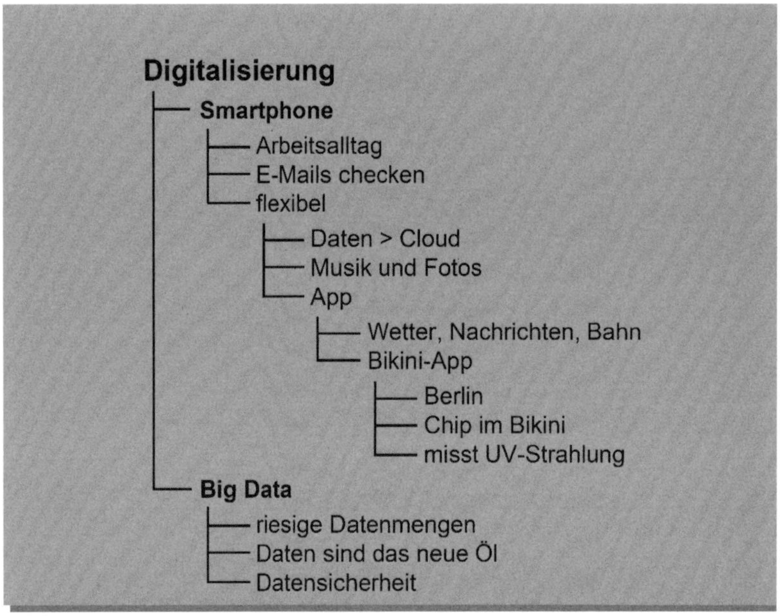

Stichworttechnik für freies Sprechen

Ich erzähle Ihnen in diesem Buch ganz bewusst nicht, wie Sie Texte für eine Moderation schreiben können. Denn ich bin der Meinung, dass Moderatoren auf der Bühne immer frei sprechen sollten. Menschen, die frei sprechen, wirken ehrlich, souverän und authentisch. Ihnen wird gern zugehört. Eine erzählte Moderation ist Kopfkino für die Zuschauer und für Sie selbst. Sie können sich immer auf Ihre inneren Bilder verlassen. Das gibt Ihnen eine große Sicherheit und eine große Freiheit. Mit der Topfmethode können Sie entspannt moderieren und sind dennoch gut vorbereitet. Als ich diese Technik als junge Moderatorin erlernte, habe ich mich als zum ersten Mal richtig wohl auf der Bühne gefühlt.

Anmoderation: Themen einleiten, Übergänge schaffen, Interesse erzeugen

»Das Ganze ist mehr als die Summe seiner Teile«
Aristoteles (Philosoph 384–322 v. Chr.)

In diesem Kapitel zeige ich Ihnen, wie Sie aus freier Rede eine Moderation entwickeln und wie die einzelnen Punkte strukturiert werden müssen, damit Ihre Gäste gern zuhören.

Der Begriff Anmoderation wird unter Laien oft übergreifend für alle Teile der Moderation verwendet. Diese Bezeichnung ist allerdings etwas ungenau. Eine Veranstaltung beginnt mit der Begrüßungsmoderation, Anmoderationen kündigen einzelne Programmpunkte an, Abmoderationen beenden Programmpunkte, Überleitungen verbinden zwei Programmpunkte, die Schlussmoderation beendet das Event. Diese einzelnen Moderationparts werden auf der Basis des freien Sprechens entwickelt und ergeben in Summe die Gesamtmoderation.

Eine klassische Veranstaltung hat meistens mehrere Programmpunkte wie Reden, Präsentationen, Showacts oder Filme. Im Ablaufplan sehen Sie auch die verschiedenen Moderationsparts, die sich als roten Faden durch einen Tag ziehen. Der Ablaufplan ist so etwas wie der Fahrplan für ihre Reise durch die Veranstaltung. Daran erkennen allen Beteiligte, was zu welchem Zeitpunkt passieren soll. Er gibt Hinweise für die Regie, die Techniker und die Moderation. Ein Beispiel für einen Ablaufplan finden Sie im Anhang.

Die Begrüßungsmoderation

Sie eröffnet die Veranstaltung und ist meistens die längste Form der Anmoderation. Begrüßungsmoderationen haben – wie der Name schon sagt – die Aufgabe, die Gäste zu begrüßen und sie auf die Veranstaltung einzustimmen. Dazu gehören »Guten Tag« und »Herzlich willkommen« genauso wie die eigene Vorstellung sowie die Einführung in den Tag. Für mich ist dieser Anfang das Wichtigste. Deshalb gebe ich mir dabei besonders große Mühe bei der Vorbereitung. Denn am Anfang entscheidet es sich, ob Ihre Gäste mit Ihnen auf die Reise durch Ihr Programm gehen oder ob sie das Gefühl haben, sie befinden sich direkt auf dem »Highway to PowerPoint-Hell«.

Am Anfang geben Sie der Veranstaltung den Charakter, die Stimmung, die sich durch den Tag oder den Abend ziehen soll. Sie machen klar, was Sie beziehungsweise der Veranstalter vorhaben und wie Sie es gestalten wollen. Eine Begrüßungsmoderation dauert zwischen eineinhalb und drei Minuten, je nachdem wie ausführlich sie in das Thema des Events einführt.

Ersparen Sie Ihren Gästen bei einer Begrüßung abgegriffene Floskeln, wie »Schön, dass Sie so zahlreich erschienen sind ...«. Seien Sie kreativ und überlegen Sie sich Alternativen. Dabei muss nicht das klassische »Guten Tag« am Anfang stehen. Greifen Sie bei der Begrüßung die augenblickliche Situation auf. Sie können zum Beispiel Ihre eigenen Gefühle zum Ausdruck bringen. Beispielsweise: »Ich bin überwältigt, wie viele von Ihnen aus der ganzen Welt hierher gekommen sind! Schön, dass Sie da sind und herzlich willkommen ...«

Nehmen Sie Bezug zu einem aktuellen Geschehnis: »Heute diskutiert der Bundestag über die Flüchtlingspolitik. Sie, liebe Ehrenamtliche, lassen Taten sprechen. Ich begrüße Sie ganz herzlich zu ...«. Bitte wählen Sie Ihre Begrüßung mit Feingefühl »Helau – und guten Tag« – kommt nur an Fasching und nur in dessen Hochburgen gut an. Die Anrede »Meine Damen und Herren« sollten Sie nur sparsam einsetzen. Besser klingen: liebe Gäste, verehrte Zuschauer, liebes Publikum, liebe Kollegen und so weiter.

Das Protokoll

Bei manchen Veranstaltungen kann es vorkommen, dass Sie wichtige Gäste zuerst begrüßen müssen. Wer das ist, gibt der Auftraggeber vor. Dann sollten Sie auf die protokollarisch richtige Begrüßung achten. Gewählte Repräsentanten (Minister) werden vor Angestellten (Direktoren) genannt. Es gilt Bund vor Land vor Kreis vor Stadt. Botschafter repräsentieren ihr Land und werden daher auf der Ebene des Landes genannt, aber nach den Vertretern des eigenen Landes. Die protokollarische Begrüßung hat keine politische Bedeutung, dennoch sollten Sie dabei nicht ins Fettnäpfchen treten. Das Bundesinnenministerium schreibt dazu auf seiner Webseite, dass immer der Gesamtzusammenhang der jeweiligen Veranstaltung betrachtet werden muss. Neben der Rangfolge spiele es auch eine Rolle, auf wessen Territorium und zu welchem Anlass begrüßt wird. Das BMI rät: »Flexibilität, Augenmaß, Takt – und nicht Schematismus oder Prinzipienreiterei – sind gefragt.« Folgende Reihenfolge ist protokollarisch korrekt:

1. Bundespräsident
2. Bundestagspräsident
3. Bundeskanzler
4. Bundesratspräsident
5. Präsident des Bundesverfassungsgericht
6. Repräsentanten des Landes (Ministerpräsident vor Minister vor Staatssekretär)
7. Repräsentanten des Kreises (Bürgermeister vor Verwaltungsbeamten)
8. Repräsentanten der Stadt (Bürgermeister vor Verwaltungsbeamten)
9. Kirchliche Würdenträger
10. Weltliche Würdenträger (Präsident der IHK, Vorsitzender von XY)

Eigene Vorstellung

Mit der Begrüßungsmoderation positionieren auch Sie sich als Moderator, indem Sie sich vorstellen. Wie heißen Sie? Wer sind Sie? Was ist Ihre Rolle? Die eigene Vorstellung dient dazu, sich zum Event und zum Publikum in Beziehung zu setzen. Ob Sie einfach kurz und knapp sagen: »Ich bin Ulrike Schmidt und ich freue mich, Sie als Moderatorin durch den Tag zu begleiten …« oder ob Sie sich ausführlicher vorstellen, hängt von Ihrer Rolle ab. Wenn Sie im Rahmen Ihrer Organisation moderieren, hilft es den Zuschauern, wenn Sie ihnen einen Hinweis darauf geben, was Sie sonst im Unternehmen machen und in welcher Beziehung Sie zu dieser Veranstaltung oder zum Thema stehen. Das gibt Ihren Gästen Orientierung und gleichzeitig Sicherheit.

Stellen Sie sich vor, Sie sind in einem fremden Land und haben eine Reiseleitung. Wenn Sie wissen, wer Sie da wohin führt, fühlen Sie sich gleich wohler. Solange Sie nicht alle Zuschauer kennen, dürfen Sie nicht auf die Vorstellung verzichten. Wichtig ist dabei allerdings, dass sie nicht zur Selbstdarstellungsshow wird. Richten Sie Ihren Fokus auf die Zuschauer und aufs Thema.

Und was ist mit der Agenda?

Die Einführung in den Tag soll einen Überblick bieten, was die Zuschauer erwartet. Worum geht es bei der Veranstaltung? Was ist das Ziel? Diese beiden Fragen sollten immer am Anfang beantwortet werden. Auch sie sind wiederum ein strukturierendes Element für Orientierung und Sicherheit. Ebenso enthält diese Einführung einen Ausblick auf die Agenda. Ich warne an dieser Stelle eindringlich davor, das Programm abzulesen. Lesen können Ihre Gäste selbst. Und höchstwahrscheinlich haben sie vor der Veranstaltung eine Einladung mit dem Programmablauf bekommen. Manchmal liegt er auch noch an den Plätzen aus.

Also: Verzichten Sie auf betreutes Vorlesen und machen Sie stattdessen einen spannenden Teaser daraus. Der Begriff Teaser leitet sich vom englischen »to tease« ab, was übersetzt necken, reizen, anlocken heißt. Im Fernsehen ist der Teaser ein Werbeclip, der Zuschauer neugierig auf eine bestimmte Sendung macht und sie anlocken soll. Genau darum geht es, wenn Sie zu Beginn der Veranstaltung die Agenda vorstellen. Machen Sie Ihre Zuschauer neugierig auf Ihr großartiges Programm. Werben Sie um die Aufmerksamkeit. Machen Sie es spannend und verraten Sie nicht zu viel. Ich empfehle, nicht mehr als drei Punkte in einem Teaser unterzubringen. Ich gebe Ihnen ein Beispiel:

Teaser für die Agenda

»Es erwartet Sie ein großartiges Programm mit vielen hochkarätigen Referenten. Gleich zu Beginn erfahren Sie, warum Projektmanagement für Ihre Karriere so wichtig ist. Außerdem gibt es jede Menge Best-Practice-Vorträge, bei denen Sie direkt mit Experten ins Gespräch kommen können. Und zum Abschluss des Tages verraten wir Ihnen in einer ganz besonderen Keynote das Geheimnis der Körpersprache im Projektmanagement.«

Organisatorisches ist am Anfang nur gut aufgehoben, wenn es für die gesamte Veranstaltung von Bedeutung ist. Wenn es darum geht, dass die Gäste etwas Bestimmtes tun sollen, zum Beispiel an Netzwerktischen mit anderen ins Gespräch kommen, ein Foto machen oder einen Feedbackbogen ausfüllen, dann sagen Sie den Gästen das erst, wenn sie es auch machen können – meistens in einer Pause oder am Ende des Programms.

Anmoderation

Auf die Begrüßungsmoderation folgt die Anmoderation des ersten Programmpunkts. Anmoderationen sind Einleitungen in Themen. Sie wecken die Aufmerksamkeit und nehmen die Zuschauer mit auf die Reise zu dem, was sie gleich geboten bekommen – egal, ob dies eine Vorstandsrede, ein Film oder eine künstlerische Vorstellung ist. Anmoderationen bauen Spannung auf und machen Lust auf den Beitrag, dürfen ihm aber nichts vorwegnehmen. Deshalb enthalten sie wenig Zahlen und Fakten.

Sprechen Sie in einer verständlichen Sprache (s. S. 80 ff.) und holen Sie Ihre Zuschauer ab, indem Sie an ihre Sprache und ihre Lebenswelt andocken. Sie dürfen überraschen, übertreiben, ironisieren, provozieren, schockieren, neugierig machen, nur eines nicht: langweilen. Erzählen Sie Geschichten, illustrieren Sie das Thema, nutzen Sie Analogien und bringen Sie sich selbst ein.

Allerdings dürften Sie den Zuschauern nichts Falsches erzählen. Wenn Sie Tiere, Menschen, Sensationen versprechen und dann nur ein langweiliger Vortrag kommt, sind Sie übers Ziel hinausgeschossen und Ihre Gäste sind enttäuscht. Die Anmoderation gibt ein Versprechen, das der Programmpunkt einlöst. Dazu muss die Moderation immer auf dem Spannungsniveau enden, an dem die Person vorgestellt wird und der Programmpunkt beginnt. Dieser Fokus zieht die Aufmerksamkeit auf den Moment, in dem eine Person auftritt oder ein Film beginnt.

Wenn Sie einen Redner begrüßen, heißt es nicht Herr Max Halifax, sondern entweder Max Halifax oder Herr Halifax. Akademische Titel, wie Doktor und Professor, werden bei der Begrüßung ebenfalls genannt. In Diskussionsrunden kann darauf verzichtet werden, wenn die Gesprächspartner damit einverstanden sind. Politiker werden mit ihrer Amtsbezeichnung »Frau Bundeskanzlerin« oder »Herr Minister« angesprochen.

An diesem Punkt sollten Sie inhaltlich sehr gewissenhaft sein. Namen und Bezeichnungen der auftretenden Personen müssen unbedingt stimmen und korrekt ausgesprochen sein. Nichts ist peinlicher, als wenn der Vorstandsvorsitzende des Unternehmens mit falschem Namen auf die Bühne gebeten wird. Entweder macht er Sie gleich einen Kopf kürzer, oder Sie sind für immer unten durch. In jedem Fall haben Sie sich aber ordentlich blamiert. Ich schreibe mir den letzten Satz meiner Anmoderation mit Namen und Titel der Person immer auf die Moderationskarte.

Anmoderationen im Fernsehen sind zwischen 20 und 40 Sekunden lang. Auf der Bühne dürfen Sie sich gern etwas mehr Zeit lassen, einen Redner oder Künstler anzukündigen. Planen Sie dazu zudem die Zeit ein, die für Bühnenaufgänge und -abgänge gebraucht werden. Sie kann – abhängig von der Bühnengröße – schon einmal zusätzlich mit einer Minute zu Buche schlagen.

Es gibt viele Wege, eine großartige Anmoderation zu gestalten. Sie brauchen dazu das Wissen um die Struktur und Kreativität. Aber vor allem brauchen Sie für die Konzeption der Moderation Zeit. Der ZDF-Moderator Claus Kleber sieht das genauso: »Ein guter Text braucht pro Minute eine Stunde Arbeit. Das klingt unglaublich. Aber es stimmt.« (DIE ZEIT, 22/2013)

Auch wenn Sie sich keine Texte für die Bühne schreiben, so sollten Sie sich doch vorher überlegen, welche Form Sie für den jeweiligen Programmpunkt wählen. Denn nichts ist langweiliger als die immer gleiche Abfolge von Ansagen. Nachfolgend stelle ich Ihnen einige bewährte Strukturen aus meiner Praxis vor. Im Moderationsalltag finden Sie die einzelnen Varianten selten in Reinform, sondern vielmehr als Mischung aus mehreren. Betrachten Sie die Schwerpunkte als Inspiration für Ihre eigenen Anmoderationen.

Kurz und knackig – die Dreischritt-Anmoderation: Dies ist eine klassische Form aus dem Fernsehen. Auf der Bühne bietet sie sich an, wenn das Thema schon eingeführt ist (zum Beispiel nach der Begrüßungsmoderation), wenn es schnell gehen muss, oder wenn Sie nicht viel zum Thema wissen. Wie der Name schon sagt, besteht diese Moderationsvariante aus drei Schritten. Der erste Schritt ist die Leadinformation, mit der klar wird, worum es geht.

- **Erster Schritt**: Ähnlich einer Nachrichtenmeldung beantworten Sie gleich am Anfang einige der zentralen W-Fragen: Wer hat wann, wo, was mit wem, warum gemacht.
- Im **zweiten Schritt** geben Sie vertiefende Informationen, die zugleich Relevanz für den Zuschauer herstellen.
- Der **dritte Schritt** ist der Fokus. Er spitzt zu und liefert den Übergang zum Programmpunkt.

Der letzte Satz sollte immer geplant sein. Auch deshalb, weil die Eventregie und die Technik darauf reagieren müssen. Für diese Moderationsvariante brauchen Sie nicht länger als 20 Sekunden.

Moderationsbeispiel: Dreischritt-Anmoderation

»Der Deutsche Aktienindex ist vergangene Woche in den Keller gerast. Aktuell steht er bei 8 000 Punkten (erster Schritt). Viele Menschen sind verunsichert, was das für Ihre Geldanlage bedeutet. Wahrscheinlich fragen auch Sie sich, ob Ihr Geld in Aktien und Fonds noch sicher ist (zweiter Schritt). Sollen wir zurzeit besser in Gold investieren, oder wird das Sparbuch wieder interessant? Das erfahren Sie jetzt von der Chef-Anlagestrategin der XY Bank. Ich begrüße Eva Meier (dritter Schritt).

Der Klassiker – die gerade Moderation: Diese Variante ist eine Erweiterung der Dreischritt-Moderation, nur enthält sie mehr Informationen. Sie ist linear aufgebaut, indem alle Gedanken chronologisch der Reihe nach erzählt werden. Sie ist eher sachlich und eignet sich bei Themen, zu denen Ihnen keine gute Story einfällt.

Aber auch als Gegenpool bei allzu emotionalen Stücken konzentriert sich die gerade Moderation auf die Sache. Sie kommt ohne große Umschweife zum Fokus. Wichtig: Bei dieser Variante muss das Publikum aufmerksam sein. Nachfolgend ein Beispiel aus meinem Archiv.

Moderationsbeispiel: die gerade Moderation

Beim Sächsischen IT-Rechtstag habe ich eine Live-Demo folgendermaßen anmoderiert: »Vor kurzem landeten Fahnder des Bundeskriminalamtes einen riesigen Coup. Eine Gruppe junger Hacker ging ihnen ins Netz. Mit ganz einfachen Tricks hatten sie sich sensible Daten von Firmen, Behörden und Privatleuten besorgt. Darunter auch Kontodaten, die sie bei Online-Shops geklaut hatten. Auf ihrer Webseite Hacksector boten sie dann gefälschte Dokumente an: Pässe, Führerscheine und auch Kreditkarten – für fünf Euro das Stück. Über Monate ging das so – ein sehr einträgliches Geschäft. Die meisten Leute, und ich übrigens auch, denken dann immer: Ich passe doch auf, mir passiert das nicht, meine Daten beziehungsweise mein Shop ist sicher. Wie leicht es Hacker haben, wollen wir Ihnen jetzt hier live zeigen …«

Der Publikumsliebling – die Anmoderation mit Storytelling: Keine Veranstaltung ohne diese Moderationsform. Die Storytelling-Anmoderation nutzt eine Geschichte, ein Erlebnis oder Ähnliches, um das Thema einzuleiten. Sie hat einen hohen Aufmerksamkeitsfaktor und macht das Thema lebendig. Geschichten emotionalisieren sachliche Themen und ziehen die Zuschauer direkt ins Geschehen.

Wichtig bei dieser Variante ist, dass die Story zum Thema passt, nicht zu lang ist, eine Brücke zum Fokus schlägt und logisch aufgebaut ist. Eine Storytelling-Moderation braucht etwas mehr Zeit und kann bei nahezu jedem Programmpunkt eingesetzt werden. Insbesondere trockene, sachliche Themen profitieren, wenn sie für die Zuschauer erfahrbar gemacht werden. Storytelling ist eine Kunst, die Veranstaltungsmoderatoren unbedingt beherrschen sollten. Deshalb widme ich diesem Thema später noch ein eigenes Kapitel.

Das nächste Beispiel zeigt, wie ich bei einer Mitarbeiterveranstaltung mit einer Storytelling-Moderation ein Interview anmoderiert habe. In diesem Fall war der Wunsch der Auftraggeberin, ein rückblickendes Interview mit dem Unternehmensgründer zu führen. Sie sagte, viele Mitarbeiter würden sich fragen, ob es ihn noch gebe und er noch aktiv in der Firma sei. Diese Frage habe ich in meiner (wahren) Story aufgegriffen.

Moderationsbeispiel: die Storytelling-Anmoderation

»Vor einigen Jahren rief mich ein Mann an. Sommer sein Name. Er fragte mich, ob ich bei einer Veranstaltung für sein Unternehmen moderieren könne und erzählte mir völlig begeistert von seinen Mitarbeitern und den tollen Projekten, die sie machen. Ich hatte bis dahin noch nie etwas über ›Beraten, Planen, Bauen‹ gehört oder irgendetwas über Green Buildings und Blue Buildings gelesen. Weil ich die Firma nicht kannte, habe ich erst einmal gegoogelt und geschaut, wer diese Drees & Sommer eigentlich sind. Dann realisierte ich: Das war der Chef persönlich! Der Gründer! Der Mann, der diese Firma aufgebaut hat, die zum Zeitpunkt des Anrufs schon 40 Jahre alt war. Den gab es also noch …
Und: Er ist immer noch dabei, mittlerweile als Aufsichtsratsvorsitzender. Ich freue mich sehr, lieber Herr Sommer, dass wir wieder miteinander sprechen können.« (Auszug aus der Moderation bei Drees & Sommer, Mitarbeiterveranstaltung 2016)

Der große Bang – die Earcatcher-Moderation: Was der Eyecatcher für die Augen ist der Earcatcher für die Ohren. Ein Aufmerksamkeitsfänger. Diese Moderationsvariante kommt aus dem Radio. Mit dem ersten Satz müssen die Zuschauer innerlich zusammenzucken. Es kann eine provokante Bemerkung, ein Witz, eine ungewöhnliche Aussage sein, die die Zuschauer aufhorchen lässt. Sie fesselt die Aufmerksamkeit und macht sich gut nach einem ruhigeren Programmteil. Die Voraussetzung, dass die Earcatcher-Moderation wirkt, ist, dass im Raum absolute Ruhe herrscht. Im lauten Gewusel einer Messe geht eine solche Moderation eher unter und erzielt keine Wirkung. Wichtig bei dieser Variante sind die Sprechpausen (–) nach dem Earcatcher – sonst wirkt er nicht.

Moderationsbeispiel: die Earcatcher-Moderation

»Fernsehen macht dumm. (–) Das sagen zumindest viele Studien. Kinder, die sehr viel vor der Glotze hocken, haben später schlechtere Schulabschlüsse als diejenigen, die seltener gucken. Außerdem bewegen sie sich weniger und werden deshalb dicker. Das ist eigentlich auch plausibel: Die Couch ist eben etwas anderes als der Spielplatz. (–)
Fernsehen macht schlau. Das sagen auf der anderen Seite die Produzenten von Bildungsfernsehen und Wissenssendungen für Kinder. Mit bewegten Bildern können Kinder besser lernen als aus dem Schulbuch. Und auch dafür gebe es wissenschaftliche Beweise.
Ja, was denn nun? Wir wollen heute Abend diskutieren: ›Brauchen Kinder Fernsehen?‹ Ich begrüße meine Gäste …«

Interaktive Anmoderationsformen: Wie die vorhergehende Variante sind interaktive Anmoderationen starke Wirkmittel, um Zuschauer zu binden. Die Interaktionen können Teil der Anmoderation sein oder eigene Programmpunkte darstellen. Es gibt verschiedene Interaktionen, die Zuschauer aktiv werden lassen.

Mit einer rhetorischen Frage regen Sie Ihre Gäste zum Mitdenken an. Mit Umfragen, Abfragen und Spielen laden Sie sie direkt zum Mitmachen ein. Diese Form der Anmoderation eignet sich besonders nach der Mittagspause und nach mehreren Vorträgen, wenn die Aufmerksamkeit in den Keller zu sinken droht, als belebendes Element. Allerdings sollten sie dramaturgisch klug aufgebaut sein und sich an der Zielgruppe orientieren. Bei einem Kongresspublikum eignen sich andere Elemente als bei einer Motivationstagung. Eine Reihe Beispiele zu Interaktionen finden Sie im Kapitel »Abfragen, Umfragen, Aktionen – Gäste zum Mitmachen bewegen« (s. S. 213 ff.).

Die persönliche Moderation: Wie wichtig es für einen Moderator ist, die eigene Persönlichkeit zu zeigen, habe ich schon mehrfach erwähnt. Für die Zuschauer sind persönliche Erfahrungen und Beispiele in der Anmoderation viel interessanter als trockene Fakten. Alle erfolgreichen Moderatoren nutzen dieses Stilelement. Wenn Steffen Hallaschka und Sandra Maischberger moderieren, erfahren wir immer auch etwas über sie als Persönlichkeit. Das macht sie nahbar und sympathisch. Friedemann Schulz von Thun schreibt dazu: »Informationsvermittlung kann zu einem lebendigen, beseelten Vorgang werden, wenn das Mitgeteilte erkennbar im Persönlichen wurzelt, wenn die Trennung von Sache und Person, von Sach- und Beziehungsebene aufgehoben wäre. Die meisten Empfänger sind innerlich lernbereiter, wenn ihnen hinter dem Vorgetragenen die Person des Vortragenden hindurchleuchtet« (1981, S. 149).

Bei der persönlichen Moderation geben Sie etwas von sich preis. Aus meinen Seminaren weiß ich, dass das nicht jedermanns Sache ist. Schließlich offenbaren Sie damit ein Stück weit Ihre Innenwelt, Ihre Erfahrungen und Empfindungen. Dennoch möchte ich Ihnen diese persönliche Form sehr ans Herz legen. Denn keine andere Anmoderationsvariante sorgt so sehr für Publikumsnähe. Sie eignet sich immer dann, wenn es nicht um nachrichtliche Neutralität (zum Beispiel Pressekonferenz oder Ähnliches) geht.

Das folgende Beispiel zeigt die Anmoderation einer Podiumsdiskussion zum Thema »Erfolgsgeschichten und Stopersteine im Außenhandel – Unternehmen berichten« beim Außenwirtschaftstag Sachsen-Anhalt 2014.

Moderationsbeispiel: die persönliche Moderation

»Ich war vor Kurzem in Spanien, in der Nähe von Barcelona. Meine Kinder waren ebenfalls dabei. Und wie das immer so ist mit Kindern: Man braucht ständig irgendetwas anderes: Windeln, Milch, Obst. Also bin ich in einen Supermarkt gegangen. Und als ich da so vor den Regalen stand, dachte ich: Mensch, die Produkte kennst du doch, deutsche Wurst, deutsche Schokolade und, wie sollte es anders sein, deutsches Bier! Wie schafft man es eigentlich als Unternehmer, seine Produkte im Ausland erfolgreich in die Läden zu bringen? Oder auf die Straße? Denn es sind Produkte und Dienstleistungen aller Art. Wie fangen die eigentlich damit an? Machen sie eine Strategie, läuft das eher zufällig oder zieht der Chef los – nach dem Motto: Von einem der auszog … Genau das möchte ich jetzt mit meinen Gästen diskutieren: Ich begrüße …«

Bei allen Varianten können Sie wählen, ob Sie das Thema in den Mittelpunkt der Anmoderation stellen oder die Person. Ich mache es davon abhängig, was mich oder die Zuschauer mehr begeistert. Wenn mich schon bei der Konzeption einer Anmoderation die Vita einer Referentin beeindruckt, kann ich das aufgreifen und zum Thema machen.

Die Zuschauer fragen sich immer: »Was nutzt mir das? Warum muss ich das wissen? Warum soll ich mich damit beschäftigen?« Nur wenn der Inhalt sinnstiftend für sie ist, hören sie zu. Für Sie als Gastgeber heißt das: Anmoderationen müssen Antworten liefern.

Abmoderation

Im Fernsehen folgt in einer Sendung oft ein Betrag auf den anderen. Kaum ist der Beitrag über die Landtagswahl beendet, kündigt der Moderator ohne Überleitung schon die neuesten Trends beim Genfer Autosalon an. Auf der Bühne sollten Sie das eleganter und wertschätzender machen. Denn schließlich haben Sie in den meisten Fällen einen Gast auf der Bühne.

Die Abmoderation dient dazu, den Programmpunkt thematisch abzubinden. Wenn Sie einen Gast abzumoderieren haben, sollten Sie ihm zunächst für seinen Beitrag danken (Achten Sie dabei darauf, nicht in den Applaus hineinzusprechen!). Dann können Sie das Thema aus persönlicher Sicht kommentieren, es zusammenfassen oder ein Fazit im Kontext der Veranstaltung ziehen. Auch weiterführende Informationen lassen sich an dieser Stelle gut unterbringen. Wenn ein weiterer Programmpunkt folgt, kann in die Abmoderation eine Brücke zur Anmoderation des nächsten Programmpunkts herstellen.

Überleitungsmoderation

Die Überleitung brauchen wir immer dann, wenn wir elegant von einem zum anderen Punkt kommen möchten, aber das Thema nicht wechseln. Am häufigsten leiten wir nach einem Referenten auf eine Fragerunde über. Das heißt, sobald der Redner seine Präsentation beendet hat und das Publikum applaudiert, gehen Sie auf die Bühne. Als Erstes sollten Sie dem Referenten danken. Allerdings sollten Sie den Applaus abwarten, bevor Sie mit dem Sprechen beginnen. Denn der Applaus ist die Zustimmung und das Dankeschön des Publikums. Ob und wie Sie den Vortrag kommentieren, hängt von der Situation ab. Ich überlasse es Ihrer Intuition als Gastgeber, das Richtige und Angemessene zu sagen. An dieser Stelle macht sich eine persönliche Note gut. Anschließend leiten Sie auf die Fragerunde über, indem Sie das Publikum direkt ansprechen. Überleitungen sind immer kurz und haben wie die Anmoderation den Fokus auf den nächsten Programmteil.

> **Moderationsbeispiel: Überleitung**
>
> (Zur Referentin) »Herzlichen Dank Eva Meier für diesen umfassenden Einblick in die Welt des Geldes. Ich weiß jetzt, worauf ich achten muss und habe den Eindruck, unseren Gästen geht es ähnlich. Der Tipp mit dem Strumpf unter dem Kopfkissen ist eine ganz heiße Nummer.« (An die Zuschauern gerichtet) »Sicher haben Sie noch die eine oder andere ganz konkrete Frage an Frau Meier. Ich lade Sie jetzt ein, sie zu stellen …«

Schlussmoderation

Die Abschlussmoderation schließt die Veranstaltung thematisch ab und beendet sie. Sie kann ein Fazit enthalten, muss es aber nicht. Ein Fazit fasst den Tag oder den Abend inhaltlich oder stimmungshaft zusammen. Die Notizen mache ich mir dafür erst während der Veranstaltung, sonst kann es vorkommen, dass ich mit meinen Aussagen völlig danebenliege. Das Fazit aus Sicht der Moderation sollte nicht länger als eine Minute dauern.

Bei unternehmensinternen Veranstaltungen kommt es oft vor, dass der Veranstalter in Person des Vorstands diesen Abschluss übernimmt. Dabei ist darauf zu achten, dass die Moderation am Ende noch einmal das Wort erhält. Denn schließlich sind Sie der Rahmengeber für das Programm. Wenn am Schluss der Gastgeber nicht auf Wiedersehen sagt, wirkt das Ende wie ausgefranst. Denken Sie daran: Auch zu Hause verabschieden Sie Ihre Gäste persönlich.

Meistens kommen in der Schlussmoderation noch organisatorische Hinweise vor, zum Beispiel zum Besuchertransfer oder zur nächsten Veranstaltung. Diese Hinweise sind klar zu kommunizieren. Danach gilt: »Wenn Schluss ist, ist Schluss« (Michael Rossié). Das eigentliche Ende sollte kurz sein und keine inhaltlichen Informationen mehr enthalten. Kündigen Sie nicht dreimal an, dass jetzt gleich Schluss ist, sondern machen Sie es: Danken Sie Ihren Gästen fürs Kommen, geben Sie ihnen Wünsche mit auf den Weg und sagen Sie auf Ihre Weise »Auf Wiedersehen«. Die Abschlussmoderation sollte langsam gesprochen sein und deutlich hörbar auf einem Punkt enden. Wenn das Publikum mit einem Applaus reagiert, nehmen Sie ihn an.

Fremdsprachige Moderation

Die Globalisierung hat zur Folge, dass im deutschsprachigen Raum immer mehr Veranstaltungen mit internationalen Gästen stattfinden. Unternehmen laden ihre ausländischen Mitarbeiter und Kunden ein. Messen und Fachkongresse haben Besucher und Aussteller aus aller Welt. Nicht immer sorgen die Veranstalter dafür, dass Dolmetscher simultan in andere Sprachen übersetzen. Dann ist der Gastgeber gefragt, so zu moderieren, dass alle Gäste etwas verstehen. Die häufigste Fremdsprache bei Veranstaltungsmoderationen ist Englisch, aber auch Französisch, Spanisch oder Russisch sind hin und wieder gefragt. Einfach ist es, wenn nur in der Fremdsprache moderiert wird. Dann können Sie alles genauso machen wie im Deutschen. Mögliche Kulturunterschiede Ihrer Gäste sollten Sie jedoch berücksichtigen.

Moderationsbeispiel: fremdsprachige Moderation

Vor einigen Jahren moderierte ich die Jubiläumsgala einer russischen Airline auf Russisch. Es war ein bunter Abend mit einigen Redebeiträgen, Showprogramm und ganz viel Wodka. In der Mitte der Veranstaltung sagte mir der Auftraggeber, dass einige Gäste vom Tisch aus einen Toast aussprechen wollten. Also moderierte ich an und forderte den ersten Gratulanten auf, er möge sprechen. Er sprach fünf Minuten, übergab ein Geschenk und es wurde darauf getrunken. Kaum beendet, reichte er das Mikrofon weiter und der Nächste sprach. Als ich die »Toasterei« aufgrund des Zeitplans etwas abkürzen wollte, signalisierte mein Auftraggeber mir, dass diese Gratulantentour gewünscht sei. Das Ganze zog sich über anderthalb Stunden hin. Das Essen wurde zwischendrin serviert, während die Gäste immer lauter und ausgelassener wurden. Nichts lief mehr wie geplant. Am Ende durfte der bekannte Pianist noch zehn statt 30 Minuten spielen, und das war's dann.
Unter professionellen Gesichtspunkten eine echte Katastrophe. Auftraggeber und Gäste allerdings fanden die Veranstaltung großartig. Denn das Aussprechen eines Toasts ist bei russischen Jubiläen eine beliebte Tradition.

Zweisprachige Moderation

Anspruchsvoller wird es, wenn Sie zweisprachig moderieren. Versuchen Sie nicht, alle Inhalte in beiden Sprachen exakt gleich zu sprechen. Das ist langweilig für diejenigen Gäste, die gerade nichts verstehen. Deshalb rate ich Ihnen, sich für eine Hauptsprache zu entscheiden. Sie orientiert sich entweder an der Mehrzahl der Gäste oder am Veranstalter. Wenn beispielsweise ein deutsches Unternehmen seine internationalen Gäste nach Deutschland einlädt, dann ist die Erstsprache Deutsch und die Zweitsprache Englisch. Andersherum läuft es, wenn ein amerikanisches Unternehmen seine Tagung in Deutschland veranstaltet und die Gäste zur Hälfte Deutsche und die andere Hälfte aus anderen Nationalitäten besteht. Dann wird hauptsächlich Englisch gesprochen und nur die Kernbotschaften ins Deutsche übersetzt. Die Hauptsprache ist ausführlich, die Zweitsprache fasst in der Übersetzung zusammen. Sobald noch eine weitere Sprache hinzukommt, sollte noch knapper formuliert werden.

Am angenehmsten ist es für die Zuschauer, wenn Sie einen Aspekt ihrer Moderation nach dem anderen übersetzen. Dann können sie Ihnen gut folgen und bleiben aufmerksam. Bereits in der Konzeption einer solchen Moderation sollten beide Sprachen in der Dramaturgie berücksichtigt werden. Denn Interaktionen und Pointen von Geschichten müssen am richtigen Punkt kommen.

Wenn Sie sich nicht für eine Hauptsprache entscheiden können, können sich beide Sprachen abwechseln. Mal fasst die eine Sprache zusammen, mal die andere.

Zweisprachige Moderation funktioniert am besten bei Moderationsparts ohne Gesprächspartner. Ein kurzes Interview lässt sich gerade noch bilingual durchführen, ohne dabei langatmig zu werden. Wenn zum Beispiel die Moderatorin Anke Engelke bei der Berlinale Eröffnungsgala kurz mit den Jurymitgliedern spricht, übersetzt sie jeweils Fragen und Antworten. Bei Diskussionsrunden rate ich von Mehrsprachigkeit ab. Es entstünde ein babylonisches Sprachengewirr. Entweder entscheiden Sie sich für eine Sprache, oder es muss simultan übersetzt werden.

Storytelling – Fesseln Sie Ihr Publikum mit Geschichten!

> »I have ten commandments. The first nine are, thou shalt not bore. The tenth is, thou shalt have right of final cut.«
> *Billy Wilder, US-Filmregisseur*

Menschen lieben Geschichten. Schon seit Tausenden von Jahren transportieren wir mit ihnen unser Wissen von Generation zu Generation. Unsere Vorfahren überlieferten sich mit Höhlenbildern Erfahrungen vom Jagen und Leben. Sagen, Mythen und Göttergeschichten erzählen von der Erschaffung der Welt und enthalten tiefenpsychologische Bilder und Wahrheiten. In der Bibel wurden vor über 2000 Jahren die Schriften zur Schöpfungsgeschichte und zum Leben und Leiden Jesus Christus zusammengetragen. Noch heute gibt dieses Buch der Bücher den Christen Orientierung. Das zeigt, wie stark und wie lange Geschichten wirken können.

Storytelling, auf Deutsch das Geschichtenerzählen, wird heutzutage in vielen Bereichen eingesetzt: zum Beispiel im Kino, im Theater, im Journalismus, im Training, in der Therapie, in der Werbung – und auch bei Veranstaltungen.

Geschichten finden sofort Zugang zu unserer bewussten und unbewussten Erlebniswelt. Wir sind mit all unseren Sinnen dabei, wenn uns jemand eine Geschichte erzählt. Wir sehen die handelnden Personen, wir hören sie reden, wir spüren ihre Umgebung, wir können mit ihnen schmecken und riechen. Gleichzeitig erfassen wir den Kern der Geschichte. Wir versuchen zu verstehen, welche Botschaft uns der Erzähler übermitteln möchte und setzen sie in Beziehung zu uns.

Das Gehirn gleicht unablässig neue Bilder und Informationen mit eigenen, inneren Bildern aus unserer Erinnerung und Erfahrung ab. Wir interpretieren, bewerten emotional und ordnen ein. Dabei sortieren wir die Informationen in zwei Schubladen: wichtig und unwichtig. Unbewusst stellen wir so individuell Sinn für uns her. Wenn uns eine Geschichte stark berührt, wirken die Bilder und Empfindungen noch lange nach und lassen mit der Zeit Erkenntnisse reifen (Herbst 2014, S. 25).

Moderationsstorys

Anders als in Film und Literatur müssen Geschichten in der Moderation der Wahrheit entsprechen. Sie beruhen auf Informationen, die nachprüfbar sind und müssen authentisch erzählt sein. Dabei müssen Moderationsstorys nicht immer nur Positives berichten. Eine Diskussionsrunde zum Thema Demenz kann in der Anmoderation sehr gut mit einer ganz persönlichen Geschichte über eine erkrankte Person eingeleitet werden. Wenn der Moderator von seiner Großmutter erzählt, einen kleinen Einblick in ihren Alltag gibt und über die Konsequenzen für ihn selbst berichtet, dann berührt diese Geschichte die Zuschauer mehr als die reine Sachinformation, dass es aktuell 1,5 Millionen Demenzkranke in Deutschland gibt. Geschichten lösen starke Gefühle aus.

Forschungen belegen, dass Gefühle ein Lernturbo sind. Welche Informationen wir in unseren Langzeitspeicher des Gehirns ablegen, hängt davon ab, welchen emotionalen Wert wir ihnen beimessen (Spitzer 2002, Herbst 2014, S. 32). Je emotionaler die Geschichte ist, umso besser verankert sie sich bei den Zuschauern. Wie das geht, macht die Werbung eindrucksvoll vor. Statt mit plakativen Botschaften wie »Kauf das« und »Geiz ist geil« erzählen uns virale Clips im Internet innerhalb kürzester Zeit die spannendsten und bewegendsten Geschichten. Gute Beispiele liefert hierzu die Supermarktkette Edeka mit ihren YouTube-Clips. Der Film »Heimkommen« erzählt in anderthalb Minuten die anrührende Geschichte eines einsamen alten Mannes, der es erst mit der eigenen Todesanzeige schafft, an Weihnachten seine Familie um sich zu scharen. Mit mehr als 62 Millionen Klicks im Netz gilt er als einer der meist gesehenen Werbe-Clips (www.youtube.com/watch?v=V6-0kYhqoRo).

Aufgaben der Storys

In der Moderation haben Geschichten viele Aufgaben:

- Sie fördern die Aufmerksamkeit.
- Sie machen tote Materie (Zahlen, Daten, Fakten) lebendig.
- Sie machen komplexe Informationen leichter verständlich.
- Sie enthalten Botschaften und Ideen zum Thema der Veranstaltung.
- Sie sorgen für Überraschung und Spannung.
- Sie steigern die emotionale Beteiligung.

Dabei geht es aber keineswegs darum, einfach »nur mal irgendetwas zu erzählen«. Storytelling sollte immer bewusst und ganz gezielt eingesetzt werden.

Welche Geschichten eigenen sich für Moderation?

Sehr gut eignen sich Geschichten, die noch keiner kennt. Denn dann gibt es zudem noch einen Überraschungseffekt. Sie sind interessant, weil sie neu sind. Das ist übrigens der Hauptgrund, warum Millionen Menschen jeden Abend die Nachrichten einschalten, Zeitung oder Internet lesen. Wenn ich weiß, dass sich Ursula von der Leyen für das Amt der EU-Kommissionspräsidentin zur Wahl stellt, will ich wissen, ob sie die Wahl gewonnen hat. Neues sorgt für Aufmerksamkeit.

Aber das geschieht nur dann, wenn das, was wir hören, auch in den Kontext unserer Erwartungen passt. Wenn Sie vor Ihrem Publikum wie ein Außerirdischer von einem anderen Planeten stehen, haben sie die falsche Geschichte ausgewählt. Manchmal kann es zwar ein Stilmittel sein, als Analogie eine Geschichte aus einer fernen, anderen Welt zu erzählen, dann müssen Sie allerdings eine logische Brücke zum Hier und Jetzt schlagen. Moderationsstorys müssen immer Bezug zum Thema des Programmpunkts haben.

Die stärkste Wirkung haben Geschichten, an denen Sie selbst beteiligt sind und die Sie aus der Ich-Perspektive erzählen. In dem Moment, in dem Sie von sich selbst erzählen, wird eine Ihrer handelnden Personen und deren Emotionen sichtbar. Sie geben den Zuschauern ein anschauliches Bild. In eine Veranstaltung zum Thema Arbeit können Sie wunderbar eine Geschichte aus Ihrem Arbeitsalltag einfließen lassen und auf diese Weise Emotionen in die Moderation bringen. Ich gebe zu, das erfordert ein wenig Mut – aber es lohnt sich.

Geschichten emotional erzählen

Nicht immer hat man eine persönliche Geschichte parat. Natürlich können Sie genauso gut Geschichten nutzen, die Sie gehört und gelesen haben. Ein eindrucksvolles und emotionales Beispiel lieferte der Moderator Claus Kleber im ZDF Heute-Journal. In der Abmoderation eines Beitrags zur Flüchtlingspolitik in Deutschland erzählte er

die Geschichte eines Busfahrers aus Erlangen: »Dazu noch eine kleine Geschichte, die die Kollegen von Krautreporter.de gefunden haben. Es geht da um Sven Lateier. Der fährt Bus in Erlangen. Linienbus. Und als da die letzten Tage 15 Asylbewerber eingestiegen sind mit ihren zwei Betreuern und Richtung Schwimmbad fuhren, da griff er sich das Mikrofon und sagte auf Englisch: I have an important message for people from the whole world in this bus. Welcome. Ich habe eine wichtige Nachricht für alle Menschen aus der ganzen Welt in diesem Bus: Willkommen. Willkommen in Deutschland. Willkommen in meinem Land. Haben Sie einen schönen Tag. Es kann manchmal so einfach sein.« Während der Moderator den letzten Satz sprach, kämpfte er mit den Tränen.
Ein selten emotionaler Moment im Fernsehen, der sich dann auch gleich in allen Medien verbreitete und mit ihm die ganze Geschichte (www.youtube.com/watch?v=Z1zvfLk065I).

Objekte machen Geschichten greifbar

Sehen ist Erleben. Noch plastischer wird Ihre Geschichte, wenn Sie ein Objekt daraus zeigen. Wenn Sie das Jubiläum einer Firma moderieren, können Sie beispielsweise das erste Produkt zeigen und dessen Geschichte erzählen. Wenn Sie über Digitalisierung des Wissens sprechen, könnten Sie ein altes Brockhaus-Lexikon mit auf die Bühne bringen und schildern, dass auch diese kiloschwere Enzyklopädie mittlerweile ein digitales Pendant hat. Es muss nicht immer das Originalobjekt Ihrer Erzählung sein. Bei einer Veranstaltung zum Thema Zahnimplantate habe ich einmal ein überdimensionales Zahnimplantat auf einer Stehle gezeigt. Es muss nicht immer so groß sein, im Kleinformat können Objekte ebenfalls die Gedanken gut transportieren. So kann zu den Themen Auto, Mobilität und Verkehr auch ein Spielzeugauto gute Dienste leisten.

Führungskompetenzen und Soft Skills

Sehr schön fand ich die Geschichte, die der Chef einer Unternehmensberatung als Gastgeber seiner Veranstaltung auf der Bühne erzählte. Es ging um das Thema Führungskompetenzen und Soft Skills. Er zog drei kleine Zettel aus der Jackentasche und erzählte Folgendes: »Diese Zettel habe ich heute morgen in meiner Jackentasche gefunden. Ich habe mich gewundert, wie sie da hineingekommen sind. Gestern waren sie noch nicht da. An der Schrift erkannte ich: Mein Sohn hatte sie geschrieben und mir wohl heute Morgen in diese Tasche gesteckt. Ich lese Sie Ihnen einmal vor: ›Du bist der beste Papa der Welt‹, ›Du bist ein super Projektmanager‹, ›Du wirst das heute ganz toll machen‹. Ist das nicht die Wertschätzung, die wir uns jeden Tag wünschen? Dass wir Bestätigung bekommen und dass uns jemand sagt, dass wir unseren Job gut machen ...«

Checkliste: Was macht eine gute Geschichte für Moderationen aus?

- Ist sie neu?
- Passt sie zum Thema?
- Entspringt sie der Lebenswelt der Zuschauer?
- Kann sie persönlich erzählt werden?
- Können Sie ein Objekt daraus zeigen?

Wie findet man Geschichten?

Immer wieder werde ich in meinen Seminaren gefragt, wo Moderatoren gute Geschichten finden. Viele wünschen sich einen Katalog nach dem Motto: Suche Geschichte zum Thema Nachhaltigkeit – finde sie auf Seite 237. Einen solchen Katalog müssen Sie sich schon selbst erstellen. Schneiden Sie Zeitungsartikel aus. Machen Sie sich Notizen zu Geschichten, die Sie gehört haben. Notieren Sie Erlebnisse, die Sie beeindruckt oder überrascht haben. Gehen Sie mit offenen Augen und Ohren durchs Leben. Scheiben Sie Tagebuch. Legen Sie sich einen Geschichtenvorrat an, auf den sie für Moderationen zugreifen können.

Viele Schriftsteller und Autoren nutzen einen Zettelkasten als Gedächtnisstütze. In ihm werden Informationen und Gedanken zu einem Thema geordnet und aufbewahrt. Ob sie das handschriftlich als echte Zettelwirtschaft auf Karteikarten in Schuhkartons machen oder als digitales Archiv, bleibt Ihren Vorlieben überlassen. Wichtig ist, dass die Inhalte katalogisiert und mit den passenden Schlagworten und Querverweisen versehen sind. Insbesondere, wenn Sie innerhalb Ihrer Organisation oder immer wieder zu ähnlichen Themen moderieren, lohnt sich eine solche Geschichtensammlung.

Das Aufspüren und Auswählen von Geschichten ist ein kreativer Prozess. Sie können ihn anstoßen, indem Sie sich unentwegt Fragen stellen: Woran erinnert mich das Thema? Welche Metapher gibt es für das Thema? Was habe ich dazu schon erlebt? Welches Objekt aus der Geschichte lässt sich zeigen? … Manchmal müssen Sie ein wenig um die Ecke denken, um auf eine gute und passende Geschichte zu stoßen. Je tiefer Sie jedoch mit Ihren Fragen ins Thema eintauchen, desto mehr Geschichten fördern Sie zutage.

Bei der Auswahl sollten Sie darauf achten, dass die Geschichte nah an der Erlebniswelt der Gäste und nachvollziehbar ist. Einen einfachen Test können Sie machen mit der Frage: »Was hat das mit meinen Zuschauern zu tun?« Beim vorher genannten Beispiel des Unternehmenschefs lautet die Antwort: Die Zuschauer wünschen sich ebenfalls Beachtung und Wertschätzung.

Möglicherweise haben Sie im beruflichen Umfeld noch nie Storytelling eingesetzt. Deshalb ist es ratsam, das Erzählen von Geschichten wieder zu lernen. Die folgenden Übungen regen die Kreativität an und machen es Ihnen leicht, ins Erzählen zu kommen.

Übungen zur Kreativität und Storytelling

Zusammenfassen: »Mein Lieblingsfilm«
Stellen Sie innerhalb von zwei Minuten Ihren Lieblingsfilm oder Ihr Lieblingsbuch vor. Erzählen Sie, worum es in der Geschichte geht und welche Botschaft der Film transportiert. Falls Sie ein Smartphone zur Hand haben, machen Sie eine Aufnahme davon.

Geschichten erfinden: Gegenstände sprechen lassen
Wenn Ihnen Geschichtenerzählen schwerfällt, eignet sich folgende Übung. Sie hilft, flüssig ins Erzählen zu kommen, ohne darüber nachzudenken, ob die Fakten stimmen.
Suchen Sie sich spontan einen Gegenstand aus dem Raum, in dem Sie sich gerade befinden. Ein Gegenstand, den Sie mögen, der Sie anspricht oder zu dem Ihnen spontan etwas einfällt. Lassen Sie diesen Gegenstand sprechen: Wo kommt er her? Was hat er erlebt? Welche anderen Menschen und Dinge hat er getroffen? Wie sieht sein Alltag aus?
Erzählen Sie in zwei Minuten seine Geschichte.
Alternative: Erzählen Sie eine Geschichte aus der Perspektive eines Ihrer Kleidungsstücke.

Wahre Geschichten erzählen: Begegnung der besonderen Art
Bei dieser Übung geht es darum, authentische Geschichten zu erzählen – so wie Sie es in der Moderation machen. Suchen Sie sich eine Person aus, die Sie einmal getroffen haben, mit der Sie etwas Außergewöhnliches erlebt haben oder die Sie durch irgendetwas beeindruckt hat. Erzählen Sie in maximal zwei Minuten die Geschichte dieser Begegnung.

Die zweite Übung habe ich dem Buch »Improvisation und Storytelling in Training und Unterricht« entnommen (Masemann 2017, S. 215) und setze sie gern in meinen Seminaren ein.

Dramaturgie – Moderation so spannend wie ein guter Film

Es gibt Filme, deren Geschichten haben eine so ungeheure Anziehungskraft, dass wir für 90 Minuten komplett in ihrer Welt verschwinden. Wir verbinden uns emotional mit den Protagonisten, erleben Höhen und Tiefen, bevor wir am Ende mit einer neuen Erkenntnis wieder entlassen werden. Stellen Sie sich vor, Sie könnten Ihr Publikum mit Ihrer Moderation genauso fesseln.

Das Geheimnis dieses Sogs ist die Dramaturgie, also die Auswahl und der Aufbau der erzählerischen Mittel. Seit der Antike sind diese Strukturen und Elemente von Märchen, Mythen und Sagen bekannt. Schon Aristoteles stellte einen Zusammenhang her zwischen der Art und Weise, wie eine Geschichte erzählt und wie sie vom Zuschauer empfunden und erfahren wird. Als Grundlage für die Dramaturgie von Erzählungen schuf er die Drei-Akt-Struktur, auf die er in seinem Werk »Poetik« eingeht: »Ein Ganzes ist, was Anfang, Mitte und Ende hat« (Aristoteles 2014, S. 25). Theater, Kino und Literatur – sie alle nutzen den klassischen Dreiakter. Werbung, PR und Events werden gleichermaßen dramaturgisch optimiert, damit sie von der Zielgruppe besser rezipiert werden. Denn ihre Macher wissen: Gut erzählte Geschichten lösen starke Gefühle aus und brennen sich direkt in die Erlebniswelt des Publikums.

Moderationsdramaturgie – der rote Faden

Auch eine Veranstaltungsmoderation sollte so aufgebaut sein, dass ein Spannungsbogen über den Tag oder den Abend entsteht. Am Anfang geht es darum, eine Ausgangssituation zu erschaffen, in der alles angelegt ist, was sich im Mittelteil entwickelt und von dort zum Ende hin auflöst. Das Thema der Moderation muss sich wie ein roter Faden durch die gesamte Veranstaltung ziehen. Er leuchtet in jeder einzelnen Anmoderation auf. Nach und nach wird das Thema klarer und umfassender sichtbar. Auch wenn es in der Praxis manchmal scheint, als ob unterschiedliche Referenten vordergründig nicht im »selben Film« spielen, sollten Sie dennoch schauen, wo der gemeinsame Nenner der auftretenden Personen zu finden ist. Wo berühren sie das Hauptthema des Events? Mit diesen Anknüpfungspunkten fügen sie sich in die Gesamtdramaturgie ein.

Zweifellos hängt die Moderationsdramaturgie stark davon ab, wie gut die Veranstaltungsdramaturgie grundsätzlich ist. Sofern ich im Vorfeld beim Briefing feststelle, dass der Veranstaltungsablauf dramaturgische Schwächen hat und es langatmig fürs Publikum werden könnte, berate ich meinen Auftraggeber diesbezüglich. Falls Sie sechs verschiedene PowerPoint-Referenten nacheinander anzukündigen haben, können Sie ahnen, dass die Spannungskurve nach dem dritten Vortrag auf das Niveau des Meeresspiegels sinkt und die Zuschauer sich so langsam in Schlafposition begeben. Ihr Job es, dann wieder Leben in den Saal zu bringen. Entweder überzeugen Sie Ihren Auftraggeber, dass an dieser Stelle einen Vortrag durch ein Interviewformat zu ersetzen. Oder Sie erobern sich die Aufmerksamkeit auf anderem Weg zurück. Gut eignen sich wirkungsstarke Anmoderationsformen wie Earcatcher, Storytelling und allen voran Interaktionen mit dem Publikum. Ebenso können Sie erzählerische Mittel dramaturgisch geschickt einsetzen.

Spannung erzeugen – von guten Filmregisseuren lernen

Von Filmen können wir für die Moderation viel in Bezug auf Dramaturgie und Spannung lernen. Der große Regisseur Sir Alfred Hitchcock galt als »Master of Suspense«, als Meister der Spannung. Für seine Filme nutze er keine digitalen Spezialeffekte. Allein mit einer perfekten Dramaturgie aus Wendungen, Verwirrungen und Verzögerungen gelang es ihm, Hochspannung erzeugen. Wobei er *Suspense* (Spannung) von *Surprise* (Überraschung) unterschied. Eine Überraschung ist es, wenn plötzlich ein Auto ganz unerwartet explodiert. Dann hat der Zuschauer vorher nichts davon gewusst und ist überrascht. Ein anderer Effekt entsteht, wenn der Zuschauer die Bombe ticken sieht und die Kamera immer wieder hin und her schneidet zwischen der digitalen Zeitanzeige der Bombe und dem Retter, der versucht, rechtzeitig am Auto zu sein, um die Bombe zu entschärfen.

Diese Momente nennen sich in der Filmsprache Cliffhanger. Der Zuschauer hängt sinnbildlich zusammen mit dem Protagonisten über dem Abgrund. Er fiebert mit. Wird er abstürzen? Wird er überleben? In dieser Situation steigert sich die Spannung auf einen Höhepunkt.

Bei einem Cliffhanger hängt der Zuschauer mit dem Protagonisten über dem Abgrund

Hitchcocks Fahrstuhlstory

Alfred Hitchcock machte sich einen Spaß daraus, *Suspense* in der Realität auszuprobieren. Der Regisseur Peter Bogdanovich erzählt in dem Dokumentarfilm »Rear Window Ethics« eine Geschichte, die er 1964 mit Hitchcock in einem Hotel erlebt hat. Die beiden hatten im Zimmer einige Drinks genommen und wollten mit dem Fahrstuhl vom 24. Stock nach unten fahren. Im 18. Stock stiegen andere Hotelgäste zu. Völlig unvermittelt begann Hitchcock zu erzählen: »Es war echt horrormäßig. Er lag dort in einer Lache aus Blut. Blut rann aus seinen Ohren, aus seiner Nase …« Was redet der da, denkt sich Bogdanovic.

Als im 15. Stock weitere Leute zustiegen, fuhr Hitchcock fort: »Ja, es war fürchterlich, überall Blut auf dem Boden. Ich beugte mich zu ihm und sagte: Oh Gott, was ist mit dir passiert? Und weißt du, was er zu mir gesagt hat?« In diesem Moment öffneten sich die Aufzugstüren zur Lobby. Keiner sagte ein Wort und alle schauten Hitchcock an. Sie zögerten, auszusteigen, weil sie hören wollten, was passiert war. Hitchcock aber verließ wortlos den Aufzug. Während Bogdanovich ihm durch die Lobby folgte, fragte er ihn: »Was hat er denn gesagt?« Hitchcock antwortete nur: »Ach, gar nichts. Das ist nur meine Fahrstuhlstory.«

Mit dieser Suspense-Technik lassen sich einfache Ankündigungen in interessante Geschichten verwandeln. Sie ziehen das Publikum direkt ins Geschehen und damit ins Thema. Anders als im Film brauchen wir für Moderationen reale Geschichten. Denn wie Sie wissen, wird von einem Gastgeber die Wahrheit erwartet. Wichtig ist, dass die Zuschauer die Geschichte nicht kennen. Wie Sie Cliffhanger in eine Moderation einbauen können, zeige ich Ihnen anhand eines Beispiels.

Moderationsbeispiel: Spannung erzeugen mit Cliffhanger

Die Moderation hatte das Ziel, während einer Tagung für einen Telekommunikationsanbieter einen Referenten zum Thema »Kundenzufriedenheit im Shop« anzukündigen.

»Wenn man in einen Ihrer Shops geht, da erlebt man solche und solche Geschichten. Wissen Sie, was ich kürzlich erlebt habe? Ich bin Kunde bei Ihnen. Ich nutze einen Telefonanschluss mit Internet. Es war vor ein paar Wochen. Ein schweres Gewitter zog über die Stadt. Ein Blitz schlug bei uns ein. Meine Leitung: tot. Nichts ging mehr. Und die Deadline für mein Projekt war nur noch drei Stunden entfernt. Ohne Internet war ich aufgeschmissen. Ich rief also bei Ihrer Störungsstelle an. Ich bekam eine freundliche Antwort: »Tut uns leid. Da können wir telefonisch nicht helfen. Gehen Sie doch einfach in den Shop.« Ich dachte nur an die Zeit, nahm mein Fahrrad und fuhr in den Shop. Eine Riesenschlange vor mir. Und alle waren genervt. Ich dachte: Verdammt, diesen Auftrag schaffe ich nicht mehr. Draußen regnete es in Strömen. Irgendwann stand ich endlich vor dem Shopmitarbeiter. Er schaute mich freundlich an und sagte: ...«

An dieser Stelle breche ich die Moderation ab und mache eine Pause. Dann frage ich: »Was glauben Sie, hat er gesagt?« Das Publikum ist neugierig und will wissen, ob mir der Mann geholfen hat oder ob er mich sprichwörtlich im Regen stehen ließ. Die Unterbrechung muss dramaturgisch an der Stelle mit der höchsten Spannung kommen und inhaltlich zu dem passen, was anschließend im Vortrag zu hören ist. Ich könnte auf unterschiedliche Weise auflösen:

- A: Ich gebe selbst die Antwort und gestalte einen passenden Übergang zum Redner.
- B: Ich kündige den Referenten an und greife diese Frage in einem Small Talk auf.
- C: Ich bitte das Publikum um Antworten – entweder auf Zuruf oder per Wortmeldung ins Mikrofon. Anschließend löse ich mit der Ankündigung des Referenten auf: »Er sagte: ›Ich weiß, was Sie brauchen. Einen kleinen Moment bitte.‹ Dann holte er ein Teil und erklärte mir, was ich damit zu machen hatte. Ich fuhr damit nach Hause zurück und tauschte es gegen das alte Teil aus. Und schon war ich wieder mit der Welt verbunden. Dieser Mann hatte mein Problem gelöst. Wie Ihre Shopmitarbeiter sonst die Kunden glücklich machen, hören Sie jetzt von ...«

Überraschen Sie Ihr Publikum

Auch der zweite Hitchcock-Effekt *Surprise* eignet sich wunderbar für Moderationen. Überraschen Sie Ihr Publikum mit Situationen und Geschichten, die es nicht erwartet. Wenn Sie den Star des Abends bei einer Jubiläumsgala nicht schon am Anfang bei der Begrüßung ankündigen, sondern den Namen erst im Moment seines Auftritts nennen, erzeugen Sie eine echte Überraschung. Solche Momente haben einen starken emotionalen Effekt.

Auch mit Kuriosem lässt sich das Publikum gern überraschen. Wenn Sie ungewöhnliche Geschichten und Dinge erzählen, horchen sie auf. Wussten Sie schon, dass es in Amsterdam tatsächlich eine Versicherung gibt, die Menschen gegen Entführung durch Außerirdische versichert (Hullberry Insurance Company)? Oder: Haben Sie schon davon gehört, dass es im Jahr 2015 mehr Tote durch Selfies gab als durch Haiangriffe?

Solche Geschichten haben keinen großen Informationsgehalt, aber sie lockern sachliche Informationen auf. Sie verleiten zum Staunen, Schmunzeln oder zum Kopfschütteln. Man denkt sofort: Das ist doch interessant. Ideen dazu finden Sie im Internet unter dem Stichwort »unnützes Wissen« unter anderem beim Stern Neon Magazin oder in Büchern wie »Das Buch der Antworten« (Bolt 2011).

Natürlich sollen Sie aus Ihrem Event keinen Psychothriller à la Hitchcock machen. Aber allzu oft haben Veranstaltungen nicht mal den Spannungsbogen vom »ZDF-Traumschiff«. Deshalb rate ich Ihnen, die dramaturgischen Stilmittel einzusetzen wie ein guter Regisseur und so Spannung, Emotionen und Aufmerksamkeit erzeugen – sowohl für die gesamte Moderationsdramaturgie als auch für einzelne Anmoderationen. Achten Sie darauf, dass die Effekte zum Inhalt und zu Ihnen passen. Seien Sie mutig und kreativ. Und lassen Sie Ihre Zuschauer die Außenwelt vergessen, solange Sie bei Ihnen zu Gast sind.

Das Moderationskonzept – in fünf Schritten zur Moderationskarte

Wie viel Zeit planen Sie in der Regel für Ihre Vorbereitungen für Präsentationen oder Moderationen ein? Sind Sie Perfektionist und benötigen mindestens vier Wochen? Oder machen Sie es nebenbei, weil Ihr Arbeitspensum und Ihr Chef eigentlich keine Stunde Freiraum für die Vorbereitung lässt? Oder sind Sie der Typ »die eine Stunde im ICE muss reichen«?

Ich kann Ihnen nur empfehlen, die Vorbereitung für Ihre Moderationen wirklich ernst zu nehmen. Das Moderationskonzept ist dafür das Wichtigste und macht 80 Prozent der gesamten Arbeit aus. Natürlich sind Kreativität und Spontaneität bei einer Moderation am Veranstaltungstag unverzichtbar – aber das gelingt nur, wenn Sie gut vorbereitet sind. Denn nur dann können Sie Ihre Aufgaben gut erfüllen, ein guter Gastgeber sein und erfolgreich das Ziel des Auftraggebers erreichen.

Im Vorfeld gilt es daher, einiges an Wissen anzusammeln: über die Veranstaltung, den Veranstalter (das Unternehmen oder die Organisation), über die Gäste, über die Referenten und die Themen. Nur wer gut recherchiert und vorab viele Fragen stellt, kann ein gutes Moderationskonzept erarbeiten. Ich lasse mir sogar vertraglich zusichern, dass ich von meinem Auftraggeber diese Informationen erhalte. Denn ohne sie bin ich aufgeschmissen. In diesem Kapitel gebe ich Ihnen eine Anleitung, wie Sie in fünf Schritten Ihre Moderationen professionell vorbereiten können.

Erster Schritt: allgemeines Briefing

Im ersten Schritt geht es darum, allgemeine Informationen über die Veranstaltung zu sammeln. Als externer Moderator bekommen Sie diese Informationen von Ihrem Veranstalter oder der Eventagentur, die die Veranstaltung organisiert. Wenn Sie innerhalb Ihres Unternehmens moderieren, sind eventuell mehrere Abteilungen oder Ihr eigenes Team mit der Veranstaltung betraut. Dann gilt es, rechtzeitig mit den betreffenden Personen zu sprechen. Aus eigener Erfahrung weiß ist, wie mühsam es ist, alle Beteiligten an einen Tisch zu bekommen oder in einer Telefonkonferenz das Ziel und die Botschaften einer Veranstaltung zu diskutieren.

Aus diesem Grund habe ich eine Briefing-Checkliste entwickelt, die ich seitdem meinen Auftraggebern zusende. Sie enthält eine Reihe von Fragen, die alle das Ziel haben, den Rahmen der Veranstaltung zu klären. Die Antworten liefern mir wesentliche Informationen und geben mir ein Bauchgefühl für die Moderation. Dieser Fragenkatalog leistet mir seit vielen Jahren großartige Dienste. Meine Auftraggeber erhalten gleichzeitig eine klare Vorstellung davon, was ich wissen muss. Ich erhalte die Informationen gebündelt, die ich sonst mühsam in vielen Telefonaten zusammentragen müsste.

Briefing-Checkliste

- Welches Ziel hat die Veranstaltung?
- Wer sind die Gäste, die kommen werden?
- Welche Erwartungen haben die Gäste an das Event?
- Welche Botschaft/Informationen möchten das Unternehmen/die Organisation kommunizieren?
- Was ist das übergeordnete Thema (eventuell Motto) der Veranstaltung?
- Gab es bereits ähnliche Events?
- Welche Inhalte soll das Programm umfassen?
- Soll es Interviews oder Talkrunden geben?
- Welchen Dresscode gibt es?
- Welche Erwartungen haben Sie an mich als Moderatorin?

Nutzen Sie diese Briefing-Checkliste oder entwerfen Sie sich eine eigene. Damit haben Sie ein effektives Instrument gegen endlose Diskussionen und unklare Aussagen. Auch wenn Sie Ihre Veranstaltung selbst organisieren oder innerhalb Ihrer Organisation moderieren, hilft Ihnen diese Struktur. Indem Sie für sich selbst das Ziel und die Hauptbotschaften der Veranstaltung noch einmal in zwei oder drei Sätzen auf den Punkt bringen, bekommen Sie Klarheit über Ihre Veranstaltung und für die Moderation. Nur wenn Sie Ihr Ziel kennen, können Sie in die richtige Richtung laufen.

Ganz wesentlich sind Informationen zu den Gästen. Zu Hause wissen Sie schließlich auch, wer zu Besuch kommt. Wenn Sie Ihre Gäste nicht kennen, sollten Sie sich die Mühe machen, möglichst viel über sie herauszufinden. Wie viele Zuschauer werden erwartet? Wo kommen sie her? Nur aus Deutschland oder aus anderen Ländern? Aus welchen Ländern? Wie alt sind sie? Sind es Männer und Frauen gleichermaßen? Welcher Berufsgruppe gehören sie an? Sind es nur Führungskräfte oder Mitarbeiter aller Hierarchieebenen? Was wissen die Gäste schon über das Thema? Manche Veranstaltungen finden beispielsweise regelmäßig statt und die Gäste waren schon öfter dabei. Auch die Intension, mit der sie kommen, spielt eine Rolle. Sind die Gäste freiwillig da, weil sie ein echtes Interesse am Event haben? Oder handelt es sich um eine Pflichtveranstaltung, zu der alle kommen müssen?

Die Einladung zur Veranstaltung gibt Hinweise darauf, welche Erwartungen die Gäste haben. Wenn Sie lesen, dass auf dem Programm Keynotes und Best-Practice-Vorträge stehen mit den neuesten Informationen zum Thema Führung und Projektmanagement, wissen Sie, was Ihre Gäste erwarten. Die Einladung ist das Versprechen der Veranstaltung. Nur wenn Sie Ihre Gäste und deren Erwartungen kennen, können Sie empathisch auf sie eingehen und die richtigen Beispiele für die Moderation finden. Sinnvollerweise lassen Sie sich zur Einladung auch gleich einen detaillierten Programmablauf geben. Dann haben Sie einen Überblick, was Sie zu moderieren haben.

Mit den Antworten auf Ihre Checklistenfragen erfahren Sie auch, was Ihr Veranstalter mitteilen möchte. Diese Kernbotschaften fließen direkt in die Moderation ein. Wenn Sie später inhaltliche Informationen für die Moderation sammeln, können Sie mithilfe der Kernbotschaften überprüfen, welche Geschichten und Beispiele dazu passen. Die Kleiderfrage ist deshalb wichtig, weil der Moderator seine Kleiderwahl auf die Veranstaltung abstimmen sollte. Bei Tagesveranstaltungen geben die Veranstalter meistens den Dresscode vor. Bei Abendveranstaltungen erfahren Sie auf diese Weise, wie festlich der Rahmen sein soll. In den letzten Jahren beobachte ich einen Trend zu lässigeren Outfits. Selbst Manager erscheinen immer häufiger ohne Krawatte zu geschäftlichen Anlässen.

Eine Veranstaltung kostet viel Geld, große Veranstaltungen manchmal sogar eine Million Euro und mehr. Auch wenn die Moderation nur eines von vielen Rädchen im Veranstaltungsgefüge ist, tragen Sie als Gastgeber die Verantwortung, damit das große Ganze ein Erfolg wird. Deshalb frage ich die Veranstalter beim Briefing, was Sie von mir als Moderatorin erwarten. In 90 Prozent aller Fälle erhalte ich folgende Antwort: »Wir erwarten, dass Sie charmant, unterhaltsam und informativ durch unsere Veranstaltung führen.« Jetzt werden Sie sagen: Diese Erwartungshaltung ist nichts Besonderes. Stimmt. So einfach kann Veranstaltungsmoderation sein – und gleichzeitig so schwer. Denn charmant, unterhaltsam und informativ können Sie nur moderieren, wenn Sie gut vorbereitet, freudig, begeistert, entspannt und vor allem authentisch vor Ihr Publikum treten. Mit der Briefing-Checkliste im Gepäck sind Sie dafür gut gerüstet.

Zweiter Schritt: inhaltliches Briefing und Recherche

Als Nächstes ist es wichtig, dass Sie verstehen, worüber Sie auf der Bühne reden sollen. Daher werden Sie recherchieren wie ein Journalist. Ich gebe zu, das ist gerade für Einsteiger eine schwierige Gratwanderung. Vielen Moderatoren fehlt anfangs das Gefühl für die richtige Auswahl und sie können nur schwer einschätzen, wie viel Zeit sie dafür aufwenden sollen. Mit dem Ergebnis, dass sie oft tagelang alles Mögliche lesen, das am Ende für die Moderation unbrauchbar ist. Grundsätzlich gilt: Sie können auf der einen Seite nie zu viel wissen – solange Sie damit auf der Bühne den Experten nicht die Show stehlen. Auf der anderen Seite muss die Vorbereitung der Moderation im wirtschaftlichen Rahmen bleiben – egal ob Sie Geld dafür bekommen oder es ein Teil Ihres Jobs ist. Deshalb gilt als Grundsatz: so viel wie möglich und so viel wie nötig. Das richtige Gespür dafür entwickeln Sie im Laufe der Zeit.

Im Programmablauf sehen Sie, welche Programmpunkte anzumoderieren sind: welcher Referent wie lange über welches Thema spricht, welche Künstler auftreten, ob Sie Interviews führen oder Podiumsdiskussionen leiten sollen und ob es Fragerunden mit dem Publikum gibt.

Ihre erste Informationsquelle sollte immer der Veranstalter sein. Niemand weiß so gut über das Thema Bescheid, wie die Menschen, die das Ereignis konzipieren. Es empfiehlt sich, zunächst zum Thema allgemein und im Weiteren zu jedem einzelnen Programmpunkt Fragen zu stellen. Wenn Sie zum Beispiel eine Veranstaltung zum Thema »Führung im Projektmanagement« moderieren, gilt es, genau zu klären, was dieses Thema für den Veranstalter und seine Gäste bedeutet. Sie sollten fragen, welche Informationen in der Moderation enthalten sein sollen. Vielleicht gibt es Aspekte, die nicht erwähnt werden sollen, weil sie kritisch sind. Oder: Wenn Sie einen Referenten im Programm haben, der am Berliner Großflughafen beteiligt war, müssen Sie wissen, ob Sie ihn auf das Desaster und die verlorenen Millionen ansprechen dürfen oder das besser lassen sollten. Zu jedem Programmpunkt sollten Sie wissen, warum dieser Referent für die Gäste wichtig ist. So wie sich die Zuschauer unbewusst die Frage stellen, warum dieses oder jenes Thema relevant ist und ob sie zuhören sollen, stellen Sie diese Frage explizit dem Veranstalter. Ob Sie sich dazu mit Ihren Gesprächspartnern persönlich treffen oder alles telefonisch und per E-Mail erledigen, hängt von den Wünschen der Beteiligten ab.

Literatur und Internet erweitern den Blick aufs Thema und bieten immer eine gute Inspiration für ein Moderationskonzept. Wenn Sie »Führung im Projektmanagement« googeln, erhalten Sie eine Menge Treffer: gute Interviews, Dossiers, Videos. Manchmal fällt einem ein Buch in die Hände, das gerade dazu ein paar interessante Abschnitte liefert. Diese Informationsquellen sorgen dafür, dass Sie nicht eindimensional nur aus Veranstalterperspektive moderieren. Auftraggeber schätzen es, wenn die Moderation mit Esprit über den Tellerrand hinausblickt und so Relevanz für ihr Thema herstellt.

Genauso wichtig ist es, sich gut über die auftretenden Personen zu informieren. Wer ist der Referent oder die Künstlerin? Was ist seine Expertise, was macht ihn oder sie für die Zuschauer bedeutend? Die Erfahrung hat gezeigt, je prominenter ein Gast auf der Bühne ist, desto schwieriger wird es, ihn persönlich zu erreichen. Wenn Sie Minister oder Superstars ankündigen wollen, haben Sie keine Chance, diese Menschen vorher telefonisch zu sprechen. Dann müssen Sie sich diese Informationen entweder vom Veranstalter, vom zuständigen PR-Büro oder aus dem Internet beschaffen. Wenn Sie einen Kollegen oder einen weniger bekannten Referenten ankündigen, erkundigen Sie sich bei der Person direkt. Die Präsentationen der Referenten brauchen Sie allerdings nicht lesen. Denn schließlich soll Ihre Moderation nicht die eigentlichen Inhalte des Vortrags vorwegnehmen.

Viele Themen sind hochkomplex und werden auf Veranstaltungen sehr sachlich präsentiert und diskutiert. Da kann es interessant für Sie sein, direkt an der Basis nachzufragen. In Gesprächen bekommen Sie einen sehr guten Zugang zum Thema. Obendrein liefern Betroffene immer die besten Beispiele und emotionalsten Geschichten.

Und schließlich sollten Sie immer auch sich selbst befragen: Was habe ich mit dem Thema zu tun? Was fällt mir als Erstes dazu ein? Was begeistert mich am Thema? Auf diese Weise verwandelt sich so manches scheinbar uninteressante Thema in ein hochspannendes. Denn nur wenn Sie einen Zugang zum Thema bekommen, können Sie es vermitteln und Relevanz herstellen.

Wenn Sie Experte sind, haben Sie einen Wissensvorsprung. Dann machen Sie diesen Teil der Arbeit mit links. Aber auslassen sollten Sie ihn trotzdem nicht. Tragen Sie auf jeden Fall die relevanten Informationen zusammen. Wenn Sie innerhalb Ihres Unternehmens moderieren, sprechen Sie vielleicht mit Kollegen und Ihren zukünftigen Zuschauern über die Inhalte der Veranstaltung.

Fakt ist: Dieser Teil der Vorbereitung ist arbeitsintensiv. Aber je gründlicher Sie recherchieren, umso leichter fällt Ihnen die Moderation. Damit Sie möglichst effektiv vorgehen können, gebe ich Ihnen wieder eine Checkliste beziehungsweise einen Fragenkatalog an die Hand.

Checkliste und Fragenkatalog für die Vorbereitung

Die wichtigsten Informationslieferanten

- Veranstalter
- Internet und Literatur
- Referenten
- persönliche Kontakte

Inhaltliche Vorbereitung

- Was macht das Thema besonders?
- Was gibt es Neues, Ungewöhnliches und Spannendes zum Thema zu erzählen?
- Warum ist das Thema für unsere Gäste wichtig?
- Was ist mein persönlicher Zugang zum Thema? (Was habe ich damit zu tun?)
- In welchem größeren Kontext steht das Thema?
- Welche übergeordneten, allgemeinen Zahlen und Fakten gibt es?
- Gibt es lebendige Bespiele, die das Thema illustrieren, aber nicht die Inhalte des Programmpunkts vorwegnehmen?

Dritter Schritt: erstes Moderationskonzept erstellen

Im Weiteren geht es darum, das gesammelte Material zu strukturieren und ein dramaturgisch schlüssiges Konzept aus allen gesammelten Informationen zu entwickeln – in einer Form, mit der Sie auf der Bühne frei moderieren können. Hierzu nutzen Sie die Techniken und Methoden, die ich Ihnen in den letzten drei Kapiteln vorgestellt habe.

Ob Sie das Moderationskonzept handschriftlich oder am Computer erstellen, ist Geschmacksache. Ich schreibe mir als Erstes den kompletten Ablauf auf, um einen Überblick über die Themen und die einzelnen Moderationsparts zu bekommen. Anschließend ordne ich im zweiten Schritt die gesammelten Informationen den jeweiligen Programmpunkten im Ablauf zu. Für jeden Beitrag überlege ich mir, was ich sagen will, was ich sagen kann und was ich sagen muss – immer mit Blick auf die Briefing-Checkliste und die darin formulierten Ziele und Erwartungen. So entstehen Begrüßung, Anmoderationen, Überleitungen, interaktive Parts und so weiter.

Wenn Sie vorher gut recherchiert haben, können Sie aus der Fülle des Materials schöpfen. Sie können das Topfsystem oder die Stichwortmethode nutzen. Wichtig ist, dass Sie den Anfang und das Ende der jeweiligen Moderation festlegen. Sprechen Sie beim Konzipieren einfach laut vor sich hin. Eine wunderbare Anregung dazu gibt der Dichter Heinrich von Kleist in seinem Aufsatz »Über die allmähliche Verfertigung der Gedanken beim Reden«. Darin beschreibt er, wie erst beim Reden mit anderen Menschen aus der undeutlichen Verworrenheit der Gedanken Klarheit entsteht. So wie ein Sprichwort besagt, dass der Appetit erst beim Essen käme, so kämen die Ideen beim Reden (1964, S. 53). Recht hat er. Suchen Sie sich einen potenziellen ersten Zuschauer, dem Sie erzählen, wie Sie diesen oder jenen Programmteil ankündigen wollen, und es geht einfacher.

Sie sollten jede einzelne Moderation laut für sich durchsprechen, um zu hören, ob sie funktioniert. Damit überprüfen Sie die Länge, ob Geschichten schlüssig erzählt sind und auf den Punkt kommen. Manche Anmoderationen sind bei diesem Schritt schon perfekt, andere müssen noch einmal überarbeitet werden. Auch sollten Sie die Dramaturgie ins Visier nehmen. Hat die Moderation einen roten Faden? Sorgt sie für Abwechslung durch unterschiedliche Anmoderationsformen? Aktiviert sie das Publikum zum gegebenen Zeitpunkt?

Bei jeder lauten Probe ergeben sich Änderungen im Moderationskonzept. Diese Änderungen werden notiert und so entsteht die finale Version.

Vierter Schritt: das finale Moderationskonzept zusammenstellen

Oft möchten Auftraggeber oder Vorgesetzte wissen, was »man da eigentlich auf der Bühne sagt«. Doch kein Moderator, der frei spricht, kann das vorher ganz genau sagen. Allerdings ist es durchaus sinnvoll, den Auftraggeber das

Konzept lesen zu lassen. Wohl wissend, dass darin nur inhaltliche Informationen, nicht aber die fertige Rede notiert ist. Mit der Vorlage des Moderationskonzepts sind alle auf der sicheren Seite: diejenigen, die gern kontrollieren, und die Moderatoren, der sicher gehen möchten, dass alle Inhalte korrekt sind und die Ziele richtig verstanden wurden. Falls Sie Ihre Moderation in der Sterndramaturgie (Topfsystem) geschrieben haben, sollten Sie den Inhalt für Nichteingeweihte noch einmal in chronologischer Textform aufschreiben. Das ist zwar ein Arbeitsschritt mehr, aber er lohnt sich. Durch das nochmalige Aufschreiben verankert sich die Moderation besser in Ihrem Gedächtnis.

Fünfter Schritt: Moderationskarten erstellen

Die meisten professionellen Moderatoren arbeiten mit Moderationskarten – Spickzettel, die ihnen beim Moderieren zeigen, wie es weitergeht.

Wie sehen diese Karten aus? Moderationskarten sind so individuell wie ihre Benutzer. Ich arbeite mit Karten in einer Größe von DIN A5 im Querformat. Wenn Sie kleinere Karten bevorzugen, wird das ebenfalls funktionieren, solange Sie alles noch lesen können. Wichtig ist, dass das Papier einen guten Griff hat und Sie es auf der Bühne vor lauter Aufregung nicht zerknuddeln. Mein Standard sind Karteikarten mit einer Grammatur von 200 g/qm.

Auf einer solchen Karte befindet sich nicht der Text des finalen Moderationskonzepts, sondern dessen Inhalte in Sternform oder in Stichworten (s. Abbildungen auf S. 130). Der letzte Satz beziehungsweise der Übergang zum Programmpunkt kann wörtlich notiert werden. Genauso wie Namen, Zahlen, Fakten und alles, was Sie ablesen möchten. Auch Hinweise zum Ablauf gehören auf eine solche Karte. Sie können beispielsweise notieren, was Sie wann machen müssen, von welcher Seite ein prominenter Gast kommt oder wohin Sie gehen sollen. Viele dieser Notizen kommen erst bei der Probe oder sogar noch während der Veranstaltung hinzu. Dementsprechend sollte auf den Karten jeweils genügend Platz sein. Nehmen Sie zusätzlich noch Ersatzkarten mit.

Es empfiehlt sich, pro Anmoderation eine Moderationskarte zu nutzen. Nur bei längeren Parts werden die Themen Punkt für Punkt auf mehrere Karten verteilt. Bei einer Begrüßungsmoderation kann zum Beispiel der Anfang auf die erste Karte kommen, die Einführung in die Veranstaltung auf die nächste und die Vorstellung des Themas auf die dritte Karte. Auch bei Interviews und Diskussionsrunden sind mehrere Karten empfehlenswert.

Ob Sie sie mit Hand schreiben oder am Computer ausdrucken, überlasse ich Ihnen. Auf der Bühne müssen Sie mit einem Blick das Wesentliche erfassen können. Eine gut lesbare Schrift, mindestens in einer Größe von 16 Punkt mit einem Abstand von anderthalb Zeilen, hilft dabei. Die Übergänge zwischen den Moderationskarten sollten so gestaltet sein, dass Sie nicht mitten in einem Gedanken die nächste zur Hand nehmen müssen. Das kann umständlich wirken, wenn Sie zusätzlich ein Mikrofon in der Hand halten. Zudem sollten Sie die Karten auf jeden Fall nummerieren. Bei aller Flexibilität: Wenn Sie auf der Bühne anfangen, Karten zu suchen wie ein Zauberkünstler, haben Ihre Zuschauer etwas zu lachen.

Im Fernsehen ist es üblich, dass die Moderationskarten das Sendungslogo auf der für das Publikum sichtbaren Seite zeigen. Ich habe das für die Bühne übernommen und bedrucke meine Moderationskarten mit dem Logo der Veranstaltung oder des Unternehmens. Besonders hochwertig lässt sich das mit Fotodruckern machen. Für 50 Cent bekommen Sie in etlichen entsprechenden Geschäften bereits einen tollen Fotodruck in der richtigen Größe. Diese Fotos kleben Sie dann auf die Rückseite Ihrer beschriebenen Karten. Sollte sich kein Logo auftreiben lassen, können Sie genauso gut mit einer Blankorückseite moderieren. Allerdings sollte die nicht reinweiß sein, sondern sich farblich an Ihre Kleidung anpassen. Weiß reflektiert im Bühnenlicht und zieht den Blick der Zuschauer auf die Karte. In Schreibwarenläden gibt es Fotokartons in allen erdenklichen Farben.

Abschließend noch der Rat: Verabschieden Sie sich auf der Bühne vom Perfektionismus. Unabhängig vom Format läuft bei 99,99 Prozent aller Veranstaltungen etwas anders als geplant. Betrachten Sie Ihre Moderationskarten als kleine Helfer, die Ihnen zuflüstern, was Sie nicht im Kopf haben und woran Sie denken wollten. Gestalten Sie Ihre Karten so, dass Sie sich damit wohlfühlen. Aber bewahren Sie sich die Freiheit, sie beiseitezulegen und völlig frei zu moderieren.

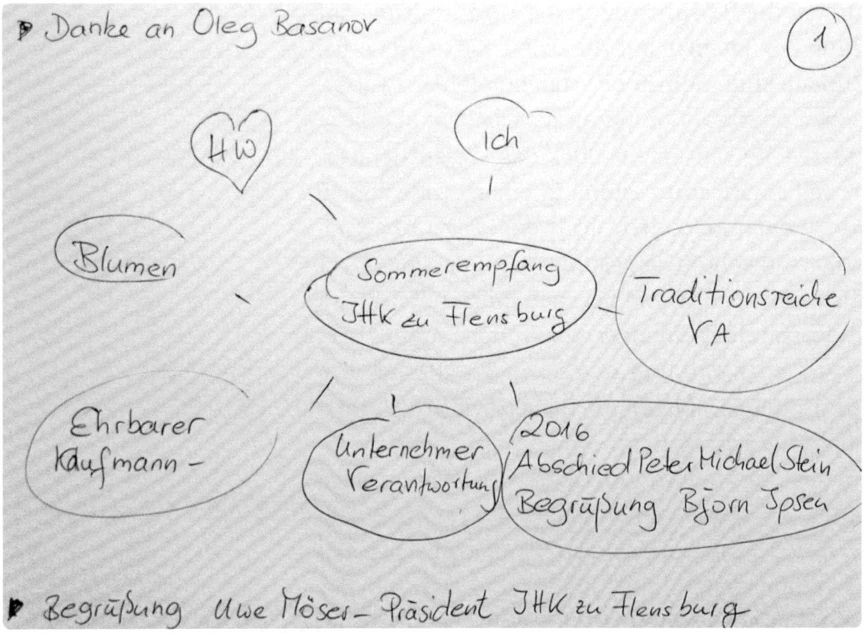

Moderationskarte mit der Sterntechnik

Begrüßung - Night of Innovations (1)

1) Christian Wulf - Ministerpräsident Niedersachsen

2) Thomas Rachel – Parlamentarischer Staatssekretär im Bundesministerium für Bildung und Forschung
3) Dr. Werner Schnappauf – Hauptgeschäftsführer BDI → später

Abenteuer Innovation

Innovationen – Brennstoff, Energie für die Wirtschaft

Energie – Schwerpunktthema der Messe -
Dr. von Fritsch - Vorstandsvorsitzender Deutsche Messe

NOI im Zeichen des Wissenschaftsjahres „Die Zukunft der Energie“

Energie – etwas Selbstverständliches

Zentrale Frage für die Zukunft der Menschheit

Interessante Aus – und Einblicke bei der Diskussion

> Anmod Christian Wulf

Moderationskarte mit der Stichwortmethode

Übung macht den Meister

Proben Sie Inhalt, Strukturen und Übergänge. Nur was Sie verinnerlicht haben, können Sie souverän und wirkungsvoll äußern. Die Probe zu Hause ersetzt nicht die endgültige Bühnenprobe, aber sie sorgt dafür, dass Sie Geschichten flüssig erzählen, Namen korrekt aussprechen und alles Wichtige in Ihrem Gedächtnis ist.

Allerdings sollten Sie es mit dem Üben nicht übertreiben. Wer 20-mal eine Moderation probt, lernt sie früher oder später auswendig und kann dann später nicht frei und situativ agieren. Ich rate Ihnen, nur so lange zu proben, bis Sie die wesentlichen Informationen und Strukturen verinnerlicht haben. Viermal sollte dafür ausreichen, am besten auf zwei Tage vor der Veranstaltung verteilt. Wenn Sie mit dem Sternsystem arbeiten, können Sie bei jeder Probe die Reihenfolge der Inhalte ändern. Das macht Sie flexibel im Kopf.

Eine weitere großartige Möglichkeit besser zu werden, sind Probepartner. Suchen Sie sich jemanden aus Ihrem Umfeld, der Ihnen wohlgesonnen ist, aber dennoch ehrliches und konstruktives Feedback gibt. Mit der folgenden Checkliste lässt sich die Qualität einer Moderation überprüfen.

Checkliste zur Qualität einer Moderation

- Hat die Moderation ihr Ziel erreicht?
- Sind Kernbotschaften enthalten?
- Ist die Moderation persönlich?
- Bezieht die Moderation das Publikum ein?
- Ist die Moderation verständlich durch Beispiele und Geschichten?
- Kommt sie auf den Punkt?
- Hat die Moderation einen roten Faden?
- Sorgt sie für Abwechslung durch unterschiedliche Anmoderationsformen?
- Aktiviert sie das Publikum zum gegebenen Zeitpunkt?

Doppelmoderation – als Paar doppelt gut

Es kann sehr charmant sein, wenn zwei Moderatoren gemeinsam durchs Programm führen. Das eine Mal werden zwei Kollegen aus unterschiedlichen Abteilungen damit betraut, das andere Mal stellt ein Veranstalter einer unternehmensinternen Moderatorin einen Externen zur Seite. So oder so sind Wortwechsel und Wortspiele von zwei Moderatoren für die Zuschauer interessanter als von nur einem. Sie sehen zwei Persönlichkeiten, die für bestimmte Werte, Motive und Vorstellungen stehen und hören zwei Stimmen. Durch echte Dialoge kommt eine zusätzliche Ebene in Moderation. Das Hin und Her sorgt für Abwechslung und Aufmerksamkeit, ganz besonders wenn ein Mann und eine Frau moderieren.

Eine Doppelmoderation sollte nicht Selbstzweck sein nach dem Motto: Wir stellen da mal zwei Leute hin, weil es besser aussieht. Der Sinn einer Doppelmoderation besteht darin, dass die Aufgaben verteilt werden. Wie im Tennis gibt es Regeln und Abläufe, damit aus dem Doppel ein echter Gewinn entsteht.

Rollenverteilung

Bei einer Doppelmoderation sind Sie ein Paar auf Zeit – ein bisschen wie im echten Leben. Es muss zwischen Ihnen gut laufen, die Wellenlänge sollte daher stimmen. In einer privaten Partnerschaft ist es in der Regel so, dass die Rollen klar und die Aufgaben entsprechend verteilt sind. Ganz so sollte es auch auf der Bühne sein.

Allerdings haben Sie sich Ihren Bühnenpartner wahrscheinlich nicht ausgesucht oder kennen ihn nicht einmal. Deshalb sollten Sie sich auf jeden Fall die Mühe machen, sich vor einer Doppelmoderation gegenseitig kennenzulernen. Bevor Sie über Inhalte reden, klären Sie erst einmal ab, wie Sie sind und was Sie vom anderen unterscheidet. Von Vorteil ist es, wenn beide Moderatoren ein bisschen gegensätzlich sind: wie Feuer und Eis, emotional und rational. Je unterschiedlicher die Charaktere sind, umso leichter lassen sich die Rollen verteilen. Die Dialoge ergeben sich dann ganz von selbst.

Eine Doppelmoderation hat zwei gleichberechtigte Partner. Ein Sidekick, wie er bei manchen Fernsehshows zu sehen war – zum Beispiel Palina Rojinski in »Circus HalliGalli« oder Manuel Andrack in der »Harald Schmidt Show« – ist lediglich eine Nebenrolle des Hauptmoderators. Michelle Hunzinger war bei »Wetten dass…« ebenfalls nur die Assistenz von Thomas Gottschalk und keine vollwertige Moderationspartnerin.

Achten Sie daher unbedingt darauf, dass Sie beide auf Augenhöhe moderieren. Insbesondere bei sehr unterschiedlichen Partnern kann es sonst passieren, dass einer von beiden untergeht. Das ist für beide Moderatoren unvorteilhaft.

Regeln fürs Doppel

Wichtig ist, dass beide etwa gleich viel sprechen. Wenn einer die ganze Zeit redet und der andere nur zuhört, gerät die Partnerschaft aus dem Gleichgewicht. Fallen Sie sich nicht gegenseitig ins Wort oder widersprechen Sie sich nicht. Eine Doppelmoderation sollte kein Wettkampf sein. Mein Kollege Ernst-Marcus Thomas warnt: »Man sollte sich davor hüten, der Bessere sein zu wollen. Wer auf der Bühne um den Wortanteil feilscht und dem anderen keinen Raum gibt, wird am Ende schlecht dastehen.«

Für die Gäste wird eine Doppelmoderation nur dann angenehm, wenn beide Moderatoren harmonieren und der eine den anderen ausreden lässt. Michael Rossié meint: »Ein Moderator, der zum richtigen Zeitpunkt auch mal schweigen kann, ist ein guter Moderator« (Rossié 2004, S. 156). Lediglich wenn Sie merken, dass Ihr Partner nicht weiterweiß oder einen Fehler macht, springen Sie ein und helfen ihm.

Auch durch die Körpersprache und die Bewegung im Raum bringen Sie zum Ausdruck, dass Sie und Ihr Moderationspartner ein Team sind. Allerdings sollten Sie nicht nebeneinander frontal vor Ihrem Publikum stehen, sondern immer etwas dem Partner zugewandt. Das hat den Vorteil, dass Sie sich gegenseitig im Blick haben und gut aufeinander reagieren können. Bei einem direkten Dialog muss diese Zugewandtheit noch deutlicher zu sehen sein, ohne die Zuschauer dabei auszuschließen.

Ich empfehle Ihnen, eine Doppelmoderation zu proben – wenigstens den Anfang, denn er ist das Schwierigste. So lernen Sie sich kennen, gewöhnen sich aneinander und bekommen ein Gefühl davon, wie der andere so tickt.

Die Performance eines Moderatorenduos hängt im Wesentlichen davon ab, wie gut es sich die Bälle zuspielt. Das Hin und Her der Wortbeiträge sollte leicht und elegant wirken, als würden sich die beiden sehr gut kennen und genau wissen, was jetzt in der Situation vom anderen kommt.

Im Grunde genommen ist Doppelmoderation einfach. Vorausgesetzt Sie verstehen sich. Wie in einer privaten Partnerschaft haben Sie jemanden an der Seite, dem Sie vertrauen können und auf den Sie sich verlassen können. Sie können sich gegenseitig helfen, anregen und ganz viel Spaß auf der Bühne haben.

Die Körpersprache unterstreicht, dass beide Moderatoren ein Team sind

Vorbereitung der Doppelmoderation

Wenn Sie zu Hause gemeinsam mit Ihrem Partner Gäste empfangen, wissen Sie genau, wie Sie das als Paar machen. Der eine schenkt den Sekt aus, der andere unterhält in der Zwischenzeit die Gäste. Genauso ist es auf der Bühne. Verteilen Sie die Aufgaben. Die beiden zentralen Fragen lauten:

- Wer macht was?
- Wer erzählt was?

Wie bei der normalen Moderationsvorbereitung schreiben Sie keine ausformulierten Texte, sondern legen lediglich die Inhalte fest. Diese Abstimmung sollte gemeinsam erfolgen. Setzen Sie sich zusammen und überlegen Sie gut, wer welchen Part übernimmt. Die Begrüßung und die Verabschiedung machen Sie immer gemeinsam. Das heißt: Sie moderieren den gesamten Block abwechselnd. Charmant wirkt es, wenn der eine den anderen vorstellt. Die Dame wird zuerst genannt. Die Inhalte der Begrüßungsmoderation teilen Sie sich nach einzelnen Sinnschritten auf. Später, bei kürzeren Anmoderationen teilen Sie sich die einzelnen Programmpunkte oder wechseln sich innerhalb einer Moderation ab. Das geht, indem der eine das Thema mit einer Geschichte einführt und der andere die Ankündigung des Referenten übernimmt. Diese Aufteilung sollten Sie im Vorfeld festlegen und sich auf der Bühne genau daranhalten. Es empfiehlt sich, auf der Moderationskarte immer den Teil des anderen mit zu notieren. Im Zweifel weiß einer von beiden immer, wie es weitergeht.

Notizen für die Begrüßungsmoderation

Ich: Herzlich Willkommen
Er: Vorstellung Nicole
Ich: Vorstellung Ralf
Er: Deutscher Pferdezuchtpreis 2017
  10. Mal
  aus ganz Deutschland
  500 Spitzenpferde aller Rassen
Ich: 10 Kategorien
  Fachjury: Experten, Züchter, Spitzensportler
  geheime Wahl

Er: Ablauf Präsentation der Gewinner
Ich: Künstler des Abends
Er: Anmoderation Gastgeber
Maxi Müller – Vorsitzende des Pferdezuchtvereins«

Doppelte Sicht aufs Thema

Eine Doppelmoderation ist auch eine großartige Möglichkeit, Pro und Kontra eines Themas zu beleuchten – sofern das authentisch möglich ist. Bei einer Anmoderation könnte ein Partner seine Sicht auf die Dinge darstellen, der andere übernimmt den Gegenpart. Gerade bei Themen, die im Publikum sehr kontrovers diskutiert werden, holen Sie damit alle Zuschauer ab. Dabei können die Moderatoren von sich erzählen und in einen direkten Dialog eintreten. Erst in der Überleitung zum Programmpunkt wenden Sie sich wieder ans Publikum.

Direkter Dialog in der Doppelmoderation

Er: »Also, Essen ist für mich ein Riesenthema.«
Sie: »Seit wann?«
Er: »Eigentlich schon seit meinem Studium. Ich hatte das schlechte Mensaessen einfach satt. Da habe ich beschlossen, ich koche jetzt selbst. Irgendwann habe ich angefangen, vegan zu essen. Das ist super. Ich kaufe alles frisch und koche tolle Sachen. Und weißt du was? Mir geht es viel besser. Ich habe auch das Gefühl, ich bin gesünder und fitter.«
Sie: »Vegan – das wäre nichts für mich. Ich brauche mein Steak. Wenigstens zweimal die Woche Fleisch. Und was ist schon dagegen zu sagen, wenn ich mittags mal Fast Food esse. Dieses ganze Theater um die Ernährung lässt mich irgendwie kalt. Mir geht es doch auch gut. Ich mache Sport. Wer sich genug bewegt, kann essen, was er will. Ich fühle mich gesund und fit.«
Er (ans Publikum): »Was ist nun besser? Welche Rolle spielt überhaupt Ernährung für die Gesundheit?«
Sie (ans Publikum): »Das hören Sie jetzt von einem Experten, der seit 20 Jahren zu dem Thema forscht. Er ist Ernährungswissenschaftler, hat etliche Bücher dazu geschrieben und coacht Spitzensportler in Sachen gesunde Ernährung. Wir begrüßen ganz herzlich: Benno Bananenbrei.«

Podiumsdiskussionen zu zweit

Auch Podiumsdiskussionen lassen sich sehr gut zu zweit moderieren. Hier können die Rollen im Sinne von softem Frager und kritischem Frager aufgeteilt werden. Durch den Wechsel bleibt die Diskussion lebendig und das Gesprächsklima ausgeglichen. Sie können sich entweder die Themenkomplexe oder die Fragen aufteilen – je nachdem, wie es Ihnen lieber ist. In der Fernsehsendung NDR Talk Show, bei der prominente Persönlichkeiten zu Gast sind, haben sich die Gastgeber Barbara Schöneberger und Hubertus Meyer-Burckhardt die Gäste aufgeteilt. Sie befragen die Personen abwechselnd nacheinander. Wobei sich zudem ein Gespräch unter den Gästen entwickeln darf und der andere Moderator nachfragen kann.

Egal, welche Form der Aufteilung Sie wählen, sie sollte nicht festzementiert sein. Wenn einer meint, noch etwas von einem Gast wissen zu wollen, dann darf er natürlich fragen. Das Gleiche gilt, wenn Sie merken, dass die Diskussion aus dem Ruder läuft oder am Thema vorbeigeht. Dann sollte der andere einspringen und gegensteuern können.

Doppelmoderation erfordert hohe Flexibilität. In einer Diskussionsrunde kommt es vor, dass ein Gesprächsgast Dinge vorwegnimmt, die eigentlich der andere Moderator später fragen wollte. Hier braucht es Improvisationstalent und ein Gespür dafür, wie man als Team mit den Fragen im dramaturgischen Fluss bleibt. Dabei hilft es, wenn die Moderatoren immer wieder Blickkontakt haben. Denken Sie daran: Sie haben ein gemeinsames Ziel, das erreichen Sie nur, wenn Sie miteinander und partnerschaftlich agieren.

Checkliste Doppelmoderation

- Eine Doppelmoderation ist eine Partnerschaft auf Augenhöhe.
- Lernen Sie Ihren Moderationspartner kennen.
- Klären Sie, wer welche Rolle hat. Verteilen Sie Aufgaben entsprechend der Rollen.
- Teilen Sie die Inhalte auf und halten Sie sich daran. Achten Sie dabei auf einen ausgewogenen Redeanteil.
- Proben Sie schwierige Passagen.
- Fallen Sie sich nicht ins Wort.
- Hüten Sie sich davor, der Bessere sein zu wollen.
- Verhalten Sie sich partnerschaftlich. Vertrauen, helfen und unterstützen Sie sich gegenseitig.

Kleidung, Haare und Make-up – der Dresscode für den Auftritt

Das richtige Outfit für einen Auftritt auszusuchen, ist für viele so aufregend wie die Kleiderwahl fürs erste Date. Und das zu Recht. Mit der Kleidung zeigen Sie, wer Sie sind und was Sie sein wollen. Sie geben sich ein Image: Sind Sie ein lässiger Typ oder doch eher stylish? Zeigen Sie sich gern elegant oder lieber sportlich? Mit Kleidung können Sie eine starke Wirkung erzielen. Sie kann Ihre Kompetenz und Vertrauenswürdigkeit unterstreichen oder auch ein Statement sein: Erinnern Sie sich noch an den grünen Minister, der sich in Turnschuhen vereidigen ließ?

Kleider machen Leute. Es gibt zahlreiche Studien, die belegen, dass Menschen nach ihrem Äußeren beurteilt werden. Gute angezogene Schüler gelten bei Lehrern als intelligenter als schlecht gekleidete. Kunden kaufen lieber bei gut gekleideten Verkäufern. Frauen im Job wird im klassischen Business-Outfit mehr Kompetenz zugesprochen, als wenn sie sich sexy kleiden (Glick 2005, in Psychology of Women Quarterly, 12/2005; S. 389–395). Wer in der Öffentlichkeit auftritt, muss damit leben, dass statt der fachlichen Kompetenz mitunter seine Kleidung diskutiert wird. Ein Moderator des ZDF Morgenmagazins erlebte das, als er in einer Sendung ein olivfarbenes Hemd trug, das im Fernsehbild braun wirkte. Die Zuschauer deuteten diese Farbe politisch und beschwerten sich daraufhin so heftig, dass das ZDF sich öffentlich für diesen entstandenen Eindruck entschuldigte. Beim Fernsehen kommen solche Aufreger öfter vor. Und das, obwohl große TV-Sender Berater und Stylisten beschäftigen, die die Moderatoren passend zur Sendung einkleiden.

Die richtige Wahl treffen

Als Veranstaltungsmoderator stehen Sie allein vor Ihrem Kleiderschrank. Wie treffen Sie die richtige Wahl? Eines vorweg: Es gibt nicht den perfekten Outfit-Tipp für die Bühne. Wie jemand gekleidet ist, hängt von seiner Persönlichkeit, den Lebensumständen und von der Mode ab. Allerdings gibt es gewisse Regeln, die ich Ihnen ans Herz legen möchte.

Der wichtigste Ratschlag lautet: Tragen Sie Kleidung, die zu Ihnen passt und in der Sie sich wohlfühlen. Sicher haben Sie Kleidungsstile für unterschiedliche Anlässe im Schrank: für die Freizeit, für das Büro, zum Ausgehen und so weiter. Greifen Sie zu dem Outfit, das Ihnen für Ihre Veranstaltung angemessen erscheint, das zum Image des Kunden, zum Anlass und zu den Erwartungen der Gäste passt. Und bleiben Sie dabei authentisch. Damit meine ich: Kleiden Sie sich stilvoll, aber verkleiden Sie sich nicht. Gelegentlich treffe ich auf der Bühne Menschen, denen man direkt ansieht, dass sie normalerweise keine Business-Outfits tragen.

Im Briefing haben Sie den Dresscode der Veranstaltung bereits abgefragt oder mit den Kollegen geklärt. Im Zweifel moderieren Sie lieber overdressed statt underdressed. Stellen Sie sich vor, die Zuschauer kommen im feinen Zwirn und Sie stehen in Jeans und Chucks auf der Bühne. Die meisten Menschen fühlen sich in so einem Fall wahrscheinlich unwohl. Falls es doch lockerer zugeht, als sie vermutet haben, können Sie einen Blazer oder ein Jacket schnell ablegen. Achten Sie für diesen Fall darauf, dass das, was Sie darunter tragen, salonfähig ist.

So nicht! Das Outfit muss zum Anlass passen

Kleine Stilkunde für die Bühne

Business-Kleidung, Smart Casual oder Abend-Outfit – Hinweise zur Kleiderordnung sind nicht immer verständlich, insbesondere wenn der englische Ausdruck dafür verwendet wird. Die wichtigsten Dresscodes für die Bühne habe ich für Sie in der folgenden Übersicht zusammengefasst:

■ Dresscode	■ Was ziehen Damen an?	■ Was ziehen Herren an?
Casual Freizeitkleidung	Jeans und T-Shirt Sommerkleid Bluse zur Chino	Jeans und T-Shirt/Polo-Shirt Hemd und Baumwollhose
Smart Casual gehobene Freizeitkleidung	Hose/Rock mit Blazer Hose/Rock mit Strickjacke Hose/Rock mit Bluse	Männer greifen zur dunklen Jeans mit Hemd und Sakko oder zum Hemd mit heller Baumwollhose.
Business Casual entspannter Business-Look.	Hosenanzug Kombination Kostüm Darunter Top oder elegantes Shirt	Anzug mit Hemd
Business formelle Geschäftskleidung	Kostüm mit Bluse Hosenanzug mit Bluse Etuikleid mit Blazer Rocklänge: Knie müssen bedeckt sein	Anzug mit Hemd und Krawatte
Black Tie festliche Abendkleidung	langes Abendkleid eleganter Schmuck (keine Armbanduhr)	Smoking, Fliege, weißes Hemd

Im Moderatorenalltag gibt es viele Abweichungen von diesen Normen. Bei einem Sportevent können Sie gut und gern in Sportkleidung oder casual mit Turnschuhen auftreten. Bei einer moderierten Führung durch eine Werkhalle tragen Sie vielleicht über einem Anzug einen Kittel und entsprechende Schuhe. Eine Outdoor-Veranstaltung bei 35 Grad im Schatten stellt trotz des

Dresscodes andere Ansprüche an die Kleidung als eine Grundsteinlegung im Winter. Entscheiden Sie immer mit dem gesunden Menschenverstand, was gerade passend für Ihre Veranstaltung ist.

Als Moderator brauchen Sie in Business-Veranstaltungen nicht zu den üblichen Farben wie Dunkelbraun, Dunkelblau und Anthrazit greifen. Wenn Sie Farbe mögen, nur zu: Tragen Sie Farben. Mit Mustern sollten Sie allerdings zurückhaltend sein. Sie wirken schnell unruhig und schreien geradezu nach Aufmerksamkeit. Bei der Auswahl der Farbe muss zudem berücksichtigt werden, welche Farbe die Bühne und der Bühnenhintergrund haben. Ich habe schon erlebt, dass eine Moderatorin im schwarzen Anzug auf einer schwarzen Bühne vor schwarzem Hintergrund moderierte. Zu sehen war nicht viel von ihr.

Das Outfit sollte bequem sein, schließlich wollen Sie sich darin eine ganze Veranstaltung lang entspannt bewegen und sprechen. Kleider und Röcke sollten die Knie bedecken. Insbesondere, wenn Sie auf der Bühne sitzen, zum Beispiel bei Podiumsdiskussionen, bietet die erhöhte Position freien Blick aufs Bein. Wenn eine Moderatorin ständig an ihrem zu kurzen Rock zupft, wirkt das wenig souverän.

Ihre Garderobe sollte perfekt sitzen. Zu weite Jacken sehen aus wie ein Sack, zu enge Kleidung wie eine Presswurst. Wenn Ihnen eine Konfektionsgröße nicht perfekt passt, kaufen Sie lieber eine Nummer größer und lassen den Anzug oder das Kostüm vom Maßschneider optimal auf Ihre Körperform anpassen.

Noch ein wichtiger Tipp: Haben Sie immer ein zweites, komplettes (!) Outfit im Koffer.

Schokolade auf der Hose

Eine lehrreiche Geschichte erzählte mir dazu ein Moderatorenkollege. Er war für eine festliche Abendveranstaltung engagiert, zu der er einen cremeweißen Bühnenanzug trug. Kurz vor seinem Auftritt ging er auf sein Hotelzimmer zurück, um sich noch ein wenig auszuruhen. Er legte sich für ein paar Minuten aufs Bett. Später, auf dem Weg zur Bühne checkte er noch einmal schnell im Spiegel sein Outfit. Da sah er das Malheur. Das obligatorische Schokotäfelchen auf dem Hotelbett hatte sich verflüssigt und war just an der ungünstigen aller Stellen in die Hose geschmolzen. Da er kein Ersatz-Outfit dabei hatte, blieb ihm nichts anderes übrig als in diesem Anzug zu moderieren. Das Missgeschick musste er natürlich in der Moderation erwähnen, um Spekulationen vorzubeugen. Für Lacher sorgte er damit allemal.

Schuhe und Socken

Zum Outfit gehören natürlich auch die passenden Schuhe. Ich möchte Ihnen keinen Schuhtick einreden, aber ich empfehle Ihnen, als Gastgeber auf der Bühne mit Ihren Schuhen penibel zu sein. Aus einem einfachen Grund: Die Bühne ist in der Regel leicht erhöht. Dadurch fallen Schuhe mehr ins Auge als im Alltag. Angefressene Schuhspitzen, schmutziges Leder und abgelaufene Sohlen sehen ungepflegt aus. Viele elegante Damenschuhe haben Ledersohlen und sind sehr empfindlich, wenn man mit ihnen nur einmal über die Straße läuft. Deshalb besitze ich Schuhe, die ich ausschließlich bei Auftritten trage. Achten Sie, genau wie bei der Kleidung, auf gute Verarbeitung. Es müssen keineswegs die teuersten Produkte sein, günstige Alternativen sind oft ebenfalls sehr gut verarbeitet.

Es dürfte sich bereits herumgesprochen haben, dass haarige Männerbeine in zu kurzen Socken nicht sexy aussehen. Herren sollten Strümpfe tragen, die bis unters Knie reichen – und zwar in dunklen Farben! Auch Damen sollten keinesfalls auf Seidenstrümpfe verzichten – außer Sie moderieren zufällig in den Tropen bei 30 Grad im Schatten. Damenstrümpfe sollten nicht zu sehr glänzen, da das Bühnenlicht darauf reflektiert.

Accessoires

Die Deutschlandkette von Angela Merkel

Beim TV Duell zur Bundestagswahl 2013 trug Bundeskanzlerin Angela Merkel eine Halskette, die es zu ungewöhnlicher Popularität schaffte. Das Schmuckstück aus schwarzen, goldfarbenen, roten sowie farblosen Elementen wurde von Politikbeobachtern und Journalisten als Zeichen des Patriotismus gewertet. Auch Tage danach sorgte die »Deutschlandkette« noch für Diskussionsstoff. Sogar internationale Medien und andere Politiker griffen das Thema auf. Der Schmuckdesigner aus Idar-Oberstein konnte sich vor Anfragen nicht retten.

Es ist unwahrscheinlich, dass Sie als Veranstaltungsmoderatorin mit einem Accessoire solchen Wirbel machen, dennoch sollten Sie darauf achten, womit Sie sich schmücken. Für den Alltag gilt die Empfehlung, nicht mehr als fünf Accessoires zu kombinieren. Auf der Bühne haben Sie zusätzlich noch ein Mikrofon in der Hand oder am Kopf. Deshalb empfehle ich Ihnen maximal vier Teile. Ob das eine Kette, ein Ring, Ohrringe oder eine Uhr ist, bleibt Ihrem Stil überlassen. Bei Armreifen, Armbändern und großen Ringen ist darauf zu achten, dass sie nicht am Handmikrofon klappern. Hinderlich sind lange Ketten und große Ohrringe, weil sie sich im Headset-Mikrofon verfangen können. Zudem lenkt baumelnder Ohrschmuck, wie alle großen Schmuckstücke, den Zuschauerblick ab. Dezente Ohrstecker hingegen fallen vorteilhaft auf. Sonnenbrillen, Piercings und Tattoos gehen gar nicht – außer Sie moderieren eine Tattoo-Convention, die es übrigens tatsächlich gibt.

Die Brille sollte entspiegelt und die Gläser immer sauber sein. Randlose Gestelle fallen weniger auf als dicke Hornbrillen. Manschettenknöpfe wirken sehr elegant. Sie müssen nicht mit der Armbanduhr abgestimmt sein. Aber aufgepasst: Sie können als Statussymbol interpretiert werden – genauso wie große und luxuriöse Uhren. Krawatten sollten farblich zu einem anderen Kleidungsstück passen. Das Gleiche gilt für kleine Seidenhalstücher bei Damen. Achten Sie darauf, dass beides gut gebunden ist. Große Tücher, Schals und Handtaschen haben nichts auf der Bühne zu suchen.

Mit Accessoires unterstreichen Sie Ihren persönlichen Stil und Ihre Wirkung. Setzen Sie sie dezent ein und schauen Sie, dass Sie als Persönlichkeit in Erinnerung bleiben und nicht durch Ihre Schmuckstücke.

Haare und Make-up

Kennen Sie noch den alten Haarspray-Werbespot: Berlin, Windstärke fünf, das Haar sitzt …? So herrlich einfach wie in der Werbung ist es im Bühnenalltag leider nicht. Als Gastgeber möchten Sie den ganzen Tag oder Abend frisch aussehen. Frisur und Make-up müssen halten. Das gelingt nur mit frisch gewaschenen und frisierten Haaren. Haarspray unterstützt aber tatsächlich den Halt und bändigt fusselige Haare. Das Gesicht sollte nicht von Haaren bedeckt sein, denn die Zuschauer möchten Ihre Mimik sehen. Lange Haare sollten zusammengebunden getragen werden. Vor allem bei festlichen Veranstaltungen bietet sich eine Hochsteckfrisur an.

Auch wenn Sie sich im Alltag möglicherweise nicht schminken, rate ich Ihnen für Ihren Auftritt Make-up aufzutragen. Bühnenscheinwerfer und Videoübertragung können gnadenlos sein. Das grelle Licht lässt jeden Schönheitsmakel sofort sichtbar werden: Aus attraktiven Menschen werden blasse Gestalten mit fleckiger Haut und glänzender Stirn. Ein gutes Make-up kann das ausgleichen und Sie auch im Bühnenlicht attraktiv aussehen lassen. Sie dürfen mehr Farbe auftragen als im Alltag. Im Licht wirkt dies wieder ganz natürlich.

Lampenfieber und Scheinwerferlicht treiben manchen Menschen ein wenig Schweiß ins Gesicht. Mit Puder und Quaste lässt sich glänzende Haut mattieren – übrigens für die Herren ebenfalls ein Muss. Wenn ich das in meinen Seminaren empfehle, schauen mich Männer gelegentlich entsetzt an. Anders als bei Damen soll Schminke bei ihnen nicht Farbe auftragen, sondern unterstützen und verschönern, ohne dass man das Make-up öffentlich sieht. Ein wenig Transparentpuder reicht schon, um die glänzende Stirn oder Glatze zu mattieren. Für viele Politiker sind solche Verschönerungsmaßnahmen völlig normal, wenn sie sich vor eine Kamera oder auf eine öffentliche Bühne begeben. Denn sie wissen sehr genau, wie wichtig die Optik ist.

Wenn Sie unsicher sind, wie Sie sich speziell für die Bühne zurecht machen können, welche Produkte zu Ihnen passen oder wie Sie sie anwenden, investieren Sie in einen Termin beim Friseur oder beim Visagisten.

Besonderheiten bei Videoübertragung

Apropos Fernsehen – bei vielen Veranstaltungen übertragen Kameras das Livebild von der Bühne auf Leinwände oder große Bildschirme, sodass die Zuschauer in den hinteren Reihen alles gut sehen können. Manchmal wird das Video aufgezeichnet, um das Material später für einen Film zu verwenden. Damit Sie auf dem Kamerabild gut aussehen, gibt es zusätzlich ein paar Dinge zu beachten:

- Verzichten Sie auf Anzüge, Blazer oder Kostüme in den Farben schwarz oder weiß. Schwarz geht unter, Weiß überstrahlt im Bühnenlicht.
- Auch wenn kleine Muster gerade en vogue sind: Vor der Kamera bewirken sie den Moiréeffekt, der das Bild flimmern lässt.
- Ebenso schwierig für die Kameratechnik ist Signalrot, weil es die Konturen verschwimmen lässt.
- Leinenstoffe wirken durch ihren Knitterlook auf Bildern und im Video sehr unordentlich. Greifen Sie lieber zu einer leichten Schurwolle. Die

knittert nicht und hat in ihren unterschiedlichen Qualitäten sowohl im Sommer als auch im Winter einen hohen Tragekomfort.

- Tragen Sie keinen auffälligen Schmuck und lange Ohrringe, da die Kamera durch den Bildausschnitt Details vergrößert.

Handtaschen gehören nicht mit auf die Bühne

TEIL 3

Gastgeber sein: von der Moderationsprobe bis zum Applaus

Der Tag, an dem Ihre Gäste kommen

Ein Veranstaltungssaal, irgendwo in Deutschland

Gedämpftes Licht im Saal. Leise spielt Klaviermusik. Elegant gekleidete Menschen stehen im Foyer, reden miteinander, trinken Sekt. Die ersten Gäste schlendern zu ihren Sitzplätzen. Ein Mann im Anzug rückt sich die Krawatte zurecht und setzt sich an einen reservierten Tisch in vorderster Reihe. Langsam füllt sich der Saal. Die Bühne, dreißig auf acht Meter groß, liegt noch im Dunkeln. Nur ein paar rote und blaue Spots geben der Leinwand Kontur. Gleich, in wenigen Minuten, beginnt hier die große Show – eine Gala zum 50. Jubiläum der Firma Müller-Meier-Schmidt. Es ist Ihre Show …

Im letzten Teil dieses Buches begleite ich Sie durch eine Veranstaltung und ich gebe Ihnen Tipps, wie Sie das Wissen aus der Vorbereitung erfolgreich auf die Bühne bringen. Ich probe mit Ihnen, wir gehen gemeinsam mit dem Veranstalter im Last-Minute-Briefing den Ablauf durch. Ich stehe mit Ihnen hinter der Bühne und gebe Ihnen die Formel für einen starken Auftritt. Ich flüstere Ihnen ins Ohr, wie Sie in schwierigen Situationen reagieren können, und helfe Ihnen, während der Show den Überblick zu behalten bis zu dem Moment, an dem Sie Ihren verdienten Applaus bekommen. Ich habe Ihre Veranstaltung so konzipiert, wie sie in Wirklichkeit ablaufen könnte – mit allem, was dazu gehört und geschehen kann.

Sie werden gar keine Gala moderieren? Das macht nichts. Die Systematik und die Regeln lassen sich ohne Weiteres auf andere Formate wie Tagungen, Strategiemeetings, Jahresfeiern, Betriebsversammlungen, Fachkongresse, Podiumsdiskussionen, Infotage, Barcamps, Pressekonferenzen, Symposien, Messen, Fachforen und vieles andere mehr übertragen. Wir starten genau in dem Moment, an dem Ihr Einsatz beginnt.

Das Last-Minute-Briefing vor dem Auftritt

Veranstaltungssaal, 16 Uhr, zwei Stunden vor Veranstaltungsbeginn

Servicepersonal wuselt durch den hell beleuchteten Saal, Getränkeflaschen werden gebracht, die Tische eingedeckt, Servietten schön gefaltet. Junge Männer in schwarzen T-Shirts schieben Technikkoffer über die Bühne, kleben Kabel auf dem Boden fest. An der Regie wird eine Präsentation aufgespielt, die Veranstalterin und ein Techniker diskutieren. Von den Gästen ist weit und breit noch nichts zu sehen. In diesem Augenblick betreten Sie die Szene.

Spätestens zwei Stunden vor Ihrem Auftritt treffen Sie sich mit dem Veranstalter zum Last-Minute-Briefing. Bei diesem Meeting besprechen Sie den endgültigen Ablauf der Veranstaltung. Sofern Sie selbst Veranstalter sind, machen Sie dies mit Ihrem Team. Es kommt immer vor, dass ein Redner erkrankt ist und durch einen anderen ersetzt wird. Dass der Vorstand statt einer halben Stunde Präsentation lieber nur zehn Minuten vortragen und anschließend ein kurzes Interview mit Ihnen machen möchte. Diese Dinge müssen Sie als Gastgeber wissen, damit Sie sie richtig ankündigen. Bei professionell organisierten Veranstaltungen wird man Ihnen einen aktualisierten Regieplan mit dem letzten Stand der Informationen zur Verfügung stellen. Im Last-Minute-Briefing gehen Sie diesen Plan chronologisch Punkt für Punkt durch und notieren sich eventuelle Änderungen. Auch die Filmeinspieler schauen Sie sich bei dieser Gelegenheit auf der großen Leinwand an.

Der Zeitpunkt ist gekommen, an dem Sie Ihre Rolle als Gastgeber einnehmen. Falls die auftretenden Personen schon da sind, ist es gut, sich jetzt kennenzulernen. Auch empfiehlt es sich, kurz die Anmoderationen auf Richtigkeit zu überprüfen. Die großen Geschichten haben Sie hoffentlich vorab beim Briefing zum Moderationskonzept geklärt. Mit einer geschlossenen Frage wie: »Passt das so für Sie?« vermeiden Sie Endlosdiskussionen, was Sie noch alles in der Moderation erzählen könnten.

Einem nervösen Redner erklären Sie, wie die Ankündigung abläuft. Geben Sie ihm Vertrauen, indem Sie anbieten, den Bühnenaufgang in der gleich kommenden Probe mit ihm zu üben. Sie wissen: Sie sind verantwortlich, dass sich die Menschen bei Ihnen wohlfühlen. Den Teilnehmern einer Podiumsdiskussion erklären Sie beim Last-Minute-Briefing die Diskussionsregeln. Sie könnten sagen, dass Sie sich eine lebendige, kontroverse Diskussion mit vielen Beispielen wünschen, dass die Gäste ihre Meinung offen äußern sollen und dass Sie sie nicht aus Unhöflichkeit unterbrechen, sondern damit es für die Zuschauer spannend bleibt. Bei Ihren Gesprächspartnern bekommen Sie bei diesem Vorgespräch ein Gefühl, wie redselig oder wie verschlossen sie sind.

Ihre Moderationskarten sind Ihr Heiligtum

Ihre Moderationskarten sollten Sie niemals irgendwo liegen lassen. Eine Servicekraft räumt vielleicht gerade besonders gründlich auf, und alle Ihre Notizen verschwinden auf Nimmerwiedersehen. Bei Besprechungen ist es ratsam, die Karten so zu positionieren, dass Sie sie unter Kontrolle haben.

Lassen Sie sich nicht in die Karten schauen!

Eine meiner Klientinnen hat einmal erlebt, was passiert, wenn Gesprächspartner einem in die Karten schauen. Sie hatte eine Diskussionsrunde vor sich, zu der Auma Obama, die Schwester des früheren amerikanischen Präsidenten, als Gesprächsgast eingeladen war. Zum Last-Minute-Briefing erschien sie mit der Managerin, die ihre öffentlichen Auftritte organisiert. Nach einer freundlichen Begrüßung wollte Frau Obama von der Moderatorin wissen, was sie denn zu fragen gedenke. Diese entgegnete verwundert, dass sie dies doch bereits alles im Vorfeld mit der Managerin schriftlich vereinbart habe. Es stellte sich heraus, dass diese jedoch die Weitergabe vergessen hatte und sie schnappte der Gastgeberin mit einer dreisten Geste ihre Moderationskarten aus der Hand und hielt sie Frau Obama hin. Die erklärte daraufhin kurzerhand, was sie alles nicht gefragt werden möchte. Und als Schwester des amerikanischen Präsidenten wollte sie obendrein keineswegs angekündigt werden.

Meine Klientin war von der Situation völlig überrumpelt worden. Sie entschied sich, einige Fragen nicht zu stellen. Die Ankündigung zog sie jedoch durch, wie geplant. Wäre ihr das nicht passiert, hätte sie der Gesprächspartnerin zwar auch sagen müssen, wie sie angekündigt wird und was thematisch gefragt wird. Jedoch hätte ihr die Gesprächsteilnehmerin nicht konkret Fragen verbieten können. Zugegeben, das ist eine ungewöhnliche Situation. Lernen lässt sich daraus, dass Sie Ihre Karten und Stichwortzettel hüten sollten wie einen Schatz.

Licht und Ton – vom Umgang mit der Technik auf der Bühne

Regie, eine Stunde später, 17 Uhr

Die Bühnendekoration steht. Farbige Scheinwerfer leuchten auf und gehen in ein zentrales Bühnenlicht über. Der Zauberkünstler verschwindet mit seinem riesigen Trolley hinter die Bühne. An einem der vorderen Tische sitzt ein Festredner und blättert in seinem Manuskript. Eine junge Frau kontrolliert mit einer Liste die Platzschilder an den Tischen. Der Toningenieur entrollt das Kabel für ein Headset. Zeit, dass Sie sich mit der Technik beschäftigen.

Moderatoren brauchen Technik: Das Licht macht sie sichtbar und attraktiv, der Ton sorgt dafür, dass sie von allen gut gehört werden, die Bildtechnik unterstützt mit Einspielern auf der Leinwand. Sie müssen sich nicht mit alledem auskennen – dafür sind die Techniker zuständig –, aber Sie sollten wissen, was Technik leisten kann und wie Sie richtig mit ihr umgehen. Denn Sie stehen als Gastgeber auf der Bühne und die Zuschauer erwarten von Ihnen, durch die Veranstaltung geführt zu werden und nicht von einem Techniker. In diesem Kapitel möchte ich Ihnen ein paar Hinweise für den Umgang mit Technik und den betreffenden Kollegen geben.

Der Ton

»Überlassen Sie die Arbeit dem Mikrofon«, lautet ein oft gegebener Ratschlag unter Profis. Soll heißen: Sprechen Sie vor dem Mikrofon genauso wie im Alltag – nicht lauter und nicht leiser. Auch in einer Halle mit Tausenden von Menschen brauchen Sie nicht ins Mikrofon schreien. Die Regulierung der Lautstärke übernimmt der Toningenieur in der Regie. Er ist zudem dafür zuständig, das Mikrofon anzuschalten, wenn Sie die Bühne betreten, und abzuschalten, sobald Sie die Bühne verlassen. Versichern Sie sich diesbezüglich noch einmal, wenn Sie das Mikrofon in Empfang nehmen. In Moderatorenkreisen machen immer wieder Geschichten die Runde, bei denen das versammelte Publikum den Toilettengang des Referenten miterleben durfte, weil er sein Headset noch trug. Ich lasse mir grundsätzlich in den Pausen den Funksender ausschalten. Denn selbst wenn der Tonpegel im Saal ausgeschaltet ist, kann die Tonregie mithören.

Es gibt verschiedene Arten von Mikrofonen. Ich möchte sie Ihnen kurz mit ihren Vor- und Nachteilen vorstellen.

Handmikrofone (Handsender)

Der Klassiker unter den Mikrofonen. In alten Fernsehshows gab es diese Exemplare noch mit Kabel und den Kabelträgern, die dafür sorgten, dass der Moderator nicht übers Kabel fiel. Heute gibt es diese nur noch in konspirativen Veranstaltungen, bei denen die Funkfrequenzen gestört werden, damit niemand interne Informationen abhört. Kabellose Handmikrofone sind mittlerweile der Standard bei großen und kleinen Veranstaltungen aller Formate.

Vorteil: Mit einem Handmikrofon sind Sie sehr flexibel in Bezug auf die Interaktion mit anderen Menschen. Sie können direkt aus der Moderation ungeplante Interviews oder kurze Small Talks führen, ohne dass der Gesprächspartner extra verkabelt werden muss.

Nachteil: Handsender müssen immer richtig gehalten werden, damit der Ton gut zu hören ist. Ungeübte Moderatoren haben die Mikrofonhaltung noch nicht automatisiert und fuchteln mit dem Gerät herum, als hätten Sie einen Strauß Blumen in der Hand. Damit treiben sie den Toningenieur zum Wahnsinn, der so den Ton nicht gleichmäßig auspegeln kann oder ihn im schlimmsten Fall übersteuern muss, bis es rauscht.

Handmikrofone müssen mit der Richtspitze direkt auf den Mund zeigen, im Abstand einer Salzstange. Das Gesicht darf dabei nicht verdeckt werden. Tragen Sie keinen Schmuck an der Hand, mit der Sie das Mikrofon halten, da es sonst am Metall klappert. Umfassen Sie das Mikrofon in der Mitte mit der ganzen Hand und halten Sie es ruhig und immer im gleichen Abstand zum Mund.

So halten Sie ein Handmikrofon richtig

Sofern Sie Gespräche mit einem Handmikrofon führen, nehmen Sie das Mikrofon immer in die Hand, die Ihrem Gesprächspartner näher ist. Dann können Sie es ihm hinhalten, ohne sich dabei vom Publikum wegzudrehen.

Bügelmikrofone (Headset-Mikrofon)

Mittlerweile Standard der Tagungs- und Konferenzmoderation. Veranstalter mit professioneller Technik bieten ihren Rednern und Moderatoren meistens Bügelmikrofone an, die am Kopf getragen werden. Es gibt sie in unterschiedlichen Ausführungen: Meist sind sie hautfarben und haben einen federleichten Metallbügel, der auf einem oder beiden Ohren aufliegt und mit einem Strang ein winziges Mikrofon vor den Mund führt. Ein Kabel verbindet es mit einem Funksender, den Sie in der Jackentasche tragen oder am Hosenbund befestigen können. Für Moderatorinnen, die ein Abendkleid tragen, an dem sich nichts befestigen lässt, gibt es zur Not spezielle Gürtel für Mikrofonsender, die unter der Kleidung getragen werden.

Vorteil: Diese Mikrofonart liefert mit Abstand den besten Ton, da sie immer im perfekten Abstand zum Mund steht. Außerdem kommt es nicht vor, dass nervöse Moderatoren an den Knöpfchen spielen und das Mikrofon aus Versehen ausschalten. Mit einem Headset-Mikrofon haben Sie die Hände frei für Moderationskarten und andere Dinge. Sie können sich ganz und gar auf Ihre

Moderation konzentrieren und brauchen nicht daran zu denken, ob Sie das Mikrofon gerade richtig halten. Ich empfehle Moderationseinsteigern, mit dieser Mikrofonart zu arbeiten.

Nachteil: Um spontane Interviews und Small Talks zu führen, brauchen Sie immer zusätzlich ein Handmikrofon. Zudem muss ein Bügelmikrofon sehr gut an den Kopf angepasst werden. Wenn das Headset nicht richtig sitzt, kann es unangenehm drücken oder verrutschen. Dann kommt es zu Tonstörungen. Wenden Sie sich rechtzeitig zum Mikrofonieren an den Toningenieur, damit er das Headset gut an Ihren Kopf anpassen kann.

Ansteckmikrofone

Der Fernsehstandard. Fast alle Moderatoren und Talkshowgäste tragen Ansteckmikrofone in den Sendungen. Sie funktionieren nach dem gleichen Prinzip wie Headset-Mikrofone, nur dass sie mit einer winzigen Klammer oder einem Magneten an der Kleidung oberhalb der Brust befestigt werden.

Vorteil: Sie bleiben flexibel durch freie Hände wie bei einem Headset-Mikrofon.

Nachteil: Durch die Befestigung an der Kleidung kommt es häufiger zu Störgeräuschen, weil irgendetwas am Mikrofon reibt. Bei Veranstaltungen mit lauten Außengeräuschen (zum Beispiel Messen und Open-Air-Events) fängt das Mikrofon diese Geräusche mit ein, und es entsteht ein undeutlicher Soundmatsch. Für solche Events rate ich von Ansteckmikrofonen ab.

Rednerpultmikrofone

Bei vielen Veranstaltungen steht auf der Bühne noch das obligatorische Rednerpult, an dem ein Mikrofon befestigt ist. Meist ist dies ein sogenannter Schwanenhals, der sich in die richtige Höhe biegen lässt. Allerdings ist das Stehpult nicht der Platz, an dem Moderatoren ihre Arbeit verrichten. Deshalb rate ich Ihnen unbedingt davon ab, dieses Mikrofon zu benutzen. Sie sollen sich auf der Bühne bewegen und mit Ihren Zuschauern in Kontakt sein. Sobald Sie hinter einem Quader stehen, der Sie noch dazu verleitet, sich an ihm festzuhalten, werden Sie nicht locker und charmant moderieren können. Zudem unterbricht das Pult räumlich die Verbindung zum Publikum. Einzige Ausnahme: Wenn Sie mitten in der Moderation eine Tonstörung haben, die nicht behoben werden kann, darf dieses Mikrofon die letzte Rettung sein.

Ihr Mikrofon gehört Ihnen!

Es gibt Gesprächspartner, die greifen unwillkürlich zum Handmikrofon, wenn man damit in ihre Nähe kommt. Geben Sie niemals, wirklich niemals! das Mikrofon aus der Hand. Als Gastgeber führen Sie das Gespräch und die Veranstaltung. Wenn Sie sich das Mikrofon aus der Hand nehmen lassen, geben Sie die Führung ab. Sie haben keine Möglichkeit, einzugreifen und zu unterbrechen, wenn ein Gesprächspartner plötzlich unendlich lang monologisiert oder die Show an sich reißt.

Folgende Intervention funktioniert in einem solchen Fall gut: Wenn ein Interviewgast versucht, das Mikrofon zu ergreifen, sagen Sie leise und freundlich zu ihm: »Ich halte das Mikrofon« und nicken dabei. Da sie diesen Satz sagen, während das Mikro auf ihn gerichtet ist, hört das Publikum davon nichts.

Ebenso behalten Sie die Hoheit über Ihr Mikrofon, wenn das Publikum sich an einer Diskussion beteiligen soll. Dazu ist es notwendig, dass ein oder zwei Mikrofone im Saal bereitgestellt werden, die durch Assistenten zu den Fragestellern gebracht werden.

Bei einer Podiumsdiskussion sollten alle Teilnehmer ihr eigenes Mikrofon bekommen. Ich habe schon erlebt, dass es bei einer Veranstaltung aus Kostengründen für eine Runde mit vier Personen nur einen Handsender gab. Eine Diskussion kann so natürlich nicht zustande kommen, wenn erst einmal das Mikro durchgereicht werden muss, bevor einer etwas sagen kann.

Das Bühnenlicht

In einem normalen Konferenzraum gibt es meistens kein spezielles Moderationslicht. Sobald Sie aber auf einer Bühne moderieren, ist diese Fläche mit Scheinwerfern ausgeleuchtet. Licht ist ein wesentlicher Teil des Bühnendesigns, mit der Ausrichtung der Scheinwerfer und den Lichtfarben wird eine bestimmte Stimmung erzeugt. Außerdem sorgt es dafür, dass Moderatoren, Redner und Künstler gut zu sehen sind, also im wahrsten Sinne des Wortes im Rampenlicht stehen.

Auf einer Veranstaltungsbühne ist nicht jeder Bereich gleichmäßig ausgeleuchtet. In der Probe können Sie sich den perfekten Standpunkt einprägen, an dem Sie optimal im Bühnenlicht stehen. Eventuell kleben Sie sich dort eine kleine Markierung auf den Boden. Mit zunehmender Erfahrung gewinnen Sie ein Gefühl für »Ihr« Licht.

Bei großen Bühnen in dunklen Räumen kann es durchaus vorkommen, dass Sie die Scheinwerfer blenden. Ins Schwarze zu schauen und das Publikum fast nicht zu sehen, ist selbst für Profimoderatoren eine Herausforderung. Allerdings können Sie in diesem Fall sicher sein: Das Licht kommt von vorn, und Ihr Gesicht ist gut ausleuchtet.

Es passiert schon einmal, dass das Licht auf der Bühne nicht optimal ist, beispielsweise wenn es zu sehr von oben kommt. Dann können Sie natürlich bei der Technikprobe im Vorfeld Wünsche zum Licht äußern. Ich möchte Ihnen aber raten, diesbezüglich unbedingt diplomatisch vorzugehen. Eine Bühne einzuleuchten ist ein aufwendiger Prozess, der mitunter mehrere Stunden in Anspruch nimmt. Dazu müssen die Lichttechniker mit Leitern zur Traverse – so heißen die Querträger für die Technik – hochsteigen, um die Scheinwerfer so auszurichten, damit sie das optimale Licht liefern. Bedenken Sie den Aufwand, wenn Sie einem Lichttechniker sagen, dass Ihnen das Moderationslicht nicht passt.

Videotechnik (Bildregie)

Obwohl es Videotechnik heißt, sind es nicht immer nur Videos, die auf der Bühnenleinwand oder einem großen Bildschirm hinter Ihnen zu sehen sind. Ob PowerPointpräsentation, Welcome-Folie oder echter Videoeinspieler – alles, was auf der Leinwand gezeigt wird, heißt in der Veranstaltungssprache Videotechnik. Als Teil des Bühnenbilds gehört das Geschehen auf der Leinwand zum Gesamtkunstwerk Moderation. Es kann als stiller Hintergrund dienen, zusätzliche Informationen liefern oder auch direkt in die Interaktion mit der Moderation gehen, zum Beispiel wenn über das Livebild ein Gesprächspartner von einem anderen Ort zuschaltet wird.

Zwar haben Techniker einen Regieplan, in dem genau steht, welches Bild zu welchem Zeitpunkt auf die Leinwand gespielt wird. Jedoch müssen sich Moderation und Videoregie im Vorfeld gut abstimmen, damit das Bild auf der Leinwand perfekt auf die Moderation abgestimmt ist. Bei Filmeinspielern hilft es den Technikern, wenn die Ankündigung deutlich macht, wann der Film gestartet werden soll. Sie müssen nicht wörtlich sagen: »Film ab«, aber durch den Fokus in der Moderation muss klar werden, was auf der Bühne passieren soll. Ich kann Ihnen nur empfehlen, sich alle Einspieler im Vorfeld anzuschauen und gegebenenfalls Übergänge zu proben, damit Sie wissen, wie Sie an- beziehungsweise abmoderieren und zum richtigen Augenblick wieder auf die Bühne kommen.

Digitale Zeitanzeigen

Als Gastgeber sind Sie zudem verantwortlicher Zeitmanager einer Veranstaltung. Natürlich erfüllt eine Armbanduhr ihren Zweck. Bei Gesprächen auf der Bühne wirkt es allerdings nicht besonders charmant, wenn der Gastgeber ständig auf seine Uhr schielt. Eine digitale Zeitanzeige auf der Bühne leistet da großartige Dienste. Der Klassiker ist ein flacher Quader mit leuchtenden Zahlen, auf dem die Zeit im Countdown-Prinzip rückwärts abläuft. Tablet-PCs mit einer entsprechenden Timer-App erfüllen mittlerweile den gleichen Zweck. Bei Podiumsdiskussionen lasse ich mir einen solchen Timer an einer für mich sichtbaren Stelle platzieren und die entsprechende Zeit einstellen. Eine großartige Hilfe, um die verbleibende Diskussionszeit im Auge zu haben.

In der Regel gehört eine digitale Zeitanzeige nicht zur standardmäßigen Bühnenausstattung. Deshalb sollten Sie den Veranstalter im Vorfeld bitten, Ihnen so etwas bereitzustellen. Sie können argumentieren, dass eine solche Anzeige den weiteren Vorteil hat, dass diese gleichermaßen für die Referenten eingestellt werden kann, die dann den Zeitplan immer im Blick haben. Auf diese Weise wird die Gefahr des Überziehens minimiert. Die meisten Veranstalter lassen sich mit diesen Argumenten überzeugen.

Die Probe – die Bühne zum Wohnzimmer machen

Sobald die Technik bereit ist, machen Sie eine Bühnenprobe, um sich mit den Kollegen abzustimmen. Während der Tonprobe stellt der Toningenieur die Übertragung Ihrer Stimme auf die Lautsprecher so ein, dass sie einen guten Raumklang hat. Dafür sollten Sie ihm ein bisschen mehr anbieten als: »Ba, ba, ba – eins, zwei, Test.« Die Gäste sind zwar noch nicht da, aber es gibt immer Menschen, die sich schon in der Örtlichkeit aufhalten: die junge Frau, die die Platzschilder kontrolliert, der Vorstand am ersten Tisch, die Techniker in der Regie. Gehen Sie probenderweise mit ihnen von der Bühne aus in einen Dialog, erzählen Sie ihnen etwas, und Sie werden sehen, dass Sie das Podium beim eigentlichen Auftritt mit größerer Souveränität bewohnen.

Bei der Tonprobe legen Sie gemeinsam mit dem Toningenieur fest, wo Sie moderieren. In der Regel können Sie sich mit Ihrem Mikrofon auf der Bühne frei bewegen, ohne dass es zu pfeifenden Störgeräuschen (Rückkopplungen) kommt. Problematisch wird es erst, sobald Sie sich vor die Linie der Lautsprecher begeben. Dies sollten Sie berücksichtigen, falls Sie auch im Zuschauerbereich moderieren möchten. Proben Sie den Bühnenaufgang und legen Sie sich Standpunkte fest, wo Sie moderieren werden. Überprüfen Sie, ob Sie sich in großen Räumen selbst gut hören. Wenn die Lautsprecher alle in Richtung Publikum ausgerichtet sind, hören Sie sich selbst möglicherweise nur mit Hall. Bitten Sie darum, dass ein kleiner Lautsprecher (Monitor) auf die Bühne gestellt wird, der zu Ihnen ausgerichtet ist. Jetzt können nicht nur Sie sich gut hören, sondern auch Ihre Gesprächspartner auf der Bühne.

Die Probe ist eine großartige Möglichkeit für Moderatoren, sich die Bühne zum Wohnzimmer zu machen. Denken Sie einmal daran, wie Sie sich zu Hause auf Ihre Gäste vorbereiten. Lange bevor die ersten kommen, füllen Sie das Wohnzimmer vor dem geistigen Auge mit Leben: Wer sitzt wo? Was bieten Sie an? Wie wird die Stimmung sein? Auf einer professionellen Bühne braucht es eine größere mentale Leistung, sich auf die Rolle des Gastgebers einzustimmen. Gehen Sie Ihrem Auftrittsort ab, lernen Sie die Einrichtungsgegenstände kennen und schauen Sie sich alles genau an. Je vertrauter Sie mit der Bühne sind, desto mehr sind Sie später dort »zu Hause«.

Pannen mit der Technik

Auch wenn Sie während der »Show« auf der Bühne allein stehen, so ist Moderation doch Teamwork. Sie haben ein ganzes Team an Technikkollegen, die dafür sorgen, dass Sie Ihren Job gut machen können. Sprechen Sie miteinander, stimmen Sie sich ab und pflegen Sie einen wertschätzenden Umgang.

Es kann immer vorkommen, dass der Ton nicht funktioniert oder eine Videoeinspielung zum falschen Zeitpunkt abgefahren wird. Halten Sie sich mit öffentlicher Kritik zurück. Ich finde es höchst umprofessionell, wenn Sie vor versammeltem Publikum einen Fluch in Richtung Regie schicken. Menschen machen Fehler. Und ein Fehler hat noch keine Veranstaltung ruiniert – höchstens der Umgang damit.

Wenn eine Panne passiert, machen Sie kein Drama daraus, sondern bemühen Sie sich um eine Lösung. Ohne Mikrofon durch den Saal zu brüllen, hat allerdings wenig Aussicht auf Erfolg. Signalisieren Sie Ihrem Gast und dem Publikum, dass Sie und die Kollegen aus der Tonregie sich darum kümmern. Währenddessen bleiben Sie auf der Bühne präsent. Wenn der Toningenieur das Problem nicht lösen kann, holen Sie sich ein Handmikrofon, das als Backup an der Bühne bereitliegt – was ich Ihnen ohnehin immer empfehle, wenn Sie mit einem Headset-Mikrofon arbeiten.

Lampenfieber – Strategien gegen Redeangst

Garderobenraum, eine Viertelstunde vor Ihrem Auftritt, 17:45 Uhr

Stille. Das Neonlicht flackert. Auf dem Tisch steht ein Glas Wasser, gleich daneben liegen Ihre geordneten Moderationskarten. Sie sind bereits mit Ihrem Headset verkabelt. Das Outfit sitzt, Make-up und Frisur ebenfalls. Sie sind hochkonzentriert und bereit für Ihren Auftritt. Ihr Herz pocht.

Sie haben ein großartiges Moderationskonzept, Sie sind perfekt vorbereitet, Ihr Auftritt rückt in greifbare Nähe. Sind Sie aufgeregt? Das ist normal, ein bisschen Anspannung gehört zu jedem guten Auftritt. Selbst bei privaten Einladungen oder Feierlichkeiten sind die meisten Gastgeber ein wenig aufgeregt, bevor die Gäste kommen. Als Gastgeber einer öffentlichen Veranstaltung begeben Sie sich jedoch in eine weitaus exponiertere Position. Mit dem, was Sie sagen und tun, lassen Sie zu, dass andere über Sie ganz persönlich urteilen. Wenn Sie deshalb Lampenfieber haben, sind Sie in guter Gesellschaft. Ob Schauspieler, Musiker oder Moderator – wenn es hinaus ins Rampenlicht geht, ist keiner davor gefeit. Sogar Cicero, der große Redner Roms, soll Lampenfieber gehabt haben. Studien zufolge haben drei Viertel aller Menschen mehr oder weniger Angst vor öffentlichen Reden (Spahn 2012, S. 9). Der englische Begriff »stage fright« (deutsch: Bühnenangst) macht deutlich, dass es sich hier nicht um ein Fieber handelt, sondern um eine Angst. Die Angst, sich vor anderen zu blamieren und negativ bewertet zu werden.

In diesem Kapitel stelle ich Ihnen einige Strategien vor, wie Sie mit Lampenfieber umgehen können und Spaß am Moderieren gewinnen. Ich zeige Ihnen Techniken, mit denen Sie auf der Bühne Gelassenheit bekommen und souverän auftreten können.

Lampenfieber ist Stress

Was passiert eigentlich bei Lampenfieber in unserem Körper? Um das besser zu verstehen, reisen wir einige Hunderttausend Jahre zurück in die Vergangenheit, als unsere Vorfahren noch mit der Keule am Feuer saßen. Wenn damals ein gefährliches Tier um die Ecke kam, gab es für den Neandertaler nur zwei Möglichkeiten: Angriff oder Flucht. Um nicht nähere Bekanntschaft mit dem Tier zu machen, musste er in Sekundenbruchteilen reagieren. Sein Gehirn bekommt also das Signal: Achtung Gefahr! Der Sympathikus – das ist der Teil des Gehirns, der den Menschen handlungsbereit macht – wird aktiviert. Sofort schüttet der Hypothalamus Stresshormone und Botenstoffe aus: allen voran das Adrenalin. Der Neandertaler wird hellwach und leistungsfähig. Er fühlt keinen Schmerz und keinen Hunger. Die Pupillen weiten sich, der Puls rast, das Blut zentriert sich in den Organen. Die Muskeln sind bereit, Höchstleistung zu vollbringen: Er kann um sein Leben rennen oder kämpfen.

Exakt dieses archaische Überlebensprogramm läuft noch heute bei allen Stresssituationen in unserem Körper ab, auch wenn es nicht um das reale, existenzielle Überleben geht. Insofern kann ein Auftritt vor Publikum subjektiv die gleichen Empfindungen auslösen, wenn der Moderator um sein Ansehen, um seine soziale Stellung fürchtet.

Viele Menschen stehen beruflich unter einem enormen Erfolgsdruck. Nicht nur Projekte, die zum eigentlichen Aufgabenspektrum des Jobs gehören, müssen mit besten Ergebnissen und ohne Fehler abgeliefert werden. Auch außerplanmäßige Aufgaben, wie Veranstaltungsmoderation, sollen mit der gleichen Perfektion erfüllt werden. Dieser Druck, ob aus eigenen oder fremden Ansprüchen resultierend, erhöht zwangsläufig das Lampenfieber. Die Zuschauer werden zur Leinwand, auf die der Moderator allerlei Fantasien projiziert, die ihn in Fluchthaltung versetzen. Abzulesen ist das in körperlichen Reaktionen wie sehr schnellem Sprechen und zurückweichender Körpersprache.

Projektionen machen das Publikum zum Feind

Wie Lampenfieber in Erscheinung tritt

Sobald uns bei einem Auftritt die Angst ereilt, wird sie begleitet von heftigen Symptomen: Das Gesicht errötet, der Mund wird trocken, die Hände zittern, das Herz klopft bis zum Hals, die Stimme verliert an Kraft.

Wie Lampenfieber die Stimme beeinflusst

Bei einer Versammlung hörte ich einmal einen Moderator, der so aufgeregt war, dass seine Stimme brüchig klang. Er bemerkte das selbst und versuchte gegenzusteuern, indem er unheimlich viel trank. Mit dem Ergebnis, dass er immer nur zwei Sätze am Stück sprach und dann zum Wasserglas griff. Die Zuhörer hatten große Mühe, ihm zu folgen und wurden unruhig. Zum Ende der Veranstaltung war seine Stimme fast weg. Die Wirkung war fatal und ich sah ihm an, wie schlecht er sich fühlte.

So individuell wie die Symptome sich zeigen, so verläuft auch Lampenfieber. Es kann vor dem Auftritt ebenso auftreten wie mittendrin. Viele haben die Erfahrung gemacht, dass der Anflug von Lampenfieber nur kurz andauert. Sobald sie wieder im Flow der Moderation sind, geht es den meisten Moderatoren wieder gut. Es kommt aber vor, dass der Auftrittsstress so groß ist, dass das Denken über längere Zeit gelähmt ist und sich die Betroffenen wie im Tunnel fühlen und anschließend an nichts mehr erinnern. Die übergroße Anspannung deaktiviert nicht nur die Erinnerung, sondern nimmt Ihnen zudem die Empathie und den Spaß, anderen von den Dingen zu erzählen, die Ihnen sonst am Herzen liegen. Die Ausprägung des Lampenfiebers hängt eng mit der Situation des Auftritts zusammen. Abhängig von Thema, Publikum und äußeren Umständen kann es bei ein und derselben Person stark variieren – von total entspannt bis extrem aufgeregt. Einem Menschen mit starkem Lampenfieber zuzuhören, kann enorm anstrengen.

Mit Lampenfieber zu Spitzenleistungen

Es geht allerdings nicht darum, das Lampenfieber komplett auszuschalten. Im richtigen Maß kann Aufregung sogar positiv beflügeln. Sportler wissen, dass sie nur mit der richtigen Dosis an Anspannung maximale Leistung erzielen können. Die Grundlage dafür lieferten amerikanische Wissenschaftler mit ihren Forschungen Anfang des 20. Jahrhunderts. Sie untersuchten, wie sich der Erregungszustand auf die Leistungsfähigkeit des Menschen auswirkt und fanden heraus, dass absolute Entspannung nicht zu den besten Ergebnissen führt. Auch zu große Anspannung verhindert, dass Menschen ihre Leistung zu 100 Prozent abrufen können. Erst das mittlere Erregungsniveau ermöglicht Spitzenleistungen (Yerkes/Dodson 1908).

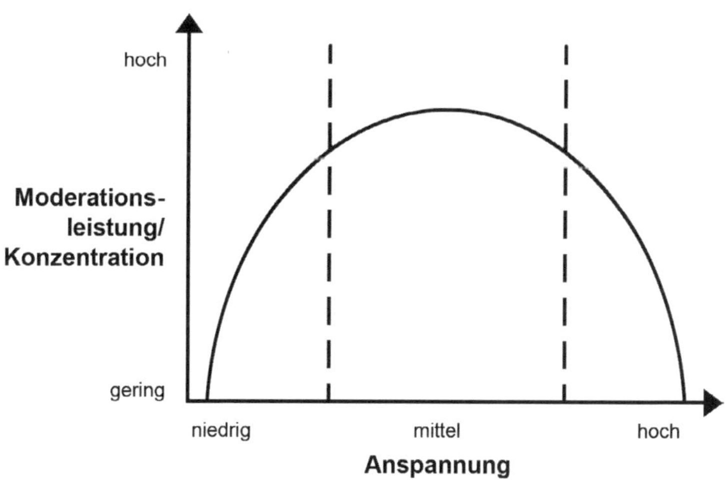

Yerkes-Dodson-Gesetz: Leistungsfähigkeit abhängig vom Erregungszustand

Wenn Frauen Babys bekommen, haben sie in der letzten Phase der Geburt einen regelrechten Adrenalinschub, der ihnen nach vielen Stunden Wehen die Kraft gibt, ihr Kind zu gebären. Wenn es ums Ganze geht, braucht der Körper Stresshormone, um zur Hochform aufzulaufen. Aufregung kann also Doping sein – vorausgesetzt sie ist richtig dosiert.

Der Idealzustand des Lampenfiebers

Auch auf der Bühne gibt es diesen Idealzustand von positiver Anspannung. Die Musikmedizinerin Claudia Spahn beschreibt ihn folgendermaßen: »Die schönste Variante des Lampenfiebers ist sicher die der freudigen Erwartung des Auftritts, der maximalen persönlichen Präsenz auf der Bühne und der Freude und Erleichterung über das Gelungene nach dem Auftritt. Selbst diese Idealvariante des Lampenfiebers ist jedoch gekennzeichnet durch eine ihr innewohnende Spannung: zwischen der Lust am Abenteuer, das vor einem liegt, und der gleichzeitigen Angst davor, es einzugehen« (2012, S. 25).

In diesem Idealzustand haben wir eine gute Körperspannung und sind sensibel und hochkonzentriert bei der Arbeit. Wie fühlt sich die optimale Anspannung an? Spitzensportler überlassen dabei nichts dem Zufall und versuchen mit allerlei physiologischen Messungen herauszufinden, wann dieser Punkt erreicht ist. Für Bühnenkünstler und Moderatoren gibt es solche medizinisch-technischen Möglichkeiten nicht. Sie müssen sich auf ihr Gefühl verlassen, um zu erfahren, wann der Zustand erreicht ist, in dem sie die beste Performance abliefern.

Die Gastgeber-Methode liefert Ihnen hierfür Anhaltspunkte. Aus Ihrer Erfahrung wissen Sie bereits, wie es sich anfühlt, als privater Gastgeber freudig gespannt zu sein auf den Moment, an dem die Gäste kommen. Erinnern Sie sich an eine solche positive Situation.

- Welche Gedanken gingen Ihnen durch den Kopf?
- Welche Gefühle hatten Sie?
- Wie ging es Ihnen körperlich?
- Wie haben Sie sich verhalten?

Diese Erfahrung kann Ihren als Referenzwert dienen. Wie sich der optimale Grad an Anspannung auf der Bühne vor echtem Publikum anfühlt, können Sie allerdings nur durch Auftrittserfahrungen herausfinden.

Lampenfieberanalyse

Stellen Sie sich eine Situation vor, in der Sie Lampenfieber haben. Wie groß ist in dieser Situation die Anspannung?
Schätzen Sie sich mithilfe der Lampenfieberskala ein. Mit diesem Ausgangswert können Sie immer wieder überprüfen, ob Strategien wirken und wie sich Ihr Anspannungsniveau entwickelt.

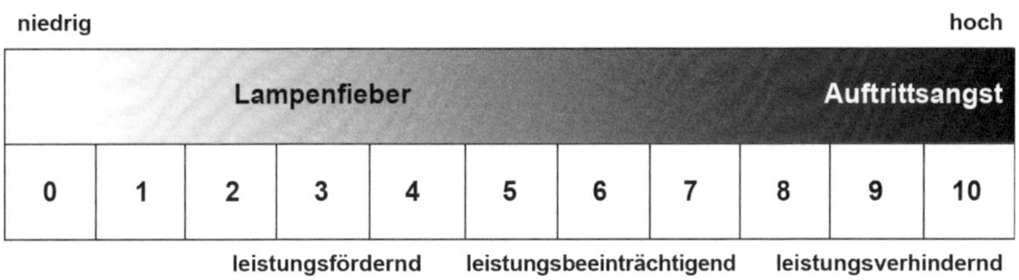

Lampenfieberskala

Strategien zur Optimierung des Lampenfiebers

Eines vorweg: Es gibt nicht die *eine* Strategie für den Umgang Lampenfieber. Viele Musiker und Schauspieler leiden Zeit ihres Lebens darunter. Sie erleben bessere und schlechtere Phasen. Tendenziell besteht aber die Chance, dass sich Lampenfieber mit zunehmendem Alter und Anzahl positiver Auftrittserfahrungen verbessert (Spahn 2012, S. 38).

Das Ziel aller Strategien sollte sein, das Lampenfieber so zu optimieren, dass es Ihnen beim Auftritt hilft und Sie Spaß am Moderieren gewinnen. Allerdings braucht dies Zeit und Gelegenheiten. Falls Sie nur gelegentlich moderieren oder gerade anfangen, sollten Sie Redechancen ergreifen. Möglicherweise gibt es in Ihrem Job Aufgaben, bei denen Sie diesbezuglich gefordert sind, wie etwa Besprechungen, Meetings, Präsentationen. Melden Sie sich zu Wort, stellen Sie Fragen und üben Sie, souverän Ihr Anliegen vorzutragen.

Im ersten Schritt sollten Sie sich ein Ziel setzen. Was genau möchten Sie erreichen? Formulieren Sie positiv und chancenorientiert. »Ich möchte weniger Lampenfieber haben«, ist wenig konkret. Besser wäre: »Ich möchte langsam sprechen.« Oder: »Ich möchte ein guter Gastgeber sein.« Ihre Ziele sollten realistisch sein – erfahrungsgemäß verabschiedet sich das Lampenfieber in kleinen Schritten. Bedenken Sie, dass die meisten Techniken Wochen vorher eingeübt werden müssen, um in der konkreten Situation abrufbar zu sein.

Ich habe Ihnen einen kleinen Handwerkskoffer mit Maßnahmen zusammengestellt, die zum Einsatz kommen können. Sie stammen zum Teil aus Büchern, von Kollegen und natürlich aus meiner Trainingspraxis. So individuell wie der Verlauf des Lampenfiebers, so ist auch die Wahl der Mittel. Probieren Sie aus, was Ihnen als passend erscheint. Mein Handwerkskoffer zur Optimierung des Lampenfiebers umfasst vier Ebenen.

Erstens: die psychologische Ebene

Analyse und Verständnis: Lampenfieber ist eine psychologische Erscheinung. Deshalb sollte es zu allererst auf dieser Ebene bearbeitet werden. Schon allein die Analyse und das Verständnis, dass Lampenfieber eine natürliche Reaktion ist, nimmt ihm etwas von seiner Kraft und seinem Schrecken. Angst ist eine überlebenswichtige Emotion. Sie warnt uns vor Gefahren, lässt uns Risiken abschätzen und macht leistungsfähig. Die Angst gehört genauso zu uns wie der Mut. Akzeptieren Sie zunächst Ihr Lampenfieber.

Auslöser erkunden: Manche Moderatoren kämpfen zeitlebens gegen Auftrittsangst, bei anderen gab es einen konkreten Auslöser. Interessant für die weitere Bearbeitung ist herauszufinden, wann das Lampenfieber zum ersten Mal aufgetreten ist. Was war das für eine Situation? Reflektieren Sie die Entwicklung Ihres Lampenfiebers im Selbstcoaching und machen Sie sich Notizen. Durch die intensive Beschäftigung mit dem Lampenfieber lernen Sie, sich besser zu verstehen.

Selbstwert und innere Kritiker: Der häufigste Grund für starkes Lampenfieber sind geringer Selbstwert und überzogene Perfektionsansprüche (Spahn 2012, S. 54). Beim Moderationskonzept dürfen Sie gern perfektionistisch sein, beim Auftritt jedoch liegt der Perfektionismus sinnbildlich wie ein großer Stein mitten auf der Bühne und sorgt für enormen Stress. Wenn Sie zu den Menschen gehören, denen auf der Bühne ständig der innere Kritiker dazwischenfunkt, sollten Sie ein klärendes Gespräch mit ihm führen. Verbannen Sie ihn hinter die Bühne und lassen sie ihn dort sitzen. Ein Teilnehmer meiner Seminare sperrte seinen inneren Kritiker einmal erfolgreich auf der Toilette ein.

Stärken stärken: Im nächsten Schritt analysieren Sie, was Sie wirklich stärkt. Fragen Sie sich: Was macht mich aus? Wo liegen meine persönlichen Stärken? Werden Sie sich darüber klar, was Sie Ihren Gästen von sich zeigen wollen und was nicht. Zusätzliche Unterstützung können Sie sich bei Ihrem Partner oder bei Freunden holen, die bereits bei Ihnen zu Gast waren. Fragen Sie sie, was sie an Ihnen als Gastgeber schätzen. Vielleicht ist es die Art, wie Sie Geschichten erzählen oder die Herzlichkeit, mit der Sie sich um Ihre Gäste kümmern.

Eine gute Beziehung zum Publikum senkt Lampenfieber: Dies führt direkt zum nächsten Punkt: die Beziehung zu den Gästen. Vielfach hängt Auftrittsstress mit einem erhöhten Erwartungsdruck zusammen. Sind die Gäste prominent? Hängt viel für Sie vom Ergebnis der Veranstaltung ab? Setzen Sie Ihre eigenen oder fremde Erwartungen unbewusst unter Druck? Ganz oft wird unser Denken und Handeln von Glaubenssätzen aus der Kindheit beeinflusst! Diese lauten beispielweise: »Mach es allen recht!«, »Sei perfekt!«, »Du wirst geliebt, wenn du eine gute Leistung bringst!« – Hinterfragen Sie diese Glaubenssätze und reflektieren Sie das Handlungsmuster, das dadurch auf der Bühne entsteht.

Ein guter Draht zum Publikum hilft wesentlich, Auftrittsangst loszuwerden. Machen Sie eine Probe, wie bereits beschrieben. Nehmen Sie Kontakt zu Ihren Zuschauern auf, indem Sie den Small Talk vor der Veranstaltung beziehungsweise Ihrem Auftritt diesbezüglich nutzen.

Während der Moderation fördern interaktive Elemente den direkten Dialog und intensivieren damit die Beziehung zu den Zuschauern. Wenn Sie statt auf der Bühne mitten im Publikum moderieren – kreative und interaktive Veranstaltungsformate lassen hier entsprechend Spielraum – entsteht eine größere Nähe zum Publikum. Vielen Moderatoren hilft das, weniger Lampenfieber zu empfinden.

Probieren Sie den Perspektivwechsel aus. Wenn Sie bei nächster Gelegenheit einmal selbst Zuschauer sind, beobachten Sie Ihre Gedanken: Wie überkritisch oder wohlwollend bin ich dem Redner gegenüber? Beim nächsten Anflug von Lampenfieber können Sie die Gedanken aus dieser bewussten Zuschauererfahrung mit Ihren Ängsten als Moderator abgleichen.

Zweitens: die physiologische Ebene – Entspannen Sie Ihren Körper

Den Körper erkunden: Zur Optimierung des Lampenfiebers ist es sehr wichtig, sich mit dem eigenen Körper auseinanderzusetzen. Denn schließlich beeinflussen körperliche Symptome über das Fühlen wesentlich unser Empfinden auf der Bühne. Ein gutes Körperbewusstsein gibt Sicherheit beim Auftreten vor Publikum. Aus der Stressforschung wissen wir, dass Ausdauersport und Bewegung Stresshormone abbauen. Nutzen Sie diese Erkenntnis, indem Sie vor Ihrem Auftritt eine Runde joggen, schwimmen oder 20 Minuten zügig gehen.

Yoga, Tai Chi, Pilates oder beispielsweise progressive Muskelentspannung helfen ebenfalls, Stress zu reduzieren. Ein Entspannungsprogramm ist auch wirksam, wenn Sie es schon einige Stunden vor dem Auftritt absolviert haben.

Mit Bewegungen Erleichterung verschaffen: Für den Moment hinter der Bühne bringen schon kleine Bewegungen Erleichterung. Gehen Sie auf und ab und schwingen Sie die Arme wie Pendel. Sie können sich sicher sein, dass Sie niemand komisch anschaut. Im Gegenteil, Sie sind professionell und bereiten sich optimal auf Ihren Auftritt vor.

Bewusst Atmen: Atemübungen können ein weiterer Schlüssel sein, um Lampenfieber abzubauen. Bei einem Versuch mit Konzertmusikern kam heraus, dass die Ängstlichen einen deutlich niedrigeren CO2-Wert in der ausgeatmeten Luft hatten. Ein Zeichen, dass sie in der Auftrittssituation hyperventilieren, also mehr Luft einatmen, als ihr Körper benötigt (Studer 2011). Mit Übungen, die sich vor allem auf das Ausatmen konzentrieren, beugen Sie dieser Situation vor.

Entspannungsübung nach Sarnoff (Sarnoff 1995, S. 68 f.)

Setzen Sie sich auf einen Stuhl. Nehmen Sie eine gerade, aufrechte Haltung ein. Die Beine im rechten Winkel, die Füße stehen hüftbreit nebeneinander, die Arme hängen locker herab. Nun nehmen Sie beide Hände nach vorn und pressen dabei die Ellenbogen an den Körper, die Fingerspitzen zeigen nach oben. Bauen Sie Gegendruck auf und spüren Sie die Spannung in den Handflächen und Unterarmen.

Atmen Sie in den Bauch ein. Anschließend atmen Sie auf ein stimmloses Ssss aus. Während des Ausatmens spannen Sie Ihre Bauchmuskeln an. In der Atempause entspannen Sie sich und lassen den Atem sanft wieder einfließen.

Wiederholen Sie diese Übung drei- bis fünfmal.

Sarnoff-Übung

Drittens: die kognitive und mentale Ebene

Vorstellungskraft trainieren: Gedanken sind Kräfte. Je mehr negative Gedanken bei einem Auftritt im Kopf herumschwirren, desto aufgeregter werden wir – und umso eher besteht die Möglichkeit, dass tatsächlich etwas schiefgeht. Wenn ein Moderator ständig denkt, dass die Veranstaltung eine Nummer zu groß für ihn ist, wird er am Ende wie ein armes Würstchen auf der Bühne stehen (selbsterfüllende Prophezeiung). Die menschliche Vorstellungskraft ist eine mächtige Fähigkeit. Immerfort stellen wir uns etwas vor das geistige Auge und lassen daraus eine lebendige Welt entstehen. Was wir denken, beeinflusst derart stark unsere Gefühle und unseren Körper, dass wir allein mittels Gedanken Veränderungen auslösen können. Wie das funktioniert, können Sie ganz leicht in einem kleinem Selbstversuch überprüfen: Stellen Sie sich intensiv vor, in eine eiskalte Zitrone zu beißen. Schließen Sie die Augen, führen Sie die Frucht an die Lippen, riechen Sie die Säure und jetzt beißen Sie hinein und spüren Sie den sauren Saft. Läuft Ihnen das Wasser im Mund zusammen?

Die positive Auftrittserfahrung: So leicht wie sich durch die Vorstellungskraft die Speichelproduktion im Mund aktivieren lässt, kann eine positive Auftrittserfahrung imaginiert werden. Der Moderator, der sich zu klein fühlt, könnte sich in seiner Vorstellung größer machen, sich vom Publikum feiern lassen und so sein Lampenfieber positiv beeinflussen. Es gibt eine ganze Reihe mentaler Übungen, die nachgewiesenermaßen wirken: autogenes Training (nach Schultz), Meditation, Gedankenreisen und imaginative Verfahren.

Mentalübung: Das Gute ist, Angst und Freude sind im gleichen emotionalen Zentrum im Gehirn verankert. Demzufolge können wir nie zwei gegensätzliche Emotionen gleichzeitig haben. Mit der folgenden Mentalübung können Sie Ihr Gehirn von der Emotion »Angst« auf »Freude« umprogrammieren.

Setzen Sie Ihre Fantasie richtig ein! Ankerübung Siegersituation

Setzen Sie sich bequem hin und schauen Sie, dass Sie ungestört sind. Legen Sie sich einen Stift und ein Blatt Papier bereit, beides brauchen Sie am Ende der Übung. Nun lesen Sie bitte zuerst diese Anleitung und legen Sie anschließend das Buch weg, damit Sie sich während der Übung voll und ganz auf sich selbst konzentrieren können.

Anleitung
Versetzen Sie sich in eine Situation, in der Sie erfolgreich waren und sich als Sieger gefühlt haben. Visualisieren Sie dieses Erfolgserlebnis vor Ihrem geistigen Auge. Nehmen Sie das erste Bild, das Ihnen in den Kopf kommt – selbst wenn dieses Erlebnis Jahre zurückliegt, möglicherweise in Ihrer Kindheit.

- Was genau sehen Sie? Schauen Sie sich dabei auch die Details des Erlebnisses an.
- Wie fühlt sich diese Situation körperlich? Wie ist die Muskelspannung, wie Ihr Atem?
- Was riechen Sie?
- Was hören Sie als Sieger? Welche Geräusche, Klänge, Stimmen nehmen Sie wahr?
- Wie ist der Geschmack auf der Zunge?
- Welches Bild verbinden Sie mit dieser Situation?

Nehmen Sie Zettel und Stift und malen Sie Ihr Bild auf. Es braucht kein Meisterwerk werden. Die Hauptsache ist, Sie wissen, was damit gemeint ist. Dieses innere Bild ist Ihr Anker als Sieger. Wenn Sie diese Übung regelmäßig machen, können Sie Ihr Gehirn auf die positiven Emotionen Ihrer Siegersituation programmieren. In Situationen, in denen Lampenfieber auftaucht, konzentrieren Sie sich auf dieses Bild.

Behalten Sie die Kontrolle: Stress ist immer subjektiv. Er hängt nicht mit der Menge an Arbeit oder Informationen zusammen, die ein Mensch zu bewältigen hat, sondern von der Kontrolle. Experimente haben gezeigt, dass Menschen immer dann gestresst sind, wenn Sie die Kontrolle über eine Situation verlieren (Spitzer 2014, S. 1).

Bei einer Moderation behalten Sie die Kontrolle am leichtesten, wenn Sie gut vorbereitet sind und in Ihrem Kopf Klarheit über Inhalt und Ablauf herrscht. Wenn Sie genau wissen, was Sie erzählen wollen und eine glasklare Struktur für Ihre Moderation haben, reduziert sich automatisch der Stress. Nutzen Sie dazu die Techniken, die ich Ihnen für die Vorbereitung einer Moderation empfohlen habe. Sprechen Sie frei und erzählen Sie in Bildern. Bauen Sie Objekte in die Moderation ein. Nicht nur, um Ihre Rede interessant zu gestalten – in Bezug auf Lampenfieber wirken sie wie ein mentaler Anker. Sie haben etwas in der Hand und brauchen nur beschreiben, was sie sehen.

Entwerfen Sie sich ein für Sie logisches Skript, in dem Sie nur Stichworte auf Ihre Moderationskarten übertragen, zu denen Sie locker loserzählen können. Achten Sie allerdings darauf, dass Sie Ihre Moderationskarten gut lesen können. Allein die Vorstellung, dass Sie auf die Karte schauen können, falls Sie einmal nicht weiter wissen, beruhigt Ihre Nerven.

Eine einfache Möglichkeit Aufregung abzubauen ist, sie auszusprechen. Ich habe oft im Training erlebt, dass es sehr entlastend für Menschen mit Lampenfieber ist, wenn sie offenbaren, dass sie ein bisschen nervös sind. Damit lassen Sie erkennen, dass Ihnen Ihre Gäste etwas bedeuten. Sie sind ehrlich und zeigen Gefühle. Das macht sie sympathisch. Niemand wird Sie deshalb auslachen oder kritisieren.

Viertens: die organisatorische Ebene – Rituale machen stark

Die beste Vorbereitung geht zunichte, wenn vor Ort das blanke Chaos herrscht. Wenn Sie die Veranstaltung selbst organisieren, brauchen Sie Menschen, die Sie unterstützen, damit Sie sich ganz auf Ihre Moderation konzentrieren können. Wenn Sie als externer Moderator auf der Bühne stehen, machen Sie Ihrem Veranstalter schon im Vorfeld klar, was Sie benötigen, um einen guten Job zu machen: Sei es ein Garderobenraum als Rückzugsort oder ein bestimmtes Zeitfenster, in dem Sie die Referenten zum Last-Minute-

Briefing treffen möchten. Versuchen Sie, Ihren Auftritt nach allen Möglichkeiten stressfrei zu organisieren und sich eine Umgebung zu schaffen, in der es Ihnen gut geht.

Anreise: Das beginnt damit, dass Sie nicht auf den letzten Drücker anreisen. Ich rate Ihnen, mindestens zwei, besser drei Stunden vorher am Veranstaltungsort einzutreffen. Das lässt Ihnen ausreichend Zeit, um sich mit den Örtlichkeiten vertraut zu machen. Sie können sich in Ruhe die Bühne anschauen, mit den beteiligten Personen besprechen und Abläufe durchgehen. Eine Technik- und Bühnenprobe gehört sowieso zum Pflichtprogramm. Denn sie gibt Ihnen Vertrauen und Sicherheit für den Ort, an dem Sie Ihren großen Auftritt haben.

Konzept beibehalten und auf den Auftritt konzentieren: In der Stunde vor Ihrem Auftritt sollte es keine Hektik, keine Diskussionen und keine grundsätzlichen, inhaltlichen Änderungen am Konzept geben. Wenn kurzfristig die Reiseroute geändert wird, heißt das für den Reiseleiter Stress pur. Auch sollten Sie nicht bis zur letzten Sekunde mit Gästen und Kollegen plaudern, E-Mails checken oder WhatsApp-Nachrichten versenden. Sie brauchen 100 Prozent Konzentration, um eine hochkomplexe Leistung wie Moderation zu erbringen.

Rituale: Die meisten professionellen Bühnenkünstler haben Rituale vor Ihrem Auftritt. Diese immer gleichen Abläufe geben Sicherheit und machen stark. Viele ziehen sich zehn bis 15 Minuten vor Ihrem Auftritt zurück, um sich zu sammeln und auf ihren Auftritt zu fokussieren. Die eine hat einen MP3-Player dabei und hört immer das gleiche Musikstück. Der andere geht hin und her und macht Atemübungen. Der Moderator Florian Silbereisen erzählte in einem Interview, dass er seine Nervosität mit Sport vertreibt. Auf einer Isomatte hinter der Bühne macht er kleine Übungen zum Aufwärmen. Dann zieht er sich noch einmal kurz in die Garderobe zurück, bevor es losgeht (http://www.schlagerplanet.com/news/wissenswertes/kreuz-und-quer/vor-dem-auftritt-die-rituale-der-stars_n4511.html).

Worauf Sie verzichten sollten

Es ist allgemein bekannt, dass viele Musiker und Schauspieler das eine oder andere Gläschen trinken, um sich vor dem Auftritt zu beruhigen. Alkohol beruhigt zwar, aber die Qualität der Moderation steigt damit nicht. Ich rate Ihnen unbedingt, auf Alkohol zu verzichten.

Auch Kaffee, Cola und Co. sollten Sie lieber stehen lassen, wenn Sie wissen, dass Sie nervös werden. Koffeinhaltige Getränke putschen auf und verstärken die Nervosität – und zwar bis zu fünf Stunden. Denn solange dauert es, bis der Körper das Koffein abgebaut hat.

Wenn Sie etwas Beruhigendes trinken möchten, versuchen Sie es mit Entspannungstee aus Lavendel, Melisse und Hopfen. Vielleicht schaffen Sie damit ein Ritual für sich.

Mein Tipp

Lachen Sie Ihr Lampenfieber weg. Lachen ist eine großartige Medizin gegen Lampenfieber. Zum einen, weil wir beim Lachen automatisch tief ein- und gründlich ausatmen. Zum anderen, weil Lachen glücklich macht. Die Lachmuskeln sind mit dem Gehirn gekoppelt, sobald sie aktiviert werden, wird das Glückshormon Serotonin ausgeschüttet.

Psychologische Hilfe

Wenn Sie unter starker Auftrittsangst leiden, die Sie nicht aus eigener Kraft verbessern können, empfehle ich Ihnen, einen Facharzt für psychosomatische Medizin oder einen Psychotherapeuten zu konsultieren. An der Universitätsklinik Bonn gibt es seit einigen Jahren eine Lampenfieberambulanz. Institute für Musikermedizin bieten Sprechstunden für Musiker an, die unter Lampenfieber leiden. An diese Einrichtungen können sich auch Schauspieler, Sänger und Moderatoren wenden (wichtige Adressen finden Sie als Download unter www.beltz.de direkt beim Buch).

■ **Was hilft wann? Maßnahmen zur Optimierung des Lampenfiebers für Moderatoren**

Zeitpunkt	Maßnahmen
Wochen vor dem Auftritt	■ Einüben von – mentalen Übungen – körperlichen Übungen (Sport, Atemübungen, Entspannungsübungen) – Übungen zum Körperbewusstsein – Übungen zur Konzentration – freiem Sprechen ■ logisches und klares Moderationskonzept erstellen und proben
Stunden vor dem Auftritt	■ leichtes Bewegungsprogramm ■ körperliche Entspannungsübungen ■ mentale Übungen ■ Probe ■ Publikumsbeziehung stärken
Minuten vor dem Auftritt	■ Abrufen von – mentalen Übungen – Körperbewusstsein (Aufrichten, Gehen) – Atemübungen – Konzentration ■ Rituale
Während des Auftritts	■ Konzentration ■ Körperbewusstsein ■ bewusste Atmung ■ Gefühle aussprechen ■ Blickkontakt zu Ankerpersonen ■ direkter Dialog mit Gästen
Nach dem Auftritt	■ Freude und Entspannung ■ Selbstreflexion ■ Nachbesprechung mit vertrauten Personen ■ weitere Ziele festlegen ■ Bühnentagebuch

Moderation – auf der Bühne die beste Leistung bringen

Bühne, 18 Uhr: Es geht los!

Das Licht im Saal verdunkelt sich. Stimmen werden leiser. Musik fährt hoch. Auf Leinwand startet ein Film. Emotionale Bilder zeigen die Geschichte des Unternehmens. Das letzte Bild bleibt stehen. Der Schriftzug fliegt hinein: 50 Jahre Müller-Meier-Schmidt. Ein Sprecher sagt: »Begrüßen Sie die Moderatorin des heutiges Tages: Maxima Elfenbein!«

Der erste Eindruck

Eine Zehntelsekunde, so kurz wie ein Wimpernschlag dauert der erste Eindruck. Noch bevor wir bewusst etwas tun, haben wir bereits etwas getan: einen Eindruck hinterlassen. Mit unserem Gang, der Körperhaltung, dem Klang der Stimme, der Art und Weise, wie wir vor das Publikum treten, haben wir Signale gesendet. Diese Signale werden unbewusst verstanden. Unsere Zuschauer entscheiden in Sekundenschnelle, wie sie uns finden: vertrauenswürdig oder sympathisch, langweilig oder interessant, freundlich oder arrogant. Der erste Eindruck entscheidet darüber, ob sie Lust haben, uns aufmerksam zuzuhören oder ob sie gedanklich doch lieber abschalten.

Die Fähigkeit, uns sofort eine Meinung über andere bilden zu können, hat evolutionsbiologische Wurzeln. Unsere Vorfahren waren gezwungen, blitzschnell zu entscheiden, ob der andere Freund oder Feind ist. Sie erinnern sich an die Szene am Feuer mit der Keule … Noch heute hat unser Gehirn eine Art Werkzeugkoffer, mit dem wir Fremde unbewusst erst einmal in eine Schublade einordnen, bevor wir uns anhören, was sie zu sagen haben. Die erste Schublade heißt Vertrauenswürdigkeit, die zweite betrifft den sozialen Status (Marzi u.a. 2012, S. 63). Mit diesen Schubladen bestätigen wir Eindrücke, die wir schon einmal hatten. Das Gehirn gleicht ständig Neues mit Erlebtem ab. Deshalb glauben wir auch zu wissen, wie jemand im wirklichen Leben ist, den wir nur aus dem Fernsehen kennen.

Wenn Sie einmal in einer Schublade stecken, kommen Sie so schnell nicht wieder heraus. Dafür sorgt der Primäreffekt, mit dem unser Gedächtnis die Informationen am stärksten einschätzt, die es als Erstes wahrgenommen hat. Fragen Sie sich doch einmal selbst: Wie oft haben Sie in letzter Zeit Ihren ersten Eindruck von jemandem korrigiert? Wie oft haben Sie gedacht, der oder die ist gar nicht so, wie ich es annahm? Dazu kommen verallgemeinerte Vorurteile: Wissenschaftler sprechen fachchinesisch, Komiker erzählen lustige Geschichten, Moderatorinnen sind Plaudertaschen. Vorurteile sind ein Unkraut, das einmal gejätet, schnell wieder nachwächst. Diese Gesetzmäßigkeiten gelten für alle Situationen, in denen wir zum erstem Mal einer fremden Person gegenüberstehen: ob beim ersten Date, beim Vorstellungsgespräch oder als Gastgeber auf einer Bühne.

Als Moderator haben Sie also nur den Bruchteil einer Sekunde, um einen positiven ersten Eindruck zu hinterlassen. Mit einem starken Anfang gewinnen Sie das Publikum für sich und die Veranstaltung. Eine einfache Formel hilft Ihnen, um wirkungsvoll aufzutreten: 4 × A.

Die Formel für einen starken Auftritt: 4 × A

Aufrichten: Betreten Sie die Bühne in aufrechter Körperhaltung. Ziehen Sie sich dazu wie an einem unsichtbaren Faden nach oben. Stellen Sie sich vor, Sie hätten einen Heiligenschein. Der sollte Sie genau in der Mitte über Ihrem Kopf, Ihren Schultern und Ihrem Becken krönen.

Auftreten: Schreiten Sie in einem dynamischen Tempo (anstatt zu schlendern, zu schlürfen oder zu rennen) auf die Bühne. Nehmen Sie dabei Ihr Brustbein wahr, das vorangeht. Seien Sie präsent, indem Sie alle Sinne auf Empfang haben und die Zuschauer bereits mit Ihrem Blick wahrnehmen. Behalten Sie dabei aber trotzdem im Auge, wohin Sie laufen.

Ankommen: Beginnen Sie erst mit dem Sprechen, nachdem Sie an Ihrem Standpunkt im Bühnenzentrum angekommen sind und Sie Ihr Publikum wahrgenommen haben. Dazu benötigen Sie eine minimale Pause am Anfang.

Anfangen. Der Anfang muss sitzen. Mit einem guten Start stellen Sie die Weichen, damit Ihnen Ihre Zuschauer gern zuhören.

Programm im Fluss

Gelegentlich höre ich von Veranstaltern die Kritik, dass ein Moderator eine Veranstaltung nicht gut geführt hat. Was hat er falsch gemacht? Oftmals sind es nur Kleinigkeiten, die diesen Eindruck entstehen lassen, zum Beispiel bei den Übergängen der Programmpunkte. Das ist der kurze Augenblick, in dem ein Redner die Bühne verlässt und der nächste kommt. Ist in diesem Moment der Gastgeber nicht zur Stelle, wirkt die Bühne verlassen. So entsteht der Eindruck, das Programm sei nicht im Fluss.

Ein Podium darf während des Programms nie ohne »Personal« sein. Mit der Ankündigung übergeben Sie es sinnbildlich an den nächsten Redner oder Künstler, mit der Abmoderation übernehmen Sie es wieder. Dazu müssen Sie aufmerksam sein und ein gutes Gefühl für das Timing haben. Warten Sie so lange, bis Ihr Gast auf der Bühne ist und weisen ihm mit einer charmanten Geste den Platz für seinen Auftritt. Dann verlassen Sie hinter ihm oder seitlich von ihm die Bühne. Auf jeden Fall laufen Sie nicht vor ihm entlang. Bei der Abmoderation läuft es andersherum. Seien Sie vorbereitet, direkt nach den letzen Worten Ihres Gastes wieder auf der Bühne zu stehen. Es gibt Referenten, die sehr schnell von der Bühne eilen.

Selbstverständlich gehen Sie nicht in die Garderobe, während auf der Bühne ein Programmpunkt läuft, auch wenn dieser mit 45 Minuten geplant ist. Schließlich halten Sie als Gastgeber die Fäden zusammen und sollten mitbekommen, was auf der Bühne geschieht und gesagt wird. Es kommt gelegentlich vor, dass ein Redner seinen Vortrag abkürzt. Und was, wenn der Gastgeber dann nicht zur Stelle ist? Zudem soll es möglicherweise im Anschluss noch ein kurzes Gespräch mit dem Referenten geben oder später eine Podiumsdiskussion. Hören Sie deshalb während eines Vortrags zu, schreiben Sie sich relevante Aussagen und mögliche Nachfragen mit, und es wird Ihnen anschließend leichter fallen, passende und kluge Fragen zu stellen. Interessant ist es auch, die Reaktionen des Publikums aufzunehmen. Wenn es bei einer bestimmten Aussage des Referenten im Saal Applaus oder Kopfschütteln gibt, bietet es sich an, diesen Aspekt noch einmal aufzugreifen.

Denken Sie nach vorn – die Drei-Schritte-Regel

Sie haben 27 Moderationskarten für fünf Stunden Programm. Darauf: Anmoderationen, Übergänge, Fragen für Interviews und eine Podiumsdiskussion. Wer versucht, an all das gleichzeitig zu denken, wird sich verzetteln. Bei einer Moderation zählen immer die nächsten fünf Minuten. Arbeiten Sie Punkt für Punkt Ihr Programm ab. Dabei hilft es, immer in drei Schritten vorauszudenken. Was kommt als Erstes, als Zweites, als Drittes: Gäste begrüßen – sich selbst vorstellen – den ersten Redner ankündigen. Oder: Redner abmoderieren – Podiumsdiskussion anmoderieren – erste Frage stellen. So behalten Sie stets gut den Überblick. Mit der Drei-Schritte-Regel haben Sie zudem immer nur die Moderationskarten in der Hand, die bis zur nächsten Auszeit wichtig sind.

Wenn die Veranstaltung einmal läuft, kennt sie nur noch eine Richtung: vorwärts. In die gleiche Richtung sollten auch Ihre Gedanken laufen. Denken Sie nach vorn und nicht zurück. Während Sie moderieren, dürfen Sie nicht über Fehler, Versprecher oder Konsequenzen nachdenken. Sobald die Gedanken kreisen und Sie zurückdenken und bewerten, beanspruchen Sie Ihr Gehirn in einem Maße, dass ihm für die eigentliche Aufgabe Kapazität fehlt. In der Folge sind Sie unkonzentrierter und es passieren weitere Fehler. Um Bühnenpräsenz zu entwickeln, muss der Fokus ganz auf dem Tun liegen. Für Reflexion ist später Zeit.

Was Sie bei einem Blackout tun können

Ein Blackout ist eine Situation, in der Bühnenkünstler komplett die Orientierung verlieren. Musiker wissen nicht mehr, welche Partitur sie spielen. Schauspieler vergessen ihre komplette Rolle. Bei Moderatoren kommt ein solcher Totalausfall sehr selten vor. Denn die meisten arbeiten mit Moderationskarten, von denen Sie im Notfall ablesen können. Sie können vorbeugen, indem Sie für Entspannung sorgen und insbesondere auf eine gute Organisation achten. Falls Sie doch einmal den Faden verloren haben und nicht weiter wissen, sagen Sie es. Eine Schwäche ungeschickt zu überspielen, wirkt schwach. Die Situation ansprechen, macht Sie stark und bringt Ihnen Sympathiepunkte.

Gäste auf der Bühne – interessante Interviews führen

Bühne, 18:05 Uhr, erster Programmpunkt

Es ist ein besonderer Abend. Mit dem 50-jährigen Jubiläum gibt der langjährige Chef des Unternehmens die Führung an seine Nachfolgerin ab. Es ist sein letzter großer Auftritt vor seinen Mitarbeitern, Kunden und Weggefährten. Im Gespräch mit Ihnen blickt er zurück auf eine bewegte Zeit …

Bei den meisten Veranstaltungen stehen Interviews auf dem Programm. Aus gutem Grund: Sie sind viel unterhaltsamer als langatmige Grußworte oder endlose Folienschlachten. Ein gut geführtes Interview liefert neben Expertenwissen, Hintergründen und Meinung auch persönliche und interessante Geschichten. So bekommen die Zuschauer einen tieferen und emotionaleren Zugang zu diesem Menschen und seinen Themen, als dies bei einer Vortragssituation der Fall wäre. Vielen Rednern kommt der Dialog mit dem Moderator entgegen, weil sie nur auf Fragen antworten brauchen, statt eine halbe Stunde allein zu bestreiten.

Gute Gespräche auf der Bühne zu führen, ist eine echte Kunst. Wie sie gelingt, erfahren Sie in diesem Kapitel.

Drei Interviewformen

In der Hauptsache werden bei Veranstaltungen drei Formen von Interviews geführt:

- Small Talk
- informative Interviews
- lange Gespräche

Der kurze Small Talk: Der Small Talk ist in der Regel zwischen zwei und fünf Minuten lang und wird meistens als Warm-up für einen Referenten gemacht. Das Publikum soll mit dem Vortragenden warm werden und andersherum. Dazu stellt der Moderator dem Experten zwei bis drei kurze Fragen als Einstieg in seinen Beitrag. Diese Fragen sollten persönlich, interessant und witzig sein, aber nicht die Inhalte des Vortrags vorwegnehmen.

Diese Miniform des Interviews kann ebenso zur Kurzvorstellung eines Programmteils eingesetzt werden. Bei einer Veranstaltung beispielsweise, die verschiedene Workshops beinhaltet, können die Workshopleiter oder ein Teilnehmer für einen Small Talk auf die Bühne kommen und in Kürze die Highlights oder die wichtigsten Erkenntnisse berichten.

Das informative Interview: Diese Art des Interviews ersetzt kurze Präsentationen und Vorträge. Die Länge zwischen sieben und 15 Minuten erlaubt es, thematisch so weit in die Tiefe zu gehen, um eine Sache oder eine Person ausreichend vorzustellen. Allerdings sind der Detailtiefe Grenzen gesetzt. In einem Interview lassen sich schlecht Zahlenkolonnen und Stichwortlisten abarbeiten. Dass dies der Aufmerksamkeit der Zuschauer sowieso nicht zuträglich ist, wissen Sie bereits.

Sie können ein Interview zu einer Sache oder einer Person führen. Was in welchem Fall interessanter ist, hängt von der Thematik ab. Nehmen wir an, der neue Vorstand eines Unternehmens hat seinen ersten Auftritt bei der Mitarbeiterversammlung. Wäre es nicht schön, anstelle seiner Antrittspräsentation mit einem Interview zu seiner Person zu beginnen? Alternativ, aber nicht ganz so spannend, könnte der Moderator mit ihm über die neue geplante Strategie sprechen. Natürlich gibt es genauso viele Situationen, in denen ein Interview zur Sache spannender ist. Von einem Botaniker, der gerade eine spektakuläre neue Art entdeckt hat, will ich vor allem etwas über die Pflanze erfahren und nicht über seine Karriere. Auch auf Messen eignet sich ein spritziges, witziges Interview, das Produkte und Dienstleistungen vorstellt.

Ich kenne viele Unternehmen, die mittlerweile mehr und mehr von Frontalpräsentation auf Interviewformate umstellen, weil es für die Zuschauer kurzweiliger und unterhaltsamer ist. Kürzlich habe ich für ein Bauberatungsunternehmen das komplette Programm einer Mitarbeitertagung mit 1 500 Teilnehmern in Dialogform moderiert. Statt der üblichen Präsentationen standen Vorstände und Führungskräfte in Gesprächsrunden Rede und

Antwort. In den Feedbacks der Mitarbeiter wird diese Art der Präsentation äußerst positiv bewertet. Das funktioniert aber nur, weil dieses Unternehmen Spielraum lässt für kritisches Nachfragen. Wären die Interviews komplett geschrieben und abgesprochen, würde sich dieser Effekt ins Gegenteil umkehren: Die Teilnehmer würden sich wie in einem schlechten Theaterstück fühlen und die Glaubwürdigkeit der Unternehmensführung würde leiden.

Natürlich ist kritisches Nachfragen eine Gratwanderung, insbesondere wenn Sie als Mitarbeiter Ihres Unternehmens beziehungsweise Ihrer Organisation moderieren. Hier hilft die Rollenklarheit am Anfang. Erklären Sie Ihren Vorgesetzten und Ihren Gästen, dass Sie in der Rolle des Moderators kritisch nachfragen werden. Ich versichere Ihnen, Sie haben mehr Spielraum als Sie glauben.

Das lange Gespräch: Wenn Sie eine Person oder ein Thema in seiner ganzen Breite darstellen möchten, eignet sich das lange Interview. In 20 bis 30 Minuten können Sie gut in die Tiefe gehen und einzelne Aspekte genau besprechen.

Ein Werkstattgespräch zum Thema »Traumjob Entwicklungshelfer« mit anschließender Fragerunde ist gut in diesem Format aufgehoben, ebenso ein Interview mit einem Burnout-Patienten über seine Geschichte und seine Erfahrungen im Rahmen eines Kongresses.

Damit lange Gespräche gut ankommen, müssen interessante Fragen gestellt werden und die Dramaturgie stimmen. Ansonsten schneidet ein solches Interview schlechter ab als eine Präsentation. Insbesondere bei dieser Form muss der Interviewer sein Handwerk beherrschen. Unerfahrenen Moderatoren rate ich, mit kurzen Gesprächen zu üben, bevor sie ein langes Interview führen.

Was es braucht, damit Gespräche gelingen

Ein Gespräch auf der Bühne ist keine Alltagsplauderei und kein Theaterstück, sondern ein journalistisches Interview – obgleich es bei den wenigsten Veranstaltungen so kritisch zugeht wie im harten Journalistenalltag. Die Anforderungen an denjenigen, der das Gespräch führt, sind allerdings die gleichen.

Ein guter Interviewer ist neugierig, oder wie es Roger Willemsen sagte: »Er muss Hunger auf Menschen haben« (Tirok 2013, S. 211). Nur wenn er wirklich interessiert ist an anderen Menschen und ihren Themen, ist er in der Lage, interessante Fragen stellen. Überprüfen können Sie das im Alltag. Versuchen Sie einmal ein Gespräch zu führen mit einer Person, die Sie nicht interessiert. Es ist unmöglich, etwas Interessantes zu erfahren.

Einfühlungsvermögen: Die Art, wie Sie fragen, entscheidet über den Verlauf eines Gesprächs. Sie müssen guten Kontakt zum Gesprächspartner haben. Es geht um das gegenseitige Verständnis, das Spüren, an welcher Stelle nachgehakt werden kann, und wann Sie es besser lassen. Nur wenn Sie auf Ihren Gast eingehen, bekommen Sie gute Antworten. Als Gastgeber tragen Sie auch die Verantwortung, dass sich ein Gesprächspartner nicht durch seine Aussagen öffentlich blamiert oder in eine missliche Situation bringt.

Eine offene und neutrale Haltung: Ich gebe zu, das ist gerade für unternehmensinterne Moderatoren eine Herausforderung. Schließlich sind Sie mit der Firma oder der Organisation verbunden und haben Ihre Meinung zu den Dingen. Bei Interviews ist es daher noch wichtiger, sich seiner Gastgeberrolle von Anfang an klar zu werden. Wenn Sie als Gastgeber allein moderieren, dürfen Sie Ihre Meinung kundtun, aber sobald Sie jemanden befragen, tun Sie dies aus einer neutralen Position. Das bedeutet: weder parteiisch sein noch das Gespräch in eine bestimmte, gewünschte Richtung lenken. Die Zuschauer können und möchten sich selbst eine Meinung bilden.

Der Gastgeber redet weniger als sein Gast. Wenn Experten Experten befragen, wissen die Zuschauer oft nicht, wer da gerade wen befragt. Expertenwissen ist gut für die Vorbereitung und um kluge Fragen zu stellen, aber im Gespräch sollten Sie sich damit zurückhalten. Schließlich ist der Experte eingeladen, damit dieser sein Wissen und seine Ansichten vertreten kann. Also stehlen Sie ihm bitte nicht die Schau.

Der Gastgeber fragt für die Zuschauer, indem er Fragen stellt, die die Zuschauer interessieren. Der Befragte antwortet dem Moderator für die Zuschauer. Es besteht also eine Dreierbeziehung zwischen Moderator, Befragtem und Zuschauer. Dieses Beziehungsdreieck sollten Sie schon bei der Vorbereitung, aber auch später beim Gespräch im Hinterkopf haben.

Eine gute Vorbereitung: Gelegentlich treffe ich auf Moderatoren, die glauben, für »so ein kleines Gespräch« bräuchten sie sich nicht vorbereiten. Machen Sie besser keinen Liveversuch. Ein Bühnengespräch muss noch intensiver als jeder andere Moderationspart vorbereitet werden. Der Medienwissenschaftler Michael Haller formulierte das einmal so: »Nur wer schon etwas weiß, kann gut fragen, denn er weiß, was er nicht weiß« (Haller 2001).

Interviewvorbereitung in fünf Schritten

Erster Schritt: Interviewziel festlegen

Wie man beim Marathon sollte man auch bei einem Interview wissen, wo das Ziel ist, und welchen Weg man dahin nehmen muss. Also: Was sollen die Zuschauer aus dem Interview erfahren? Vor welchem Hintergrund wird es geführt? Ein Gespräch mit dem Diversitybeauftragten kann den Mitarbeitern die Pläne des Unternehmens in diesem Bereich verdeutlichen. Ein Small Talk mit einem Mitarbeiter über die Erlebnisse beim Teambuilding kann die Maßnahme kollektiv reflektieren.

Es gibt immer einen Grund, warum das Interview auf dem Programm steht: Das Interview erfüllt ein bestimmtes Informationsbedürfnis der Zuschauer und ein bestimmtes Vermittlungsbedürfnis des Veranstalters. Beidem ist der Moderator verpflichtet. Auf dieser Basis legen Sie ein Interviewziel fest. Dieses Ziel darf beim Konzept und später beim Gespräch nicht aus den Augen verloren werden. Ich schreibe es mir aus diesem Grund oben auf die Moderationskarte.

Zweiter Schritt: Recherche und Schwerpunkt festlegen

Sobald klar ist, worum es gehen soll, wird recherchiert. Wie Sie das machen und wer Ihre Quellen sind, wissen Sie bereits aus der Moderationsvorbereitung. Für ein Interview ist es empfehlenswert, sich Informationen zu drei Bereichen zu beschaffen. Und zwar in dieser Reihenfolge:

- erstens: Sachaussagen, Wissen zum Thema oder der Person
- zweitens: Äußerungen der Person selbst
- drittens: Einschätzungen und Meinungen Dritter zum Thema oder der Person

Für ein Interview ist mehr Wissen erforderlich als für eine einfache Anmoderation. Nur wenn Sie einigermaßen sattelfest im Thema sind, können Sie Aussagen und Ansichten Ihres Gesprächspartners hinterfragen. Sofern Sie vorab ein Recherchegespräch mit ihm führen, fragen Sie ihn, was aus seiner Sicht noch zum Thema wichtig ist. Aber auch, ob es etwas gibt, worüber er auf der Bühne auf keinen Fall sprechen möchte.

Ein Thema hat viele Aspekte, die nicht alle im Interview berücksichtigt werden können. Deshalb ist es notwendig, das Thema einzugrenzen und einen Schwerpunkt festzulegen. Wenn Sie auf der eingangs erwähnten Jubiläumsgala mit dem langjährigen Unternehmenschef zehn Minuten über die Vergangenheit sprechen sollen, geht es in dem Gespräch nur um ihn und die Entwicklung seines Unternehmens. Es geht nicht um die künftige

Unternehmensstrategie, nicht um Produktentwicklung, nicht um Mitarbeiterführung.

Dritter Schritt: Fragensammlung anlegen

Was interessiert Sie zu dem Thema? Was möchten die Gäste wissen? Auf dieser Basis entwickeln Sie Fragen, die Sie nach Themenkomplexen ordnen. Auf jeden Fall sollten Sie mehr Fragen vorbereiten, als Sie stellen können. So haben Sie immer Material in der Hinterhand.

Ob Sie die Fragen ausformulieren oder sich nur Stichworte notieren, überlasse ich Ihnen. Die meisten Profis arbeiten nur mit Stichworten. Das macht sie freier in der Formulierung und flexibler, Fragen spontan zu stellen und auf die Antworten einzugehen. Unerfahrenen Interviewern hilft es, sich Fragen auszuformulieren. Sie gewinnen damit Sicherheit, klare Fragen zu stellen. Allerdings verleitet ein Fragenkatalog dazu, sich daran zu klammern und den Blickkontakt zum Gesprächspartner zu verlieren. Ein solcher Katalog sollte nur als Gerüst oder Spickzettel dienen.

Einer der häufigsten Fehler besteht darin, dass Moderatoren zu komplex fragen oder mehrere Fragen aneinanderreihen. »Wo haben Sie die neue Algenart entdeckt, und welche Bedeutung hat sie für das Meeresklima?«, sind zwei verschiedene Fragen. Der Interviewpartner wird die Frage beantworten, die ihm gerade am besten passt oder an die er sich erinnert. Besser ist es, kurze und klare Fragen zu stellen. Der Gesprächspartner muss verstehen, was Sie von ihm wissen wollen. Gut sind Ihre Fragen dann, wenn Sie sie belastbar machen können. Wenn Sie auf die Gegenfrage »Warum wollen Sie das wissen?« eine Antwort parat haben.

Bei einem Live-Interview ist jede Minute Antwortzeit wertvoll. Deshalb werden auf der Bühne nur die Dinge gefragt, die wir nicht selbst wissen können: Expertenwissen, Hintergründe, Meinung, Persönliches. Fakten werden vorher recherchiert und können kompakt in einer Plateaufrage untergebracht werden: »Herr Müller, Sie sind seit 30 Jahren im Automobilgeschäft, etliche Autos tragen Ihre Handschrift, zuletzt haben Sie den neuen Fluffi entwickelt. Wie sieht das Auto der Zukunft aus?«

Viele Zuschauer sind zu Recht genervt, wenn in Interviews stets die gleichen langweiligen Fragen gestellt werden. »Was ist das Besondere an Ihrem neuen Automodell?« – Das ist keine besonders originelle Frage an einen

Autoentwickler. Besser: »Wenn Sie mich zu einer Spritztour im neuen Modell einladen, was zeigen Sie mir als Erstes?«, »Und was würden sie Ihrer Oma im neuen Modell als Erstes zeigen?«, »Wie fühlt sich das Fahren im neuen Modell an?«, »Was kann ich in Ihrem neuen Modell machen – außer fahren?« …

Die wichtigsten Frageformen

Offene Frage: Wo haben Sie Außerirdische gesehen?
Geschlossene Frage: Haben Sie Außerirdische gesehen?
Auswahlfrage: Haben Sie Außerirdische selbst gesehen, oder hat es Ihnen jemand erzählt?
Indirekte Frage: Viele sagen, es gibt keine Außerirdischen. Was glauben Sie?
Plateaufrage: Sie wohnen in Stuttgart in einem Haus am Stadtrand und sagen, dass Sie dort im Oktober Außerirdische gesehen haben. Was haben Sie genau beobachtet?
Interpretierende Nachfrage: Heißt das, dass die Außerirdischen mit Ihnen gesprochen haben?
Suggestivfrage: Beobachten Sie häufiger Dinge, die außer Ihnen niemand sieht?
Konkretisierungsfrage: Was meinen Sie damit?
Vereinfachungsfragen: Wie würden Sie das Ihren Kindern erklären?
Fragen zur Interviewsituation: Warum weichen Sie mir bei dieser Frage aus?

Vierter Schritt: Interviewkonzept

Ein Interviewkonzept ist der Leitfaden über den Inhalt und den Verlauf des Interviews. Wie jeder andere Programmpunkt beginnt auch das Interview mit einer Anmoderation. Darin stellen Sie Ihren Gesprächsgast vor und machen den Zuschauern seine Rolle klar. Warum interviewen Sie ihn? Was macht ihn relevant für die Zuschauer? Dadurch geben Sie den Gästen Orientierung, und Ihnen fällt es leichter, die richtigen Fragen zu stellen. Wichtig ist vor allem der Einstieg ins Gespräch. Die erste Frage muss Aufmerksamkeit erzeugen und die Zuschauer hineinziehen. Ich lege diese Frage immer fest.

Auch die TV-Moderatorin Sandra Maischberger eröffnet sehr bewusst ihre Gespräche, wie sie in einem Interview erläuterte: »Die Einstiegsfrage ist wichtig. Gehe ich direkt ins Thema? Stelle ich eine Frage, die an der Seite liegt? Mache ich etwas Überraschendes? Als Daniel Cohn-Bendit zugeschaltet war, lautete die Einstiegsfrage ›Haben Sie mit Joschka Fischer den dritten Weltkrieg geplant?‹ Dies ist eine klassische Einstiegsfrage, überraschend für den Zuschauer und den Gast. Cohn-Bendit ist Profi. Mit dem kann ich so etwas machen ...« (Maischberger 3/2001).

Im Weiteren skizziere ich den idealtypischen Gesprächsverlauf. Dabei ist zu überlegen, in welcher Reihenfolge die Aspekte des Themas gefragt werden können und wie das Gespräch verlaufen könnte. Gelegentlich treffe ich auf Moderatoren, die ihre Fragen der Reihe nach durchnummerieren und dann exakt in dieser Reihenfolge abfragen. Schlimmer wird es nur noch, wenn der Interviewpartner diese Fragen genauso vorher bekommt und sich die Antworten vorformuliert und vom Zettel abliest. Ein Interview muss unbedingt Raum für Spontaneität lassen. Denn oft erfahren Sie erst im Gespräch die wirklich interessanten Dinge. Der mögliche Gesprächsverlauf gibt lediglich eine grobe Linie vor, wie das Gespräch einen Spannungsbogen erhält. In welcher Reihenfolge gefragt wird, entscheidet sich erst im tatsächlichen Interview.

Das Wichtigste gehört dabei auf keinen Fall an den Beginn des Gesprächs und auch nicht ans Ende. Wird die Kernfrage gleich am Anfang beantwortet, gibt es für die Zuschauer keinen Grund weiter zuzuhören. Am Ende reicht die Zeit vielleicht nicht aus. Ungünstig, wenn dann das Wichtigste nicht beantwortet wurde.

Beim Live-Interview ist es absolut notwendig, dass die Zeit eingehalten wird. Stellen Sie sich einmal vor, Sie sollen drei Interviews von zehn Minuten in einer halben Stunde führen und überziehen die ersten zwei um jeweils fünf Minuten. Dann fällt das letzte Interview aus.

Wie viele Fragen können Sie zehn Minuten unterbringen? Vergessen Sie nicht, Ihre eigene Redezeit abzuziehen. Also: Interviewzeit minus Anmoderation (ungefähr eine Minute) minus Fragezeit (fünf bis 15 Sekunden pro Frage). Wenn Ihr Gesprächspartner gern redet, sind seine Antworten vielleicht 45 Sekunden bis anderthalb Minuten lang. Wortkarge Gesprächspartner antworten auch schon mal in einem Halbsatz mit zehn Sekunden. Man rechnet pro Frage inklusive eventueller Nachfragen in der Regel eine Minute. Somit bringt man je nach Gesprächigkeit des Gastes in zehn Minuten zwischen acht und zwölf Fragen unter.

Das Ende des Interviews sollte ebenfalls geplant werden. In den letzten drei Fragen entscheidet sich, wie das Gespräch beurteilt wird (Friedrichs/Schwinges 2005, S. 63). Zum Abschluss eignen sich zum Beispiel Fragen nach einem Ausblick: »Der neue Geschäftsführer hat sein Amt angetreten. Mit welchem Gefühl gehen Sie in Ihren Ruhestand?« Oder es wird nach der persönlichen Einschätzung gefragt: »Wenn Sie allein bestimmen dürften, was würden Sie tun?«

Eine Zusammenfassung des Interviews durch den Moderator ist meist nur ungenau – einfacher und konkreter ist eine Frage wie: »Was sind Ihre drei wichtigsten Ratschläge, die Sie weiblichen Führungskräften mit auf den Weg geben möchten?«

Übung: Interviewvorbereitung

Nehmen wir einmal an, Sie sollen während einer Veranstaltung zum Thema »Alternative Lebenswege« einen Menschen befragen, der ohne Geld lebt. Im Programm ist das Gespräch unter dem Titel »Glücklich ohne Geld!?« angekündigt. Die Zielgruppe der Veranstaltung ist die breite Öffentlichkeit von jung bis alt. Sie haben zehn Minuten Zeit für Ihr Interview. Was fragen Sie Ihren Gast?
Bereiten Sie das Gespräch vor: Legen Sie Ziel und Schwerpunkt fest und entwickeln Sie das Konzept für das Interview.

Fünfter Schritt: Vorgespräch führen

Das Vorgespräch findet entweder am Telefon statt oder – falls Ihr Gesprächsgast sehr prominent ist – vor Ort beim Last-Minute-Briefing. Im Gegensatz zum Recherchegespräch dient das Vorgespräch dazu, dass Sie ein Gefühl für den Interviewpartner bekommen. Welches Temperament hat die Person? Wie spricht er oder sie: langsam oder schnell, einfach oder fachchinesisch? Ist der Gast vielleicht vor dem Bühnenauftritt aufgeregt? Dieses persönliche Kennenlernen hilft, sich aufeinander einzustellen.

Beim Vorgespräch können Sie kurz über das Ziel des Gesprächs und die Schwerpunkte reden, über mehr aber nicht. Sonst haben Sie Ihr Pulver verschossen, wenn es wirklich zur Sache geht. Reden Sie lieber übers Wetter, aber besprechen Sie nicht die einzelnen Fragen. Sonst antwortet der Gast in der Live-Situation wohlmöglich mit: »Wie ich Ihnen vorhin erzählt habe …« Vorhin waren Ihre Gäste aber nicht mit dabei.

Sieben Tipps für die gute Gesprächsführung im Interview

Erstens: Ein Bühneninterview ist ein Gespräch auf Augenhöhe – egal ob Sie einen Staatschef oder den Papst interviewen. Das Gleiche gilt, wenn Sie als Mitarbeiter den Vorstand befragen.

Allzu oft ist leider zu beobachten, wie Moderatoren vor lauter Ehrfurcht erstarren und zu Mikrofonhaltern auf zwei Beinen werden. Das ist schade, denn die Glaubwürdigkeit beider Personen sinkt und der Erkenntnisgewinn für die Zuschauer ist nur halb so groß. Auch wenn Veranstaltungsmoderatoren (als interne oder externe Dienstleister) in der Regel ihrem Veranstalter verpflichtet sind und natürlich das Interview im Auftrag führen, sollten sie eigenständige, neugierige und kritische Fragen im Sinne des Publikums stellen. Wenn Sie nur fragen, was Ihnen die Presseabteilung vorher aufgeschrieben (und erlaubt) hat, bleibt ein Gespräch weit hinter seinen Möglichkeiten zurück.

Seien Sie mutig und riskieren Sie, ungewöhnliche Antworten zu erhalten. Unter Journalisten heißt es, ein Interview war nur dann gut, wenn der Gesprächspartner gut war.

Zweitens: Zuhören ist das Wichtigste. Darüber sind sich alle erfolgreichen Interviewer einig. »Ein gutes Gespräch setzt Zuhören voraus. Das ist die Grundbedingung. Und man muss gewillt sein, den Gesprächsfaden weiterzuspinnen. Die Ohren sind dafür wichtiger als der Mund«, sagte der SWR-Fernsehmoderator Wieland Backes in einem Interview (FAS 49/2014).

Allerdings tun sich damit viele Moderatoren schwer. Während der Gesprächspartner antwortet, sind sie in Gedanken damit beschäftigt, wie sie am besten weiterfragen. Der Ergebnis klingt wie das Abarbeiten eines Katalogs mit dem Titel »Zehn Fragen an …«.

Ein Gespräch wird erst lebendig, wenn Sie als Moderator auf die Antworten eingehen und nachfragen. Dazu müssen Sie verstehen und nachvollziehen können, was Sie hören. Zuhören ist ein aktiver Prozess. Er lässt sich mit der folgenden Übung trainieren.

Übung: Aktives Zuhören

Für diese Übung brauchen Sie einen Sparringpartner. Empfohlene Dauer: zweimal zehn Minuten. Setzen Sie sich gegenüber. Versuchen Sie, Blickkontakt zu halten.
Person A (Erzähler) beginnt nun etwas zu erzählen. Das Thema spielt keine Rolle. Sie können über den letzten Urlaub sprechen, über den Job oder über ein politisches Thema. Einige Sätze sind ausreichend. Je mehr Sie erzählen, desto schwieriger wird die Übung.
Person B (Zuhörer) muss nun wiederholen, was sie hört und verstanden hat. Wichtig: Es muss nicht in den Worten des Erzählers, sondern in eigenen Worten wiederholt werden. Beginnen Sie am besten mit: »Ich habe verstanden, dass …« Oder: »Ich habe gehört, dass …«
Hat der Zuhörer etwas falsch verstanden, wird der Erzähler ihn korrigieren. Der Zuhörer wiederholt erneut.
Nach zehn Minuten tauschen Erzähler und Zuhörer die Rollen.

Drittens: Dramaturgie ist kein Luxus, sondern die Voraussetzung, dass andere gern zuhören. Wie in einem guten Film, in dem es Spannungskurven und Höhepunkte gibt, sollten sich im Interview Tempo und Form der Fragen abwechseln. Je länger das Gespräch ist, umso wichtiger wird die Dramaturgie.

Viertens: Eine einfache Sprache erleichtert das Zuhören. Auch fachversierte Zuschauer schätzen es, wenn Sie anschauliche Beispiele erzählt bekommen, mit denen sie etwas anfangen können. Mit einer kurzen Aufforderung wie: »Geben Sie mir ein Beispiel dafür!«, ist der Gesprächspartner aufgefordert zu konkretisieren. Fachbegriffe müssen übersetzt werden, wenn sie nicht von allen verstanden werden. Wenn Sie als Interviewer selbst nicht wissen, was gemeint ist, stellen Sie eine Konkretisierungsfrage: »Was meinen Sie mit AKW?«

Fünftens: Emotionen geben dem Interview Tiefgang und Farbe. Wenn der scheidende Unternehmenschef über seine Verbundenheit mit der Firma spricht und dabei Tränen in den Augen hat, ist das ein starker, emotionaler Moment. Eine nonverbale Aussage, die den Zuschauern klarmacht, was die Firma dem Unternehmer bedeutet. Da solche Regungen und Mimik im Gespräch vom Auditorium aus meist nicht zu sehen sind, muss der Interviewer mit einer Frage darauf eingehen: »Ich sehe, wie sehr es Sie berührt, wenn wir darüber sprechen. Was werden Sie am meisten vermissen?«

Emotionen wirken wie ein Verstärker für die Information. Sprechen Sie Gefühle an, geben Sie ihnen Raum. Selbst das trockenste Fachthema lässt sich besser begreifen, wenn im Gespräch herauskommt, welche konkreten Auswirkungen eine Sache für die Zuschauer hat.

Sechstens: Dem Gesprächspartner die volle Aufmerksamkeit schenken. Um ein gutes Gesprächsklima zu schaffen, hilft es, wenn der Interviewer seine Körpersprache an die des Gastes angleicht. Aus Studien wissen wir, dass Menschen, die sich gut verstehen, sich synchron bewegen (Rossié 2004, S. 162). Damit meine ich nicht, dass Sie wie ein lebendiger Spiegel alle Gesten Ihres Gegenübers nachäffen. Vielmehr geht es um ein bewusstes Angleichen und Annähern über Gestik und Mimik, das dem Gegenüber signalisiert, dass wir ganz auf ihn konzentriert sind.

Siebtens: Duzen oder Siezen? Wenn wir einen Menschen nicht kennen, siezen wir ihn. Ganz klar. Aber was ist, wenn wir die Person sonst duzen? Von der Fernsehmoderatorin Sabine Christiansen ist bekannt, dass sie sich mit dem früheren regierenden Bürgermeister von Berlin duzte. In ihren Sendungen siezte sie Herrn Wowereit. Und das war auch gut so. Denn ein journalistisches Interview ist keine Privatplauderei. Anders ist es zum Beispiel bei der NDR Talkshow. Wenn sich Moderator und Gast gut kennen, duzen sie sich durchaus. Ja, was denn nun? Ich rate auf der Bühne immer zum Sie – mit zwei Ausnahmen: Die erste Ausnahme: wenn die Ansprache der Gäste bei einer Veranstaltung generell per Du ist. Und die zweite Ausnahme: wenn Sie sich privat so gut kennen, dass ein »Sie« lächerlich wirken würde. Das sollten Sie Ihrem Publikum aber mit einem Satz erklären.

Gekonnt unterbrechen

Schon als Kinder lernen wir, dass es unhöflich ist, jemanden zu unterbrechen. Natürlich gehört es zum guten Ton eines Gastgebers, andere aussprechen zu lassen. Aber was ist, wenn der andere das Gespräch an sich reißt und nicht zum Punkt kommt? Oder wenn Sie erst nach fünf Minuten die nächste Frage stellen können? Als Gastgeber auf der Bühne sind Sie dem Publikum verpflichtet! Ein reger Wechsel von Fragen und Antworten ist für die Zuschauer spannender als Antwortenmonologe. Wenn ein Gesprächspartner interessant erzählt, kann er durchaus länger antworten als in einem Fernsehinterview. Sobald es aber langatmig wird, muss der Moderator auf die Bremse treten. Solange Sie das höflich und charmant machen, wird Ihnen das Publikum dankbar sein. Wichtig ist, dass die Unterbrechung für das Publikum nachvollziehbar ist.

- **Nonverbales Unterbrechen:** Wenn Sie zu Wort kommen und eine Frage stellen möchten, richten Sie sich auf, gehen Sie mit dem Oberkörper ein wenig nach vorn. Heben Sie eine Hand, öffnen Sie die Lippen so, als wollten Sie etwas sagen. Sensible Gesprächspartner reagieren in der Regel schon darauf.
- **Atempausen nutzen:** Beim Reden machen wir normalerweise Atempausen. In der Regel geschieht das am Ende eines Satzes oder zwischen zwei Sinnschritten. Diese Pausen können Sie nutzen, um dazwischenzugehen.
- **Reißverschlussverfahren:** Bei dieser Technik fädeln Sie sich geschickt in den Satz des Gesprächspartners ein und sprechen ihn zu Ende. Dann schließen Sie die nächste Frage an.
- **Gesprächspartner mit Namen ansprechen:** Wenn keine der anderen Strategien funktioniert, können Sie hart unterbrechen, in dem Sie Ihr Gegenüber mit Namen ansprechen. Wenn wir den eigenen Namen hören, sind wir sofort aufmerksam und reagieren mit einer kurzen Pause. »Herr/Frau Müller …«

Setting

Sessel oder Stehtisch? – Wo es sich besser miteinander redet, hängt vom Veranstaltungsformat ab. Bei Events mit Motivationscharakter empfehle ich, das Interview im Stehen zu führen. Denn das wirkt dynamischer und engagierter. Ein Stehtisch ist nicht nur eine gute Sache zum Abstellen von Gläsern, sondern gleichermaßen ein Fixpunkt für die Gesprächspartner, damit sie nicht ziellos über die Bühne wandern.

Bei Abendveranstaltungen schaffen Sessel oder Stühle eine entspannte und ruhige Gesprächsatmosphäre. Aber Vorsicht: Sessel oder Stühle sollten bequem, aber nicht zu bequem sein. Wenn der Gast im Sofa versinkt, kann er nur schwer spannende Antworten liefern. Auch dürfen Sitzmöbel nicht drehbar sein und zum Schaukeln verleiten.

Bestenfalls sind Moderator und Gast nicht nur sinnbildlich, sondern auch praktisch auf Augenhöhe. Bei Literaturveranstaltungen habe ich schon erlebt, dass der Schriftsteller am Lesetisch saß und der Moderator fünf Meter entfernt davon stand und Fragen stellte – eine schlechte Vorraussetzung für ein tiefgreifendes Gespräch. Besser ist es, wenn beide stehen oder beide sitzen. Genauso unvorteilhaft wirkt es, wenn einer der beiden Gesprächspartner sehr viel größer ist als der andere. Anders als im Fernsehen kann sich die kleinere Person nicht einfach auf eine Kiste stellen. Stehen Sie weiter auseinander oder setzen Sie sich, um den Größenunterschied optisch etwas auszugleichen. Beide Gesprächspartner sollten in einem Winkel zueinander stehen, dass sie guten Blickkontakt haben, aber das Publikum nicht ausschließen.

Abstand und Blickrichtung beim Interview

Der richtige Abstand spielt ebenfalls eine große Rolle, wie gut der Kontakt zwischen den Gesprächspartnern ist. Ein guter Gastgeber respektiert den Raum, den ein Gesprächspartner für sich beansprucht. In unseren Breiten entspricht dies in etwa einer Armlänge. Wird diese persönliche Grenze unterschritten, fühlt sich der Gesprächspartner bedrängt oder provoziert.

Podiumsdiskussionen – souverän zwischen Vielrednern und Wortkargen steuern

Bühne, 18:20 Uhr, zweiter Programmpunkt

Applaus für den langjährigen Chef des Unternehmens. Er lässt seine Nachfolgerin und die Unternehmensführung zu sich kommen. Symbolisch übergibt er einen großen Schlüssel. Dann tritt er ab.
Sie bitten zur Gesprächsrunde. Die Gäste auf der Bühne nehmen Platz. Eine Diskussion über die Zukunftspläne folgt …

Gesprächsrunden sind eigentlich eine Erfindung des Fernsehens. Denn nichts war in den 1950er-Jahren schneller und billiger zu produzieren als Sendungen, in denen Menschen miteinander redeten. Noch heute wird getalkt, was die Sendezeit hergibt. Einige Talkshows sind so populär, dass sich Veranstalter für ihr Programm Diskussionsrunden im gleichen Stil wünschen. Fragen wie: »Können Sie die Runde wie ›hart aber fair‹ im Fernsehen moderieren?« habe ich in den letzten Jahren häufiger gehört.

Dabei geht es auf der Bühne weniger um die Kosten, sondern um Zeit und Unterhaltsamkeit. Eine Diskussion schafft, was ein einzelner Vortrag nicht leisten kann: viele Standpunkte zu einem Thema und echte Kontroversen in der gleichen Zeit. Ob die Zuschauer dabei einen wirklichen Erkenntnisgewinn haben, hängt von der geglückten Zusammenstellung der Gäste sowie vom Können des Moderators ab. Eine anspruchsvolle Aufgabe. Wie sie gelingt, davon wird dieses Kapitel handeln.

Rolle und Aufgaben des Diskussionsleiters

Im Grunde ist eine Podiumsdiskussion die Erweiterung des Interviews: ein Gespräch mit vielen. Nur in diesem Fall sollen die Gäste auch miteinander diskutieren. Alle Techniken, die Sie im vorangegangenen Kapitel zur Interviewführung gelernt haben, brauchen Sie genauso für die Moderation von Podiumsdiskussionen.

Der Diskussionsleiter sorgt dafür, dass die Runde beim Thema bleibt und alle Gäste gleichermaßen zu Wort kommen, dass die Zuschauer Neues erfahren und alles verstehen, und dass das alles in der vorgegebenen Zeit passiert. Nirgendwo mehr als in der Veranstaltungsmoderation kommt der Moderator seiner Bedeutung im Wortsinne näher, denn das Lateinische moderare bedeutet mäßigen, steuern. Der Moderator steuert und führt die Diskussion. Das heißt, er hält die Fäden in der Hand und entscheidet über den Verlauf. Und zwar aktiv, indem er kluge Fragen stellt und (Gegen-)Positionen herausarbeitet, indem er einmal aufs Tempo drückt und ein anderes Mal wieder Ruhe in die Diskussion bringt.

Ich rate Ihnen, diese Führungsrolle ernst zu nehmen. Der häufigste Grund, warum Diskussionsrunden aus dem Ruder laufen, ist schlechte Führung. Da redet einer ohne Punkt und Komma, eine andere kommt gar nicht zu Wort, der nächste wiederholt sich ständig, die Diskussion dümpelt vor sich hin. Gute Nacht, Zuschauer!

Die Gesprächsmoderation erfordert eine hohe Konzentration und auch situative Intelligenz. Sie müssen live eine Vielzahl an Entscheidungen innerhalb von Sekunden fällen: Ist eine Aussage relevant und interessant fürs Publikum? Führt sie wirklich zum Ziel? Und vieles anderes mehr gilt es zu beachten: Mit welcher Frage geht es weiter? Wer bekommt das Wort? Wann ist Schluss? Aus der Erfahrung von vielen Jahren Diskussionsmoderation weiß ich: Das Gespür dafür entwickelt sich mit der Zeit, und man wird bei jeder Runde besser.

Vorbereitung: Konzeption von Podiumsdiskussionen

Verglichen mit anderen Moderationsparts ist die Vorbereitung von Podiumsdiskussionen am aufwendigsten. Natürlich sollen Sie Ihren Experten keine Konkurrenz machen. Aber Sie müssen so gut über das Thema und die Gäste Bescheid wissen, dass Sie Verbindungen zwischen den einzelnen Argumenten herstellen und gegensätzliche Positionen herausarbeiten können. Wie wichtig die Vorbereitung ist, zeigt eine Erfahrung, die ich Ihnen gern ersparen würde.

Die Diskussionsrunde, zu der die Gesprächsgäste nicht erschienen

Es war eine Veranstaltung des Bundesinnenministeriums zum Thema Demografiepolitik mit hochkarätigem Publikum. Das Programm klang wirklich toll und vielversprechend. Ich sollte durch die Tagung führen, mehrere Gespräche und eine Podiumsdiskussion mit dem damaligen Innenmister Hans-Peter Friedrich und zwei Länderstaatsministern leiten. Ich hatte begeistert zugesagt. Mir waren die Tragweite und die Wichtigkeit der Veranstaltung bewusst. Und so bereitete ich mich akribisch vor, recherchierte deutlich mehr als sonst und investierte sehr viel Zeit in die Konzeption der Podiumsdiskussion.

Am Tag vor der Veranstaltung – ich war bereits auf dem Weg nach Berlin – bekam ich einen Anruf: Der Herr Minister habe seine Teilnahme aus politischen Gründen abgesagt, hieß es. Seine Vertretung? Könne man mir noch nicht nennen. Am darauffolgenden Morgen bei der Probe um 7:30 Uhr erreichte mich die nächste Hiobsbotschaft: Weil der Herr Minister nicht mitdiskutiert, möchte der sächsische Staatsminister ebenfalls nicht dabei sein. Seine Vertretung? Man arbeite mit Hochdruck daran. Die Runde sei doch erst am späten Nachmittag.

Um es kurz zu machen: Etwas später sagte auch noch der zweite Staatsminister ab, und ich bekam eine völlig neue Runde vorgesetzt. Das wäre doch kein Problem, oder? Mein Konzept löste sich in Luft auf. Was tun? Schnell noch recherchieren? Keine Zeit. Die Moderation hinschmeißen? Das Programm lief bereits. Die Moderation der Podiumsdiskussion ablehnen? Ich hatte einen Vertrag unterschrieben, der diesen Job einschloss.

Ich moderierte schlussendlich eine Diskussion, auf die ich nicht vorbereitet war, zudem mit Gästen, die ihrerseits nicht vorbereitet waren. Das Ergebnis war eine langweilige Runde, die weder mich noch die Zuschauer zufriedenstellte. Mitten in der Diskussion sprang ein wütender Mann auf, ging zu einem Saalmikrofon und griff einen Podiumsgast an. Erst nach dreimaliger Intervention gelang es mir, den Herrn wieder zum Hinsetzen zu bewegen. Und weil der versprochene Minister nicht auf dem Podium saß, gingen viele Zuschauer schließlich einfach nach Hause – und ich moderierte am Ende der Veranstaltung vor halbleerem Saal. Kurzum: Die ganze Sache war gründlich schiefgegangen.

Die Geschichte zeigt, dass es nicht gut gehen kann, wenn man schlecht vorbereitet in eine Diskussion geht. Nicht nur, dass die Zusammenstellung der Gäste zweite Wahl war – da ich nichts zu meinen Teilnehmern wusste, konnte ich Aussagen und Argumente nicht hinterfragen. Ich hätte die Moderation der Diskussionsrunde besser abgelehnt. Hinterher ist man immer schlauer. Von meinem Auftraggeber habe ich so oder so seither nie mehr etwas gehört.

Die Vorbereitung einer Podiumsdiskussion läuft genauso wie bei einem Interview. Mit dem Unterschied, dass Sie zu mehreren Personen recherchieren und einen größeren Zeitrahmen dramaturgisch gestalten.

Die übliche Länge von Podiumsdiskussionen bewegt sich zwischen 30 und 60 Minuten, abhängig von der Anzahl der Teilnehmer. Länger als 75 Minuten sollten Sie nicht diskutieren, denn sonst ist die Aufmerksamkeit des Publikums erschöpft. Eine Fragerunde im Anschluss kann je nach Publikum 15 bis 30 Minuten dauern.

Am Anfang der Vorbereitung steht eine einfache Rechenaufgabe: Nehmen wir an, Sie haben eine Diskussion über 45 Minuten mit vier Teilnehmern – wie lange können Sie mit jedem Gast reden? Die Zeit für die Anmoderation (etwa eine Minute) und die Vorstellung der Gäste (circa 30 Sekunden pro Gast) muss natürlich abgezogen werden. Es bleiben also am Ende etwa zehneinhalb Minuten pro Teilnehmer. Im Gegensatz zum Interview werden Sie in dieser Zeit nicht zehn Fragen stellen können. Denn in dieser Runde tauschen vier Diskutanten ihre Ansichten zu den jeweiligen Punkten aus. Da kann es gut vorkommen, dass fünf Minuten nur über eine Frage diskutiert wird. Somit lässt sich nicht sagen, wie viele Fragen Sie benötigen werden. Ob Sie nur zehn Leitfragen notieren und dann improvisieren, oder ob Sie sehr viele Fragen vorbereiten, hängt davon ab, wie sicher und vertraut Sie mit dem Thema sind. Wichtig ist, dass Sie um keine Frage verlegen sind.

Ich lege fest, wie ich die Diskussion eröffne und an wen die erste Frage geht. Dieser erste Punkt kann im weiteren Verlauf mit allen diskutiert werden. Sodann geht die Diskussion immer am Thema entlang in Richtung Ziel. Ich empfehle Ihnen, übergeordnete Themenkomplexe anzulegen und dazu mögliche Fragen zuzuordnen. So bleiben Sie flexibel, was den Ablauf der Diskussion angeht.

Wie viele Themenkomplexe behandelt werden können, ist abhängig von der zur Verfügung stehenden Zeit. Wenn es beispielsweise um die Zukunft der erneuerbaren Energien gehen soll, gibt es etliche Themenkomplexe, die spannend und diskussionswert sind: Energieinnovationen, Energiemix, Windenergie, Elektromobilität, Photovoltaik, Energiewende, Klimaschutz und so weiter. Für 45 Minuten muss sich die Diskussion letztendlich auf maximal drei Themenkomplexe beschränken – andernfalls bleibt sie oberflächlich.

Schon bei der Konzeption ist daher zu überlegen, wie viel Zeit die einzelnen Aspekte benötigen. Dies wird ebenfalls auf den Moderationskarten notiert. So haben Sie während der Diskussion immer den Überblick, wie viel Zeit für bestimmte Punkte bleibt – wobei es immer sein kann, dass sich an einem Punkt eine spannende Diskussion entspinnt, die Sie auf Kosten eines anderen Punkts laufen lassen. Das Konzept ist lediglich der rote Faden für Inhalt und Verlauf der Talkrunde. Sie sollten immer in der Lage sein, flexibel auf die Situation zu reagieren und das Konzept über den Haufen zu werfen, wenn gerade etwas Großartiges passiert.

Vorgespräch

Vor Diskussionsrunden ist es ebenfalls sinnvoll, ein Vorgespräch mit den Beteiligten zu führen. Ob Sie dafür die Runde vor der Diskussion zusammenholen oder ob mit jedem einzeln sprechen, hängt von der Situation ab. Gerade bei kritischen Diskussionen kann es manchmal besser sein, die Kontrahenten nicht gemeinsam zu empfangen. Es wäre für sie zu verlockend, schon vorab ein bisschen Dampf abzulassen. Auch sollten Sie mit den Gesprächspartnern nicht über das Thema sprechen, da sonst wichtige Aussagen vorweggenommen werden. Beim Vorgespräch können Sie sich kurz vorstellen. Es hilft, noch einmal zu erklären, wie Sie sich die Diskussion wünschen: allgemeinverständlich, mit Beispielen und natürlich lebendig und kritisch. Für den Fernsehmoderator Markus Brock ist dies der wichtigste Punkt, damit Diskussionen gelingen. Er schwört die Gesprächsgäste im Vorgespräch regelrecht auf die Diskussion ein und ermuntert sie, lebhaft miteinander zu reden und nicht erst darauf zu warten, bis er das Wort erteilt.

Checkliste Vorbereitung einer Podiumsdiskussion

- Informationsziel festlegen
- Recherche zum Thema (Zahlen, Fakten, Hintergründe)
- Recherche zu den Gästen (Informationen zur Person, Thesen, Zitate, Presseartikel)
- mögliche Fragen überlegen und nach Themenkomplexen ordnen
- Konzept entwickeln mit idealtypischen Gesprächsverlauf (Was können Sie wen am besten fragen?)
- nicht zu viel mit den Gästen vorbesprechen

Sitzordnung

Der Name sagt es schon: Bei Diskussionsrunden müssen Moderator und Gesprächsgäste in einer Runde sitzen oder stehen. In vielen Pressekonferenzen sitzen die Redner in einer Reihe am langen Tisch nebeneinander. So lange die Personen nacheinander Statements abgeben und nicht miteinander sprechen, ist das völlig in Ordnung. Sobald sie aber miteinander diskutieren, müssen sie sich beim Reden anschauen können. Am besten sitzen Sie als Gastgeber dabei in der Mitte wie bei der Abbildung unten. So haben Sie zu allen Gesprächsgästen einen guten Blickkontakt und können sie direkt ansprechen, sie unterbrechen und das Gespräch steuern. Ins Publikum schauen Moderator und Gäste nur dann, wenn sie direkt mit dem Publikum sprechen, beispielsweise in einer Fragerunde.

Die Anforderungen an die Möbel sind die gleichen wie beim Interview. Zusätzlich können bei Talkrunden kleine Beistelltische platziert werden, um Getränke darauf abzustellen.

Sitzordnung bei einer Diskussionsrunde

Es geht los: Anmoderation und Vorstellung der Gäste

Die Anmoderation muss die Relevanz für das Thema herstellen und dem Publikum Lust auf die Diskussion machen. Sie sollte unbedingt Ziel und Schwerpunkt der Diskussionsrunde enthalten, um dem Publikum Orientierung zu bieten. Aber auch die Information, ob und wie das Publikum sich an der Gesprächsrunde beteiligen darf, sollte nicht fehlen. Ich empfehle, die Fragerunde mit dem Publikum ans Ende der Diskussion zu stellen. Andernfalls besteht das Risiko, dass Themen vorgegriffen und der Zeitrahmen gesprengt werden. Heutzutage gibt es neben der klassischen Fragerunde zudem noch die Möglichkeit, dass die Gäste digitale Tools nutzen, um ihre Fragen schon während der Diskussion an die Moderation zu leiten. Welche dies sind, erläutere ich im Kapitel »Veranstaltungsmoderation 4.0«.

Die Vorstellung der Gäste erfolgt anschließend der Reihe nach – entweder nach Wichtigkeit oder nach Sitzordnung. Bei Events, bei denen die Podiumsdiskussion der alleinige Programmpunkt ist oder nach der Pause können die Gäste schon sitzen. Zur Einleitung können Sie ebenfalls bereits in der Runde sitzen.

Dynamischer und persönlicher für das Publikum ist es, wenn Sie im Stehen anmoderieren (ohne die Gesprächsgäste zu verdecken) und sich dann zu Ihren Gästen setzen. Findet die Talkrunde mitten im Programm einer Veranstaltung statt, ist es praktikabel, alle Gäste auf einmal auf die Bühne zu bitten und sie anschließend vorzustellen.

Verschonen Sie Ihr Publikum aber dabei mit ausführlichen Lebensläufen. Keiner kann sich merken, dass die Frau Professor in Lüdenscheid aufgewachsen ist, in Kassel studiert hat und von 2001 bis 2006 an der Universität soundso war. Auch die Mitarbeit in Arbeitsgemeinschaften und Gremien sollte nur dann erwähnt werden, wenn sie wirklich relevant für die Diskussion ist. Wichtig ist: Mit den Vorstellungsworten machen Sie Ihrem Publikum klar, warum diese Person in dieser Runde sitzt, und welche Rolle sie innehat. Dazu kann bisweilen ein Detail aus dem Lebenslauf interessant sein, muss es aber nicht.

Auf einem Podium zum Thema Demenz könnten beispielsweise ein Arzt, ein Pfleger, ein Politiker und ein Angehöriger eines Demenzpatienten miteinander diskutieren. Aus ihrem Bezug zum Thema ergibt sich, welche Rolle die Person in der Diskussion einnimmt. Ich kündige meine Gäste meistens im Stil von Fernsehtalkshows mit einem Zitat an.

Moderationsbeispiel: Vorstellung eines Gesprächsgastes mit Zitat

»Ich begrüße ganz herzlich Justus Pfannenstiel. Er ist der Leiter des Ordnungsamts Bullerbüh und hat sich die neue Strategie zum sauberen Stadtbild ausgedacht. Eine Kampfansage ans Hundehäufchen. 200 Euro kostet es den Hundehalter zukünftig, wenn er es liegen lässt. Er sagt: ›Nur wenn das Knöllchen richtig teuer ist, halten sich die Leute an die Regeln.‹«

Während der Diskussion

In vielen Talkshows im Fernsehen hören wir Sonntag für Sonntag die gleichen Statements. Machen Sie mehr aus Ihrer Diskussion. Fragen Sie Ihre Gesprächspartner nach Dingen, die für Ihre Zuschauer neu und überraschend sind. Sorgen Sie mit klugen Fragen dafür, dass am Ende eine Erkenntnis steht. Fragen Sie persönlich! Statt »Wie kommt man darauf …?«, besser: »Wie kommen Sie darauf, dass …?« Warumfragen sind in der Regel unkonkret und bringen den Gesprächspartner in die Defensive (Plate 2013, S. 133). Anstelle von »Warum ist das Projekt gescheitert?«, ist es daher besser, zu fragen: »Was hat dazu geführt, dass das Projekt gescheitert ist?«, »Wer hat Fehler gemacht?«, »Welche Konsequenzen hat es, dass das Projekt gescheitert ist?«

Wenn die Diskussion zu erlahmen droht oder langweile Statements heruntergebetet werden, muss der Moderator aufs Tempo drücken. Sobald eine klar formulierte These oder eine pointierte Aussage fällt, muss er darauf eingehen, nachhaken und kurze Fragen stellen. Andersherum kann eine zu hitzige Diskussion verlangsamt werden, indem offene Erzählfragen gestellt werden: »Wenn Sie an die Zukunft denken, wie stellen Sie sich die Energieversorgung vor?« Über den Tempowechsel kommt Dramaturgie in eine Diskussion.

Achten Sie darauf, die Übersicht zu behalten und immer wieder zu strukturieren, damit die Zuschauer der Diskussion gut folgen können. Es kommt in vielen Fällen vor, dass Diskutanten zu einem Punkt vorpreschen, den Sie dramaturgisch erst später besprechen möchten. Hier hilft es, diesen Aspekt mit einem Satz zu parken. »Darauf möchte ich gern später zu sprechen kommen. Jetzt aber erst einmal zu …« Auch bei Abweichungen vom Thema führt der Gastgeber zurück: »Xy ist ebenfalls ein wichtiger Aspekt. Lassen Sie uns aber beim Thema Energieversorgung bleiben.« Wenn Sie von einem

Themenkomplex zum nächsten wechseln, moderieren Sie der Übergang ganz einfach an: »Nun zu einem anderen Thema …«

Die Wortbeiträge sollten sich abwechseln, die Diskussion zwischen allen Teilnehmern lebendig hin und her gehen. Natürlich ist es einfacher, jemanden reden zu lassen, der ohnehin gern redet. Dennoch sollten gerade wortkarge Menschen ermuntert werden, sich an der Diskussion zu beteiligen. Dabei helfen offene Fragen wie: »Was möchten Sie dazu sagen?« Oder Sie stellen Erzählfragen: »Wenn Sie an Ihre Jugend denken, woran erinnern Sie sich gern?«

Überhaupt geht es bei Diskussionen auf der Bühne viel gediegener zu als in politischen Talkshows. Das liegt daran, dass sich dort nicht so viele Medienprofis tummeln. Dennoch sollte der Moderator ein Auge aufs Gesprächsklima haben und auf die Regeln einer guten und fairen Debatte bestehen: hart in der Sache, aber freundlich im Ton.

Es kommt vor, dass Menschen auf dem Podium plötzlich ihr Smartphone aus der Tasche holen. Das ist keineswegs ein Ausdruck dafür, dass der Gast besonders schlau und gefragt ist, sondern eine Ausdruck von Respektlosigkeit gegenüber dem Gastgeber und den Mitdiskutanten, vor allem aber gegenüber dem Publikum. Sollen Sie den Gast darauf ansprechen? Ja, auf jeden Fall. Wie Sie intervenieren, hängt allerdings von der Situation ab: »Ich sehe, Sie brauchen noch einen Augenblick. Wir warten gern auf Sie.« Oder Sie sagen etwas frecher: »Was sagt Ihre Wetter-App für heute Nachmittag?« Damit haben Sie die Person zwar nicht aufgefordert, es zu unterlassen, aber klar gemacht, wer das Zepter in der Hand hat.

Fragerunden – wie Sie das Publikum sinnvoll beteiligen

Diese aktive Führung ist auch wichtig, wenn Sie im weiteren Verlauf Ihr Publikum an der Diskussion beteiligen möchten. Sobald Sie Ihre Zuschauer zum Fragen einladen, machen Sie ihnen deutlich, wie das passieren soll. Sollen die Zuschauer ihren Namen nennen? Bitten Sie nur um Fragen, oder dürfen die Gäste ihre eigenen Erlebnisse schildern? Erklären Sie gleich zu Beginn, wie lange die Fragerunde dauert, und dass Sie jeweils das Wort erteilen. Bei größeren Auditorien ist es auf jeden Fall ratsam, ein oder mehrere Mikrofone im Saal bereitzuhalten, die bestenfalls durch Assistenten dem Fragenden hingehalten werden. Damit behalten Sie die Macht über das Mikrofon.

Haben Sie schon einmal Fragerunden erlebt, bei denen ein Zuschauer weit ausholte nach dem Motto: Was ich schon immer einmal loswerden wollte …? Dann kennen Sie wahrscheinlich das Gefühl, das Gäste bei Endloswortmeldungen beschleicht: Es reicht von Ungeduld bis Unmut. Solche Beiträge müssen ohne umständliche Formulierungen kurz und prägnant abgekürzt werden: »Bitte stellen Sie Ihre Frage!«, »Bitte kommen Sie zum Punkt.«, »Was möchten Sie genau wissen?«

Es kommt aber auch vor, dass Zuschauer Mühe haben, ihr Anliegen in einer Frage zu formulieren und deswegen nicht zum Punkt kommen. Hier gilt es, einfühlsam mit Fragen zu unterstützen. Sie können zum Beispiel fragen: »Was möchten Sie sagen?« Oder Sie können versuchen, die Frage für den Gast zu formulieren. Dazu müssen Sie aktiv zuhören und verstehen, was das Anliegen der Person ist.

Bei verbalen Angriffen auf Podiumsteilnehmer hilft es ebenfalls, die Ohren auf Empfang zu stellen: Was will der Gast mit seinem Vorwurf mitteilen? Was gibt er mit seiner Aussage über sich selbst preis (Selbstkundgabe)? Der Moderator darf auf keinen Fall herumeiern oder beschwichtigen, sondern muss darauf eingehen.

Wie Sie auf Angriffe aus dem Publikum reagieren können

Sachlicher Angriff

Zuschauer: »Die Studie von Professor Piepenbrink ist doch totaler Schwachsinn. Längst wurde sie mehrfach widerlegt. Und Sie unterstützen solchen Quatsch auch noch mit Ihrer Diskussionsrunde. Sie sollten sich mal auf die aktuellen Forschungen konzentrieren!«

Hier zwei Vorschläge für mögliche Reaktionen – je nach Kontext der Veranstaltung:
A: »Ich verstehe, dass Sie gern mehr zu anderen Studien gehört hätten. Vielen Dank für Ihren Hinweis.«
Diese Reaktion greift über das aktive Zuhören die Aussage des Zuschauers auf, blockt sie aber dennoch freundlich ab. Dieser Angriff ist sachlich formuliert und kann auf der Sachebene behandelt werden.
B: »Ich höre, dass Sie nicht zufrieden sind mit dem Beitrag von Professor Piepenbrink. Über welche Forschungen möchten Sie etwas hören?«
Diese Reaktion integriert die Bemerkung des Gastes. Das freut den Gast, denn er findet für sein Anliegen Gehör. Die Gefahr besteht allerdings darin, dass Sie einem potenziellen Störer eine Bühne bieten für sein Anliegen.

Persönlicher Angriff
Zuschauer: »Professor Piepenbrink ist ein arrogantes Arschloch. Wie können Sie den hier einladen ...«
Wenn ein Zuschauer den Diskutanten unter der Gürtellinie angreift, gibt es nur eine mögliche Reaktion. Eine klare Ansage auf der Metaebene, welche Regeln bei der Diskussion gelten: »Solche persönlichen Beleidigungen unterlassen Sie bitte. Sie dürfen sich gern kritisch an der Diskussion beteiligen. Aber respektvoll und freundlich im Ton.«

Was tun, wenn keiner etwas fragt

Von solch lebendigen Diskussionen träumen manche Veranstalter. Genauso oft kommt das Gegenteil vor: Die moderierte Diskussion ist beendet, das Publikum zum Fragen eingeladen und keiner fragt etwas. Was tun? An einfachsten wäre es, die Diskussion zu beenden. Wenn jedoch eine Diskussion erwünscht ist, sollten Sie Strategien in der Tasche haben, die das Publikum zum Fragen bewegen. Drei Vorschläge, wie die Diskussion in den Gang kommt:

- **Reservefragen**: Sie haben ein, zwei Reservefragen in der Tasche. Allerdings nicht zum Thema selbst, sondern zur Diskussion oder zur Veranstaltung: »Was haben Sie aus der Diskussion mitgenommen?« Oder: »Worauf freuen Sie sich heute noch?« Im Folgenden können Sie das Publikum nochmals einladen, Fragen zu stellen. Wenn dann nichts kommt, beenden Sie die Runde.
- **Eisbrecher**: Bitten Sie vor der Veranstaltung zwei Ihnen bekannte Personen aus dem Publikum, sich Fragen zu überlegen und diese als »Eisbrecher« zu stellen. Meistens ist nur der Anfang einer Fragerunde etwas zäh, weil sich keiner traut, die erste Frage zu stellen. Ist das Eis gebrochen, läuft der Rest von selbst.
- **Interaktion**: Leiten Sie eine Publikumsinterakion an. Dazu bitten Sie Ihre Gäste, sich zu Ihrem Sitznachbarn oder ihrer Hinterfrau umzudrehen und zu diskutieren, was sie zu diesem Thema besonders bewegt hat, und welche Aspekte noch diskutiert werden müssten. Geben Sie ihnen zwei Minuten Zeit. Währenddessen bleibt die Gesprächsrunde auf der Bühne still. Nach Ablauf der Zeit moderieren Sie weiter: »... Sie habe gerade lebhaft miteinander diskutiert. Welche Fragen haben sich daraus

ergeben?« Meistens kommen dann Fragen. Ist das nicht der Fall, können Sie mit dem Mikrofon ins Publikum gehen und Ihre Gäste befragen. Aber bitte setzen Sie sie dabei nicht unter Druck mit: »Was ist Ihre Frage?«, sondern machen Sie es ihnen leicht: »Worüber haben Sie gerade miteinander diskutiert?«

Wie Sie gute Diskussionen führen

- Seien Sie sich der Führungsrolle bewusst.
- Hören Sie aktiv zu.
- Bleiben Sie beim Thema und arbeiten Sie aufs Ziel hin.
- Sorgen Sie mit klugen Fragen dafür, dass Neues herauskommt.
- Unterbrechen Sie Monologe und stoßen Sie Redebeiträge an.
- Behalten Sie die Übersicht und geben Sie der Diskussion Struktur.
- Achten Sie auf die Einhaltung der Regeln und intervenieren Sie bei Konflikten und Angriffen.
- Binden Sie das Publikum ein und sorgen Sie für eine lebendige Diskussion.
- Behalten Sie die Zeitvorgabe im Auge.

Podiumsdisukussionen zu führen ist eine hohe Kunst und gehört zu den anspruchsvollsten Aufgaben in der Moderation. Mit Einfühlungsvermögen und Mut kann sie gelingen.

Trau deinem Bauch

Eine rührende Geschichte erzählte mir der Fernsehmoderator Markus Brock: »Es war eine Podiumsdiskussion vor 500 Lehrern. Mit dabei auf dem Podium saß der frühere baden-württembergische Kultusminister Andreas Stoch, dessen Arbeit von den Lehrern im Land sehr geschätzt wurde. Eine gute Diskussion, der das Publikum aufmerksam folgte. Immer wieder gab es Zwischenapplaus. Ich fühlte eine Stimmung im Saal, die Zustimmung und Dankbarkeit ausdrückte für das, was der Mann geleistet hatte. Ich wusste aber auch, dass dies sein letzter Auftritt im Amt war und dachte, ich müsse ihm zum Abschied noch etwas sagen. Ich überlegte, ob mir das als Moderator zusteht. Denn mir war klar, welche Situation ich heraufbeschwören würde. Aber dann dachte ich: Trau deinem Bauch. Sei mutig. Am Ende sagte ich: ›Ich wollte mich noch bei Ihnen bedanken für Ihre Politik, für das, was Sie im Land geleistet haben …‹ Es gab Standing Ovations. Dem Minister liefen die Tränen übers Gesicht. Ein zutiefst emotionaler Augenblick. Hinterher haben alle gesagt, dass dies ein Moment für die Geschichtsbücher war.«

Pleiten, Pech und Pannen – ungeplante Situationen meistern

Backstage, 19:41 Uhr, die Show läuft

Die Gäste genießen den Abend. Kellner servieren den Hauptgang, schenken Wein nach. Die Band spielt Dinnermusik. Von den Tischen sind Gespräche in entspannter Stimmung zu hören. Hinter der Bühne hört die Regisseurin über Funk eine Information: Ein Festredner wird sich verspäten. Aufregung.

Ich habe noch nie eine Veranstaltung moderiert, bei der alles hundertprozentig nach Plan lief. Ich spreche allerdings ungern von Pannen und Fehlern, sonder lieber von ungeplanten Situationen. Wirkliche Katastrophen mit dramatischen Folgen, wie ein Feuer oder ein Bühneneinsturz, kommen glücklicherweise so gut wie nie vor.

Wahrscheinlich geistern Ihnen etliche Szenarien durch den Kopf, was alles passieren könnte: Das Mikrofon fällt aus, ein Referent präsentiert ein anderes Thema als geplant, die Videoleinwand bleibt dunkel, ein Künstler erscheint überhaupt nicht, ein Gast wird ohnmächtig – die Liste solcher Situationen ließe sich unendlich fortsetzen. Es gibt kein Handbuch, das Ihnen für diese Momente eine Lösung präsentiert. Solche Situationen tauchen unvorhersehbar auf und müssen unmittelbar und vor den Augen aller Zuschauer gelöst werden.

Der Abend, an dem der Starpianist nicht auftreten wollte

Der Fernsehmoderator Max Schautzer, der viele Live-Veranstaltungen vor großem Publikum moderierte, erzählt von haarsträubenden Situationen. In der Bonner Beethovenhalle war er Gastgeber einer Festveranstaltung »100 Jahre Tonträger«, zu der Prominenz aus Musik- und Showbusiness geladen war. Das künstlerische Programm des Abends war ebenso prominent besetzt wie die Gästeliste. Kurz bevor Schautzer auf die Bühne musste, um den Altmeister des modern Jazz, Oskar Peterson, anzusagen, bekam er die Info, dass dieser sich weigere, auf dem Flügel zu spielen und ein anderer besorgt werden müsse.

»Ein kleiner Schubs von hinten, und ich armes Schwein stand auf der Bühne. Was tun? Witze erzählen? Unmöglich! In die Schublade meines bewährten Conférencier-Repertoires greifen? Geht auch nicht. Bei diesen hochkarätigen Festgästen! Gott sei Dank war mir von meinen Recherchen noch einiges im Gedächtnis geblieben, das ich in der Moderation nicht mehr unterbringen konnte. Also rief ich alles ab, was mir zum Thema Schallplatte in diesem Moment einfiel ... Den Gästen, Radiohörern und Fernsehzuschauern hatte ich natürlich unser Problem kurz geschildert. Getreu meinem Motto: Versuche immer ehrlich zu sein, um beim Publikum nicht an Glaubwürdigkeit zu verlieren ...« (in Ruge/Wachtel 1997, S. 253 f.).

Zu Hause fällt es Ihnen zumeist leichter, auf ungeplante Situationen angemessen zu reagieren. Sie können Streit schlichten, jemandem ein Pflaster geben, der sich in den Finger geschnitten hat oder Ihren Freunden erklären, dass der Braten im Ofen verbrannt ist und Sie zur Rettung des Abends Pizza bestellen. Als privater Gastgeber greifen Sie auf automatisierte Kompetenzen zur Problemlösung zurück, die Sie mit ungeplanten Situationen fertig werden lassen. Egal, was passiert – Sie versuchen immer, das Beste aus der gemeinsamen Zeit mit Ihren Gästen zu machen.

Wie schaffen Sie es, als professioneller Gastgeber genauso souverän mit Pleiten, Pech und Pannen umzugehen? Zunächst müssen Sie vertraut mit der Bühne und Ihren Gästen sein (s. Probe, S. 158). Wenn tatsächlich etwas Unvorhergesehenes passiert, überlegen Sie, was Sie im Alltag tun würden.

Bei einer Ankündigung ist mir einmal passiert, dass ein Redner direkt vor mir hinfiel. Was würden Sie machen, wenn Ihnen dies zu Hause passiert? Ganz einfach: Sie helfen dem Mann auf und fragen ihn, ob es ihm gut geht. Indem Sie sich auf Ihre innere Haltung des Gastgebers besinnen, können Sie jederzeit intuitiv und logisch handeln.

Wesentlich ist auf der Bühne dabei die Kommunikation. Was ist los? Wie geht es weiter? Das sind die beiden Hauptfragen, die sich die Zuschauenden stellen. Der Gastgeber muss die Gäste darüber auf dem Laufenden halten – und gleichzeitig authentisch bleiben. Der Moderator Max Schautzer hat folgende Maxime: »Verstecke dich nicht hinter Floskeln und Umschreibungen wie technische Panne oder organisatorischer Fehler! Erkläre ganz ehrlich, was zu dieser oder jener Panne geführt hat, gestehe Fehler ein, sage, wie du dich selbst in diesem Augenblick fühlst. [...] Mache den Zuschauer zum Komplizen. Dann fühlt er mit, auch bei Pannen, Pech und Pleiten auf der Bühne« (Ruge/Wachtel 1997, S. 254).

Wie Sie mit Störungen aus dem Publikum umgehen können

Die Angst, dass jemand die Veranstaltung stören könnte, haben viele Moderatoren. Insbesondere, wenn kritische Themen auf dem Podium diskutiert werden. Mein Kollege Ralf Schmitt hat ein System aus vier Stufen entwickelt, mit denen Comedians, Redner und Moderatoren auf Störungen reagieren können (Asgodom 2013, S. 223).

- Stufe 1: Ignorieren
- Stufe 2: Tolerieren
- Stufe 3: Integrieren
- Stufe 4: Isolieren

Die ersten beiden sind passive, die letzten beiden sind aktive Reaktionen. Ich habe dieses Stufenmodell für die Veranstaltungsmoderation übernommen.

Stufe 1: Ignorieren der Störung. Im ersten Schritt geht es darum, die Störung wahrzunehmen und zu entscheiden: Stört die Störung nur mich oder stört sie auch die anderen? Ein Beispiel: In der ersten Reihe einer Veranstaltung sitzt ein Mann und tippt auf seinem Tablet herum. Das stört mich zwar, aber die anderen Gäste bekommen davon nichts mit. Ich kann es also ignorieren. Erst wenn ein Ereignis die anderen Gäste ebenfalls stört, muss der Moderator reagieren.

Stufe 2: Tolerieren der Störung. Bei Publikumsveranstaltungen, beispielsweise bei Messen, kommt es häufig vor, dass das Publikum kommt und geht – auch wenn Sie gerade mitten in einer Moderation sind. Das müssen Sie nicht toll finden, aber Sie können es tolerieren. Sie nehmen die Störung wahr und lassen sich davon nicht weiter aus dem Konzept bringen.

Stufe 3: Integrieren der Störung. Sobald das Publikum die Störung mitbekommen hat, gilt der Grundsatz der Psychologin Ruth Cohn: »Störungen haben Vorrang.« Das bedeutet: Was jeder gesehen hat, ist ohnehin bereits Teil der Wirklichkeit und muss vom Moderator anerkannt und integriert werden. Bei einem technischen Problem könnten Sie dem Publikum erklären, was gerade passiert und wie es weitergeht.

Was Moderatoren fürchten, ist für Improvisationsschauspieler ein Segen. Beim Improvisationstheater lassen sich die Schauspieler Stichwörter aus dem Publikum zurufen, die dann Auslöser und Leitfaden für spontan gespielte Szenen sind. Die Störung aus dem Publikum ist somit erst die Voraussetzung, um ins Spiel zu kommen. So gesehen kann die Störung für Moderatoren eine großartige Möglichkeit sein, um in den Dialog mit dem Publikum zu kommen. Binden Sie den Störer aktiv ein, indem Sie ihn fragen: »Was möchten Sie beitragen? Was würden Sie anders machen? Sagen Sie es laut und deutlich, wie Sie die Sache sehen!« Zwischenrufe wie etwa »Langweilig, Paaaauuuuse!« könnten Sie kommentieren mit: »Ich höre, da braucht jemand eine Pause. In zehn Minuten steht für Sie alle heißer Kaffee draußen. Solange sprechen wir hier noch über …«

Stufe 4: Isolieren des Störers. Es gibt aber auch Störer, die bewusst und gezielt eine Veranstaltung stören, um Ihre Sache sichtbar zu machen. Ob dies ein Störversuch mit sachlichem Anliegen ist oder ein aggressiver Angriff, bei dem sich grundsätzliche Wut auf eine Person oder eine Sache entlädt – in jedem Fall erfordert eine solche Situation das direkte Eingreifen des Moderators.

Der Störer in der TV-Talkshow Günter Jauch

Wie man mit einem Störer aus dem Publikum umgeht, hat der TV-Talkmaster Günther Jauch sehr souverän in einer seiner Live-Sendungen gezeigt. Als ein junger Mann die Diskussionsrunde mit einer Protestaktion stürmte, reagierte der Moderator sofort. Er stand aus der Runde auf und ging auf den Störer zu, der bereits vom Sicherheitspersonal festgehalten und aus dem Saal getragen wurde, und sagte: »Holen Sie den Mann zurück, hier wird keiner aus der Sendung rausgehauen wie in der Ukraine«, und fragte zugleich seine Talkgäste, ob sie wüssten, worum es ginge. Nach kurzer Diskussion (es ging um die Ernst-Busch-Schauspielschule in Berlin) wurde der Zuschauer wieder zurück in den Saal gebracht und Günther Jauch integrierte ihn mit klarer Ansage: »Es kann nicht der Sinn der Sache sein, dass irgendjemand sich hier reinsetzt und dann etwas in der Sendung verhandelt haben möchte, was nicht Gegenstand der Sendung ist […] Ihnen soll keine Gewalt angetan werden, aber wir können auch nicht auf diese Weise das Thema hier besprechen. Interessiert unter Umständen in Berchtesgarden und Flensburg oder Köln auch nicht so furchtbar viele.« (Günther Jauch, ARD, 05.07.2012).

Wichtig ist, in einer solchen Situation unverzüglich und vor allem besonnen zu reagieren. Auch wenn Sie oder einer Ihrer Gäste auf der Bühne persönlich angegriffen werden, bleiben Sie als Gastgeber hart in der Sache und freundlich im Ton. Verweisen Sie auf die Regeln dieser Veranstaltung beziehungsweise der Diskussion. Einem Störer sollte keine Bühne geboten werden für sein Anliegen. Indem Günther Jauch dem Zuschauer am Ende eine Standpauke hielt, hat er ihn zugleich integriert und isoliert.

Isolation heißt zunächst sichtbar machen und dann persönlich auf das Verhalten ansprechen. Indem Sie eine Person direkt ansprechen, ob mit Namen oder nicht, kann sie sich nicht weiterhin hinter der Anonymität eines Zwischenrufers verstecken. Sie muss sich direkt für ihre Äußerung verantworten und von den anderen im Raum beurteilen lassen. Die meisten echten Störungen lassen sich damit abstellen.

Sollte die persönliche Ansprache nicht wirken, kann man immer noch zum letzten Mittel greifen und den Störer der Veranstaltung verweisen. Aufsehen erregte ein solches Durchgreifen im Dezember 2018 im baden-württembergischen Landtag in Stuttgart (s. Videotipp).

Videotipp:
Das Video finden Sie unter: https://www.swr.de/swraktuell/baden-wuerttemberg/Nach-vielen-AfD-Zwischenrufen-Raepple-wird-von-Polizisten-aus-dem-Landtag-begleitet,av-o1078512-100.html

Drei ungeplante Situationen: Wie hätten Sie reagiert? (Lösung auf der nächsten Seite)

Situation 1: Bei einer Konferenz eines Softwareherstellers sitzen 500 Gäste im Saal und verfolgen aufmerksam das Programm. Sie kündigen den nächsten Redner an. Stille im Saal, niemand erscheint. Sie wiederholen kurz Ihre Begrüßung, aber es ist kein Redner in Sicht. Auf eine kurze Rückfrage in der Regie erhalten Sie die Information, dass der Referent gerade kurz ins Hotel gegangen sei, um sein Laptop zu holen. Das Hotel ist nebenan, und es kann fünf bis zehn Minuten dauern, bis der Redner erscheint.

Situation 2: Bei einer Strategietagung eines Unternehmens stellt der Bereichsvorstand gerade die neuen Ziele für das kommende Jahr vor. Sie sitzen im Publikum in der ersten Reihe und hören zu. Plötzlich geht der Feueralarm los.

Situation 3: Bei einer öffentlichen Informationsveranstaltung einer Institution moderieren Sie eine Diskussionsrunde. Ihre Gäste sitzen schon auf dem Podium. Sie sind gerade dabei, sie namentlich vorzustellen. Mitten in der Diskussion steht ein Mann auf und stört die Moderation. Er ruft dazwischen und greift verbal einen der Diskutanten persönlich an.

Anmerkung: Alle drei Szenarien haben in Wirklichkeit so stattgefunden.

Nehmen Sie Pannen mit Humor und Leichtigkeit

Wenn die Dinge einmal nicht so glatt laufen, wie Sie sich das vorgestellt haben, bleiben Sie locker. Von einer verpatzten Moderation oder einem ausgefallenen Mikrofon geht die Welt nicht unter. Pannen gehören zu unserem Geschäft. Denn Moderation hängt wie alle künstlerischen Live-Darbietungen auf der Bühne von menschlichen Regungen und äußeren Einflüssen ab, die nicht zu 100 Prozent kontrollierbar sind. Pannen zeigen, dass wir Menschen sind – und eben nicht perfekt. Wenn Sie ehrlich und gelassen mit ungeplanten Situationen umgehen, gewinnen Sie die Sympathie des Publikums. Besonders im Fernsehen kann man immer wieder erleben, welchen Spaß Zuschauer an Pannen haben.

Als im virtuellen Studio der Tagesschau ein herrenloser Unterkörper neben Sprecher Jan Hofer auftauchte, witzelten die Zuschauer darüber in sozialen Medien. Die Verantwortlichen der Sendung bewiesen Humor und kommentierten via Twitter: »Sie haben es bemerkt: Bei uns hat sich gestern jemand eingeschlichen. Immerhin war die Hose gewaschen und gebügelt« (ARD Tagesthemen, 19.10.2015).

Stern-TV-Moderator Steffen Hallaschka findet: »Der beste Umgang mit Pannen ist, sie zu umarmen und sie mit großer Freunde willkommen zu heißen, wenn es das Format inhaltlich zulässt. Im perfekten Hochglanzmedium ist es doch schön, wenn die Dinge nicht so laufen, wie sie geplant waren. Zuschauer lieben sie, und als Moderator ist man gut beraten, sie auch zu lieben« (Tirok 2013, S. 141).

Lösung zur Übung von S. 210

Situation 1: Der Referent erscheint nicht

So könnten Sie reagieren:

- »Liebe Gäste, ich höre gerade, dass der Referent noch nicht hier ist. Er ist auf dem Weg zu uns. Ich schätze, es dauert etwa fünf Minuten. Sie haben jetzt diese paar Minuten Zeit, sich kurz zu entspannen. Wenn Sie mögen, schauen Sie doch einfach Ihre Unterlagen durch, machen Sie sich Notizen oder tauschen Sie sich mit Ihrem Sitznachbarn aus. Ich bitte Sie kurz um Geduld. Der Referent ist gleich für Sie da. Ich halte Sie auf jeden Fall auf dem Laufenden.« Sie bleiben auf der Bühne, bis der Referent kommt und kündigen ihn erneut an. Allerdings nicht mit der exakt gleichen Anmoderation, sondern situativ.

- Wenn ein interessanter Gesprächspartner in der ersten Reihe sitzt und Sie wissen, dass dieser keine Probleme hat, Ihnen ein Kurzinterview zu geben, könnten Sie ihn dazu auf die Bühne bitten.
- Wenn Sie Ahnung vom Thema haben und auf einen kleinen Extravortrag vorbereitet sind, könnten Sie die Zeit überbrücken und etwas erzählen.

Situation 2: Der Feueralarm geht los

So könnten Sie reagieren:

- Der Ton ist so laut, dass der Bereichsvorstand unter keinen Umständen weiterreden wird. Sie stehen auf und signalisieren dem Referenten und fürs Publikum ersichtlich, dass Sie die Situation klären. Sobald Sie von der Technik, dem Veranstalter oder Saalpersonal wissen, was Sache ist, gehen Sie auf die Bühne und übernehmen die Führung.
- Bei einem Fehlalarm signalisieren Sie dem Publikum, dass es sitzen bleiben kann und warten auf der Bühne, bis der Ton verstummt.
- Bei einem unklaren oder echten Feueralarm weisen Sie den Gästen den Weg zu den Notausgängen, sofern Sie über Ihr Mikrofon verstanden werden, bitten Sie die Gäste, Ruhe zu bewahren, sofort den Raum zu verlassen, den grünen Schildern der Notausgänge zu folgen und sich vor dem Gebäude zu versammeln.
- Mein Rat: Schauen Sie bei der Probe unbedingt, wo sich die Notausgänge befinden. Im Ernstfall müssen Sie als Gastgeber wissen, wo es aus dem Gebäude hinausgeht.

Situation 3: Ein Mann stört mit Zwischenrufen

So könnten Sie reagieren:

- Sie machen unmissverständlich klar, dass im Moment Sie mit den Gästen diskutieren. Zur Gesprächsrunde mit dem Publikum werden Sie anschließend auffordern. Sie bitten den Gast wieder Platz zu nehmen und sein Anliegen dann vorzutragen.
- Sollte der Gast weiter stören, fordern Sie ihn erneut mit einem kurzen Satz klar und deutlich auf, jetzt nicht zu stören.
- Folgt der Gast nach wie vor Ihren Aufforderungen nicht, drohen Sie mit Rauswurf, den Sie im Falle einer erneuten Störung mithilfe des Saalpersonals oder von Kollegen durchziehen.

Abfragen, Umfragen, Aktionen – Gäste zum Mitmachen bewegen

Bühne, 21:30 Uhr, Moderation

Der Zauberkünstler knöpft seinen Frack zu. Ein Assistent schiebt Backstage eine lange goldene Kiste in Position. Der Höhepunkt des Abends naht. Die Gäste unterhalten sich laut und laufen im Saal umher. Die Musiker spielen den Schlussakkord und verbeugen sich. Ein wenig Applaus folgt. Die Aufmerksamkeit ist auf einem Tiefpunkt.

Erinnern Sie sich noch an Ihre Schulzeit? Wann immer der Lehrer im Chemieunterricht Formeln über Formeln an die Tafel schrieb, hatte ich Mühe, mich später auch nur einen Bruchteil davon zu erinnern. Sobald aber die Reagenzgläser und der Bunsenbrenner aus dem Regal geholt wurden, wurde es lebendig. Mit Experimenten ließ sich Chemie großartig begreifen. In der Didaktik ist längst erforscht, dass beim bloßen Zuhören nur relativ wenig im Gedächtnis bleibt. Je mehr Sinne angesprochen werden, umso besser können wir uns Dinge merken. Wer etwas laut ausspricht, lernt automatisch besser. Sobald wir etwas selbst sagen, erinnern wir uns an 70 Prozent. Noch besser lernen wir, wenn wir etwas selbst tun. Indem wir zum Beispiel ein Experiment ausführen, steigt die Behaltensleistung sogar auf 90 Prozent (Pispers 2012, S. 89).

Im Veranstaltungssaal läuft es ein bisschen wie im Klassenzimmer. Sobald die Gäste nicht nur mit verschränkten Armen zuhören, sondern selbst aktiv werden, behalten sie mehr im Gedächtnis. Durch den lebendigen Dialog fühlen sie sich emotional einbezogen und folgen der Veranstaltung aufmerksam bis zum Ende. Mitmachen können die Gäste auf ganz unterschiedliche Weise: Sie können ihre Meinung äußern, Fragen beantworten, Spiele machen. Eine Tagung muss nicht zur Gameshow werden, aber ich empfehle Ihnen insbesondere bei informationslastigen Formaten, das Publikum aktiv zu beteiligen. Die Publikumsinteraktion ist das stärkste Mittel, um die Aufmerksamkeit der Zuschauer zu erhöhen und zu binden: eine Aufforderung zum Mitdenken, zum Mitfühlen und zum Mitmachen. In diesem Kapitel zeige ich Ihnen, wie das geht.

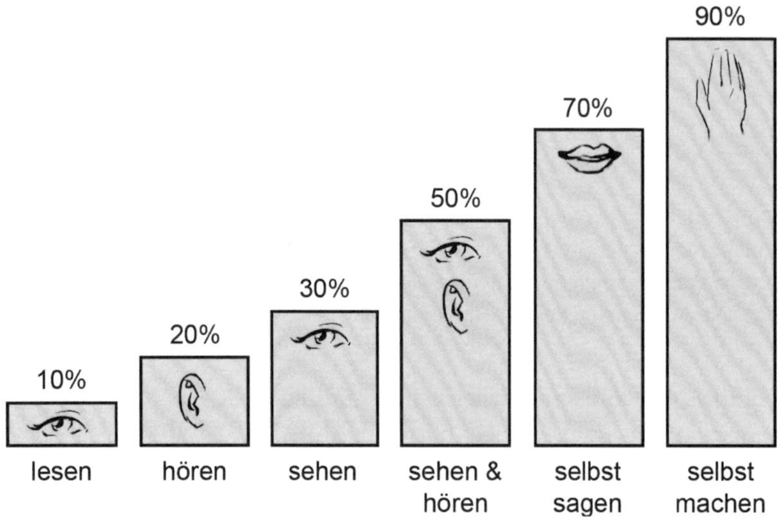

Wie viel bleibt in Erinnerung? (Behaltensleistung in Anlehnung an Pispers 2012, S. 75)

Wie Sie Gäste aktivieren können

Bei klassischen Veranstaltungsformaten gehen die Gäste zunächst davon aus, passiv zu konsumieren: Sie kommen, setzen sich hin und lassen sich berieseln. Ein echter Aufmerksamkeitsbringer ist es, wenn es einmal anders läuft und sie etwas aktiv tun dürfen und sollen. Ihre Aufgabe als Gastgeber ist es, die Gäste dazu zu bewegen. Dazu müssen Sie langsam und behutsam vorgehen. Denn das Publikum muss erst einmal mit Ihnen warm werden.

Damit Interaktionen so laufen, wie Sie es sich vorstellen, müssen Sie die Spielregeln sehr klar kommunizieren. Zunächst ist es wichtig, den Gästen zu sagen, dass sie mitmachen sollen. Mit Sätzen wie: »Ich möchte Sie zu einer kleinen Umfrage einladen.« Oder: »Es folgt nun eine kurze Frage an Sie. Ich bitte Sie um Ihre Reaktion.«, bereiten Sie Ihre Gäste mental darauf vor, von passiver Frontalberieselung zu aktiver Beteiligung umzuschalten. Anschließend erklären Sie, wie das geschehen soll: durch Aufstehen, Handzeichen, Summen, Applaus … Oder es wird eine farbige Karte hochgezeigt oder etwas gesagt. Bei Redebeiträgen machen Sie ebenfalls die Regeln deutlich: Wie lange darf gesprochen werden? Sollen die Gäste Stichwörter zurufen oder Erlebnisse schildern? Soll der Redner seinen Namen nennen? Der Moderator macht die Regeln und fordert sie auch ein. Achten Sie darauf, dass Sie einfach erklären und den Gästen Zeit lassen, alles zu verstehen.

Bei Interaktionen wissen Sie nie zu 100 Prozent, wie Ihre Gäste reagieren. Sie können es nur vermuten. Damit die Publikumsbeteiligung kein kompletter Blindflug wird, sollten Sie sich schon beim Erstellen des Moderationskonzepts überlegen, was Sie sagen müssen, damit Ihre Gäste den Ablauf verstehen und mitmachen. Probieren Sie das am besten im Vorfeld an einer anderen Person aus. Wenn Ihr Gegenüber nicht versteht, wie es genau laufen soll, erklären Sie noch einfacher. Skizzieren Sie sich bereits einen möglichen Verlauf und Varianten, und seien Sie auf der Bühne offen für den Moment. Es kann immer passieren, dass eine Interaktion nicht funktioniert, weil die Gäste nicht wissen, was sie machen sollen. Im Zweifel sagen Sie: »Mein Fehler, ich habe es nicht richtig erklärt, also noch einmal …« So lassen Sie Ihr Publikum immer gut aussehen.

Die richtigen Aktionen auswählen

Publikumsbeteiligungen sollten strategisch geplant sein. Was wollen Sie mit der Aktion erreichen? Aufmerksamkeit für ein Thema bekommen, Meinungen abfragen, ein Ergebnis erhalten? Oder soll es ein Energizer nach der Mittagspause oder einem Vortragsmarathon sein? Jede Interaktion muss ein Ziel haben. Wählen Sie die Interaktion entsprechend des Themas, des Publikums und des Veranstaltungsformats aus. Nachfolgend stelle ich Ihnen die gängigsten Methoden aus der Praxis vor.

Methode 1: Interaktiver Beginn

Mischen Sie sich schon vor Beginn des Programms unter die Gäste, trinken Sie mit ihnen einen Kaffee und sprechen Sie mit ihnen. So bekommen Sie ein Gespür, wie die Stimmung ist und was die Menschen umtreibt. Dies ist zudem ein guter Moment, um Material für Interaktionen zu sammeln. Eine effektive Methode ist, im Vorfeld Zettel zu verteilen und die Gäste einen Satz aufschreiben zu lassen, beispielsweise: »Was muss zum heutigen Tag noch gesagt werden?« Wenn Sie die Zettel später mit auf die Bühne nehmen und die Antworten in Ihre Begrüßungsmoderation einfließen lassen, bekommen Sie schon die erste Brücke zum Publikum.

Eine weitere Möglichkeit ist, dass Sie nicht auf der Bühne, sondern im Auditorium anfangen. Während Sie durch den Gang laufen, reden Sie mit den Gästen: »Woher kommen Sie?«, »Warum sind Sie heute hier?«. Fragen Sie simple Dinge ab, damit sich Ihre Gäste wohlfühlen.

Methode 2: Abfrage

Die einfachste Form der Interaktion ist die Publikumsabfrage. Dazu stellen Sie eine oder mehrere Fragen, auf die das Publikum meistens mit Handzeichen, Aufstehen oder Aufzeigen einer Karte antwortet. Diese Aktion kann während einer Veranstaltung jederzeit sehr gut eingebaut werden. Insbesondere zu Beginn einer Moderation ziehen Abfragen die Zuschauer besser ins Thema hinein als reine Sachinformationen. Indem sie auf eine Frage antworten, beschäftigen sie sich gedanklich mit dem Thema und docken an. Ich zeige Ihnen den Ablauf am Beispiel einer Anmoderation:

Moderationsbeispiel: »Wie Kunden Kaufentscheidungen treffen«

Die Anmoderation dieses Themas bei einer Marketingtagung kann mit Fragen ans Publikum gestartet werden mit der Bitte um ein Handzeichen: »Wer von Ihnen hat heute eine schon eine Kaufentscheidung getroffen?« (Einige Hände gehen nach oben.)
»Wer von Ihnen hat in dieser Woche schon eine Kaufentscheidung getroffen? Ich bitte um ein Handzeichen.« (Viele Hände gehen nach oben).
»Sie sehen, wir alle treffen sehr oft Kaufentscheidungen. Manchmal passiert das ganz spontan und ohne groß nachzudenken. Ich habe mir heute Morgen genauso spontan einen Kaffee gekauft. – Wenn aber eine Entscheidung unser Leben langfristig beeinflusst und wir viel Geld ausgeben, geht es nicht ganz so schnell. Als ich mir letztes Jahr ein neues Auto gekauft habe, da habe ich sämtliche Testberichte gelesen und im Internet die Foren nach Infos durchsucht. – Und wieder ein anderes Mal treffen wir sehr viele Kaufentscheidungen in kürzester Zeit. Etwa, wenn wir im Supermarkt den Wocheneinkauf machen. – Was passiert bei all diesen Kaufentscheidungen in unserem Kopf? Was beeinflusst uns? Das erfahren Sie jetzt von …«

Das Beispiel zeigt, worauf Sie bei einer Abfrage achten müssen:

- Wählen Sie eine Frage, die von allen beantwortet werden kann und thematisch passt.
- Holen Sie sich ein Ja. Das heißt: Wählen Sie nur Fragen, auf die die Zuschauer mit einem Ja antworten können. Ein Ja sagt sich leichter als ein Nein. Diese Technik stammt aus dem Improvisationstheater. Wenn sich Schauspieler aus dem Publikum Mitspieler suchen, fragen sie immer zunächst zwei Dinge: »Wie heißen Sie?« und »Wo kommen Sie her?« Beide Fragen kann der potenzielle Kandidat, ohne groß nachzudenken, positiv beantworten. Er wird mental auf »Ja« programmiert. Wenn der Schauspieler ihn dann fragt: »Spielen Sie mit mir?«, macht der Zuschauer gern mit. Genauso funktionieren Abfragen. Wenn die Gäste eine bejahende Haltung einnehmen, sind sie bereit, Ihrem Gastgeber zum Thema des nächsten Programmpunkts folgen.
- Machen Sie mit. Das Publikum schätzt es, wenn der Moderator etwas von sich preisgibt. Wenn ich im Beispiel frage, wer eine Kaufentscheidung getroffen hat, melde ich mich ebenfalls. Zum einen fällt es den Zuschauern leichter, den Arm zu heben. (Wir machen, was wir sehen.) Und ich gebe zu, genau wie die Gäste, heute schon etwas gekauft zu haben. Damit erzeuge ich Nähe. Im Nachgang erzähle ich eine kleine Geschichte dazu, und schon sind wir mitten im Thema. Dabei ist zu beachten, dass der Übergang zum eigentlichen Programmpunkt logisch und stimmig erfolgt. Natürlich muss die Geschichte wahr sein, wie alles, was auf der Bühne erzählt wird. Das bedeutet, wenn ich mir eine solche Interaktion wie im Beispiel überlege, muss ich also dafür sorgen, dass ich mir am Tag der Veranstaltung etwas gekauft habe, um authentisch erzählen zu können.

Abfrage mit Handzeichen

Methode 3: Umfragen

Umfragen sind eine großartige Möglichkeit, das Publikum gezielt zu befragen. Umfragen können Erkenntnisse fördern und helfen, ein Stimmungsbild im Saal zu bekommen. Dabei gehen Sie im Gegensatz zur Abfrage in die neutrale Rolle eines Meinungsforschers. In diesem Fall melden Sie sich nicht mit, sondern befragen das Publikums und setzen das Ergebnis anschließend in Beziehung zum Thema. Das heißt, Sie ordnen ein und machen Zusammenhänge klar. Ein bisschen so wie am Wahlabend im Fernsehen.

Umfragen können sehr gut Relevanz für ein Thema erzeugen und sind dramaturgisch am besten zu Beginn oder in der Mitte einer Veranstaltung aufgehoben. Denn das Ergebnis muss unbedingt eine Rolle im weiteren Verlauf spielen, andernfalls fühlen sich die Zuschauer an der Nase herumgeführt.

Da Sie bei der Planung einer Umfrage nur spekulieren können, wie die Gäste reagieren, müssen Sie thematisch auf der Höhe sein, um situativ zu kommentieren und zum eigentlichen Thema überzuleiten. Bei dieser Methode sollten Sie sich Zeit lassen. Machen Sie auf jeden Fall Sprechpausen und warten Sie die Antwort Ihres Publikums ab.

Umfrage mit Handzeichen: Zur Verdeutlichung folgt nun ein Originalbeispiel aus meinem Archiv mit dem Ergebnis, das ich live in der Veranstaltung bekommen habe. Ich habe es zum besseren Verständnis ausformuliert.

Anmoderation mit Umfrage (Außenwirtschaftstag Sachsen-Anhalt 2014)

»Wir kommen zu einem Thema, das in den vergangenen Monaten die Deutschen polarisiert hat. Das Freihandelsabkommen mit den USA, kurz TTIP. Ich möchte zunächst gern hören, wie Ihre Meinung dazu ist, und lade Sie zu einer kleinen Umfrage ein. Ich bitte Sie, per Handzeichen mitzumachen.

- Wer von Ihnen ist positiv gegenüber dem Freihandelsabkommen eingestellt? Bitte Ihr Handzeichen.
- Ich schätze ein Drittel hier im Saal hat sich gemeldet und findet TTIP gut.
- Wer ist kritisch eingestellt?
- Das sind etwas weniger.
- Und wer von Ihnen hat noch keine Meinung?
- Und das sind die meisten hier im Saal.

Vielen Dank. Das deckt sich interessanterweise in etwa mit dem, was das Allensbach Institut kürzlich in einer Umfrage herausgefunden hat. Deutschland ist gespalten: 28 Prozent der Befragten sind für das Freihandelsabkommen mit den USA, 31 Prozent sind dagegen. Und die größte Gruppe, nämlich 41 Prozent, sind unentschlossen.

Das Thema ist nach wie vor brandaktuell. Wir möchten diese Veranstaltung dazu nutzen, um Sie tagesaktuell zu informieren. Denn damit Sie sich eine Meinung bilden können, brauchen Sie Informationen.

Dazu begrüße ich einen Gast, der sich intensiv mit diesem Thema beschäftigt. Er leitet im DIHK den Bereich »Außenwirtschaftspolitik und -recht« und ist zudem in der Arbeitsgruppe des Bundeswirtschaftsministeriums zum Thema TTIP. Dieser Beirat ist die Stelle, die die deutsche Position in der EU vertreten soll. Herzlich Willkommen Felix Neugart.«

Umfrage mit Summen: Noch interessanter und emotionaler werden Umfragen, wenn die Gäste nicht klassisch per Handzeichen abstimmen, sondern summen. Erfunden hat diese Methode der Psychologe und Kabarettist Bernd Ludwig, der dies sehr witzig und eindrucksvoll im interaktiven Seminarkabarettprogramm »Anleitung zur sexuellen Unzufriedenheit« einsetzt. Die Zuschauer beteiligen sich und stimmen ab, indem sie einen Ton summen. Dadurch wird die Aktion anonymer als beim Heben der Hand.

Wenn Sie diese Methode einsetzen möchten, sollten Sie das Summen mit Ihren Gästen üben, bevor Sie loslegen.

Anmoderation eines Interviews mit Umfrage und Summen (nach Ralf Schmitt)

»Es geht bei dieser Veranstaltung um Sie und darum, wie Ihr Unternehmen zukünftig organisiert sein soll. Ich möchte Ihre Meinung zu ein paar Dingen wissen, die ich gleich im Interview mit Ihrem Vorstand besprechen möchte. Deshalb bitte ich Sie, jetzt mitzumachen. Dazu brauche ich einen Ton von Ihnen. Und zwar ein Summen. Ich mache das einmal vor: mmmmmm

Wir üben das einmal kurz zusammen. Ich bitte zunächst alle im Saal um ein Summen. Bitte jetzt ... Super, vielen Dank.

Jetzt summen bitte nur die Frauen im Saal. Und bitte: ...

Nun summen alle Männer im Saal. Bitte: ... Großartig! Dankeschön. Das klappt prima mit Ihnen.

Und nun meine Frage an Sie: Wer von Ihnen ist denn zufrieden mit seinem Job? Bitte summen Sie jetzt ... (Sprechpause, Kommentar)

Wer von Ihnen möchte mehr verdienen? Bitte summen Sie jetzt ... (Sprechpause, Kommentar)

Wer von Ihnen möchte gern mehr gewertschätzt werden? Ich bitte um Ihren Ton ... (Sprechpause, Kommentar)

Vielen Dank fürs Mitmachen. Ich begrüße nun den Vorstand Heinz Müller auf der Bühne ...«

Die Ergebnisse fließen in das anschließende Interview ein.

Digitale Unterstützung bei Umfragen durch Apps und TED-Systeme: TED-Systeme sind eine tolle Möglichkeit, Umfragen zu unterstützen. Dabei bekommen die Teilnehmer zu Beginn der Veranstaltung ein kleines Abstimmungsgerät in der Größe einer Kreditkarte in die Hand. Sobald der Moderator seine Frage gestellt hat, werden die Geräte aktiviert, und die Gäste können Ihre Meinung per Knopfdruck kundtun. Per WLAN sammelt ein Computer die Antworten innerhalb weniger Sekunden ein und präsentiert das Ergebnis live auf einer Leinwand. Für den Moderator heißt es dann wieder, live zu kommentieren und damit zum nächsten Programmpunkt überzuleiten.

TED-Systeme sind eine kostspielige Angelegenheit für den Veranstalter, aber gerade bei komplexen Umfragen bekommen Sie im Gegensatz zum Handzeichen oder Summen exakte und dokumentierte Ergebnisse, die sich über die Veranstaltung hinaus für Projekte und Prozesse im Unternehmen nutzen lassen. Sie können zum Beispiel eine Kundenzufriedenheitsanalyse machen. Durch die anonyme TED-Abstimmung trauen sich die Gäste, ehrliche Antworten zu geben. Sie können aber auch über den weiteren Verlauf der Veranstaltung per TED abstimmen lassen. Zum Beispiel: Zu welchem Produkt gibt es die meisten Unklarheiten? Entsprechend des Ergebnisses geht es mit einem Vortrag dazu weiter. Ich gebe zu, diese Form der Moderation erfordert sehr viel Spontaneität und Flexibilität. Die Zuschauer werden es aber schätzen und Ihnen mit Aufmerksamkeit danken.

Deutlich kostengünstiger und aktuell im Trend sind sogenannte Audience-Response-Tools. Bei diesen webbasierten Anwendungen können die Zuschauer mehr als nur abstimmen: Sie können an Umfragen teilnehmen, kommentieren und auch Fragen an den Moderator schicken. Im Detail gehe ich auf die neuen Tools im Kapitel »Veranstaltungsmoderation 4.0« (s. S. 239 ff.) ein.

Methode 4: Energizer und Bewegungsspiele

Sitzen Sie, liebe Leserin, lieber Leser, gerade ruhig auf einem Stuhl oder in einem Sessel, während Sie dieses Buch lesen? Dann wird es Zeit, dass wir uns gemeinsam ein wenig bewegen. Ich lade Sie zu einer kleinen Übung ein.

Koordinationsübung für Körper und Gehirn

Bitte stellen Sie sich dazu hin. Heben Sie den rechten Fuß vom Boden und schreiben Sie mit der Fußspitze einen Kreis.
Prima, das machen Sie großartig. Jetzt wird es ein bisschen schwieriger. Denn nun kommen noch die Arme dazu. Stecken Sie die linke Hand nach vorn aus. Und jetzt malen Sie mit der linken Hand eine sechs.
Sehr gut!

Kurze Koodinationsübungen bringen uns vom Kopf in den Körper und machen konzentrierter und aufnahmefähiger. Wahrscheinlich haben Sie eben selbst bemerkt, dass es gar nicht so einfach ist, verschiedene Körperteile verschiedene Bewegungen aufführen zu lassen. Kurze Bewegungsspiele machen immer Spaß und sind echte Energizer nach längerem Sitzen oder nach der Mittagspause.

Schon der Dichter Friedrich Schiller schrieb, »dass unter allen Zuständen des Menschen gerade das Spiel, und *nur* das Spiel es ist, was ihn vollständig macht.« Erst im Spiel kann der Mensch sich entwickeln und neue Fähigkeiten und Erkenntnisse erlangen (Schiller 1879, 15. Brief).

Seit einigen Jahren erlebt das Spielen in unserer Gesellschaft wieder eine Renaissance. Unter dem Begriff Gamification werden spielerische Strategien in vielen Bereichen des Lebens integriert: In der Werbung, in der Arbeitswelt, bei der Therapie von Kranken – überall wird gespielt. Spielerische Elemente sind eine große Chance, Langweiliges interessant zu gestalten. Dies gilt ebenso für eine Moderation.

Wenn Sie mit Ihren Gästen spielen, bekommen Sie eine ganz andere Atmosphäre, als wenn Sie Fakten auf Fakten präsentieren. Das müssen keine komplexen Aktionen sein. Schon mit kleinen Bewegungs- oder Gedankenspielen schaffen Sie ein aufnahmebereiteres Publikum. Auch wenn manche Teilnehmer über diese Spielchen stöhnen: Wenn sie erst einmal in Bewegung waren und dabei mit ihrem Sitznachbarn gelacht haben, öffnen sie sich für Neues. Nachfolgend ein Beispiel:

Der Klassiker: Kennenlernen in Aktion

»Liebe Gäste, ich habe gehört, dass die meisten von Ihnen sich nicht kennen. Es wäre doch ganz schön, wenn Sie sich einmal kurz kennenlernen. Wer sitzt denn da so neben mir? Dazu stehen Sie bitte alle einmal kurz auf (Sprechpause).
Nun drehen Sie sich zu Ihrem linken Nachbarn und schauen sich in die Augen. Wenn links von Ihnen niemand sitzt, drehen Sie sich nach hinten. Begrüßen Sie sich, indem Sie sich die Hand geben. Sagen Sie der Person etwas Nettes, wie: ›Schön, dass Sie da sind!‹« (Sprechpause)

Energizer sollten immer ihren spielerischen Charakter behalten, um der Aktion eine Leichtigkeit zu verleihen. Ich habe einmal eine Managementtagung moderiert, bei der der Vorstand drei Leute auf die Bühne kommen ließ und sie anwies, Liegestütze und Kniebeugen zu machen. Ein Spaß auf Kosten anderer. Zum Glück waren es sportliche junge Männer, die sich nicht blamierten. Bei einem Sportfest finde ich diese Aktion angemessen, aber bei einer Veranstaltung mit Führungskräften kann ich dieser Form von körperlicher Vorführung nichts abgewinnen. Vielleicht sind Sie in diesem Punkt anderer Meinung. Ich überlasse es Ihrer Intuition, die passenden Aktionen auszuwählen.

Wichtig ist dabei, dass Sie sie gut und langsam anleiten und positiv formulieren. Loben Sie Ihre Gäste, motivieren Sie sie, danken Sie ihnen. Beim Spielen geht es nicht ums Richtigmachen, sondern ums Mitmachen. Beenden Sie spielerische Aktionen immer mit einem Applaus für die Mitspieler oder für das gesamte Publikum. Anschließend gönnen Sie allen einige Sekunden Pause, bevor Sie zum eigentlichen Thema Ihrer Moderation (zurück) kommen.

Ob Sie bei einer Umfrage konkrete Themen abfragen oder mit einer spielerischen Aktion Gäste auf die Bühne bitten – alles ist erlaubt, solange die Gäste Spaß haben und die Aktion emotionale Spuren hinterlasst. Aber bitte kein Interaktionsmarathon. Kein Zuschauer möchte gern wie im Zirkus dressiert werden und ständig Hände heben oder Ihnen Stichworte zurufen. Es empfiehlt sich zwei, drei konkrete Punkte im Verlauf eines Tages zu setzen. Wählen Sie die Aktionen aus, hinter denen Sie stehen. Überlegen Sie sich schon bei der Konzeption Ihrer Moderation, welche Interaktionen zu welchem Zeitpunkt sinnvoll sind. Integrieren Sie sie gut überlegt in die Gesamtdramaturgie. Und trauen Sie Ihren Gästen ruhig etwas zu.

Checkliste Interaktion

- Was ist das Ziel der Interaktion?
- Weckt die Interaktion Emotionen?
- Ist die Interaktion sinnvoll in Bezug auf das Thema?
- Welche Regeln hat die Interaktion?
- Wie viel Zeit beansprucht die Interaktion?
- Brauchen Sie zusätzliche Materialien für die Interaktion?
- Ist die Interaktion technisch machbar?

So macht Ihr Publikum gern mit

- Interaktionen verständlich anleiten und dem Publikum Zeit lassen
- auf die Einhaltung der Regeln achten
- positiv und motivierend formulieren
- aktiv zuhören, Sprechpausen machen
- bei Abfragen: thematisch passend fragen, Ja-Fragen stellen und selbst mitmachen
- bei Umfragen: Ergebnisse ins Programm einbeziehen
- bei Spielen und Energizern: spielerisch und leicht, für Applaus am Ende sorgen
- kein Interaktionsmarathon
- Lassen Sie Ihr Publikum immer gut aussehen!

Applaus – und dann?

Bühne, 22:15 Uhr, Schlussmoderation

Sie bitten die Künstler des Abends zum Schlussbild auf die Bühne. Sängerin, Artisten und der Zauberkünstler reihen sich auf. Goldenes Konfetti regnet aus dem Saalhimmel. Bühne und Saal glitzern in buntem Licht. Die Band spielt auf. Applaus für die Künster und Ihre Moderation brandet auf.

Sie haben es geschafft! Sie haben etwas Großartiges geleistet: Sie haben durch eine Veranstaltung geführt, waren ein guter Gastgeber für Ihr Publikum. Wundern Sie sich nicht, wenn Sie anschließend erschöpft sind wie nach einem Marathonlauf. Eine Veranstaltungsmoderation ist eine Höchstleistung, die mental und körperlich viel von Ihnen abverlangt. Deshalb sollten Sie diesen Erfolg erst einmal genießen. Und dann?

Am Anfang des Buches habe ich Ihnen erzählt, dass erst gezieltes Training und bewusstes Lernen zur Meisterschaft führt. Für den Psychologen K. Anders Ericsson bedeutet dies, dass Sie Ihre Auftritte selbst reflektieren und sich von anderen Menschen Feedback holen. Aber auch, dass Sie sich klar umrissene Ziele setzen und fokussiert üben (Ericsson/Pool 2016, S. 45). Wie aber bekommen Sie ehrliches Feedback? Wie gehen Sie damit um? Und was lässt sich daraus für Ihren nächsten Auftritt lernen?

Selbstreflexion

Ein Marathonläufer, der nach einer bestimmten Zeit ins Ziel kommt, weiß genau, wie gut oder wie schlecht er gelaufen ist. Die Zeitmessung gibt ihm ein exaktes Ergebnis. Wie aber messen Sie den Erfolg Ihrer Moderation? Woran merken Sie, ob Ihr Auftritt wirklich gelungen war und Sie Ihre Zuschauer erreicht haben? Wie übersetzen Sie die Reaktionen aus dem Publikum? Und wie ehrlich ist das Feedback?

Zunächst müsste man wissen, was überhaupt ein erfolgreicher Auftritt ist. Und hier haben wir bereits die erste Schwierigkeit. Erfolg kann vieles sein. Und Erfolg auf der Bühne bemisst sich individuell an der Person und an der Sache. Erfolg könnte für Sie sein, wenn die Zuschauer aufmerksam bis zum Ende zugehört haben und noch lange nach der Moderation darüber sprechen. Erfolg kann genauso gut sein, wenn Sie Ihre Zuschauer motiviert haben, etwas zu tun. Sie könnten Ihren Auftritt aber auch als gelungen und erfolgreich empfinden, wenn Sie sich auf der Bühne wohlgefühlt haben und Sie all das gesagt und getan haben, was Sie sich vorgenommen haben. Kurzum: Wenn Sie brillant moderiert haben. Deshalb sollten Sie zunächst für sich klären, was für Sie persönlich Erfolg im Zusammenhang mit Ihrem Auftritt vor Publikum bedeutet.

Ein Tagebuch für die Bühne

Die Antworten können Sie in einem Bühnentagebuch festhalten. Am besten eignet sich ein kleines Notizbuch (oder auch ein Tablet-PC), in das Sie direkt nach dem Auftritt handschriftlich Ihre Notizen schreiben können. So geht Ihnen nichts verloren oder wird vielleicht durch andere Eindrücke überlagert.

Im Bühnentagebuch lassen sich sowohl die Präsenz Ihres Auftritts als auch die inhaltlichen Dinge der Moderation festhalten und bewerten. Beispielsweise: Was war das Beste, das ich heute auf der Bühne gesagt habe? Wie habe ich mich heute auf der Bühne gefühlt? Nehmen Sie diejenigen Punkte ins Tagebuch auf, die Ihnen für Ihre Entwicklung wichtig sind. Hier ein Beispiel, wie dies aussehen kann.

■ **Bühnentagebuch**

Moderation XY	**Meine Sicht**	**Analyse** (Woran lag das? Wie hätte ich es beeinflussen können? …)
Wie habe ich mich heute auf der Bühne gefühlt?		
Lampenfieberwert (Skala 0 bis 10)		
Wie authentisch war ich? (in Prozent)		
Aufmerksamkeit der Zuschauer		
Was ist mir heute besonders gut gelungen?		
Wie schätze ich meine Performance ein? (Skala 0 bis 10)		
Wie kann ich meine Performance verbessern?		

Ihre eigene Bewertung wird oft kritischer ausfallen als die des Publikums. Das hängt mit dem Phänomen der erhöhten Selbstwahrnehmung zusammen. Was Sie auf der Bühne als sehr intensiv empfinden (zum Beispiel Aufregung und Versprecher), hat das Publikum vielleicht nicht einmal bemerkt. So geben Sie sich mit Ihrer Performance vielleicht einen Skalenwert von 5. Das Publikum findet Sie aber nahezu genial und würde Ihnen eine 9 geben. Der Mittelwert, sprich eine 7, dürfte Ihnen in etwa eine realistische Einschätzung für Ihre Performance geben.

Feedback

Anders als beim Fernsehen ist es auf der Bühne nicht üblich, die Veranstaltung im Nachgang in einer Art Redaktionskonferenz besprechen. Dennoch sollten Sie den Auftraggeber, Kollegen oder Zuschauer um Feedback bitten. Positive Rückmeldungen können Sie bestärken. Was gibt es Schöneres, als nach dem Auftritt zu hören: »Sie haben das toll gemacht, und ich habe durch Ihre Moderation heute viel gelernt.« Sobald Sie sich aber weiterentwickeln und verbessern möchten, sollten Sie genauer nachfragen und konstruktives Feedback einholen. Auf die Frage »Wie hat es Ihnen gefallen?«, hören Sie fast nie eine ehrliche Antwort. Besser fragen Sie:

- Welchen Eindruck habe ich als Moderator bei Ihnen hinterlassen?
- Wie haben Sie sich gefühlt?
- Was ist Ihnen im Gedächtnis geblieben?
- Was hätte ich besser machen können?

Manchmal hören Sie dann auch Dinge, die Ihnen selbst nicht bewusst waren. Vielleicht haben Sie zu schnell gesprochen oder Fülllaute benutzt. Notieren Sie sich diese Hinweise und ziehen Sie Ihre Schlüsse daraus. Bewusstes Lernen bedeutet festzulegen, was Sie beim nächsten Auftritt anders machen möchten.

Umgang mit Kritik

Jedes Feedback ist ein Geschenk. Und Geschenke sind dazu da, sie anzunehmen. Auch wenn Feedback manchmal als Kritik daherkommt, so lässt sich bei genauer Betrachtung ein Funken Wahrheit erkennen. Hier hilft es, frei nach Schulz von Thun mit allen vier Ohren auf Empfang zu gehen (s. S. 43 f.).

- Was will mir der Absender sagen?
- Was hat er sich von mir und für die Moderation gewünscht?

Wenn einer von 100 Zuschauern den Kommentar gibt, die Podiumsdiskussion sei langweilig gewesen, heißt das noch lange nicht, dass Sie einen schlechten Job gemacht haben. Hören Sie das aber von mehreren Zuschauern, sollten Sie dieses Feedback ernst nehmen. Aber auch hier muss erst einmal reflektiert werden, woran es lag. Hätte die Podiumsdiskussion tatsächlich mehr Witz, mehr Tempo und mehr Kontroversen vertragen? Oder war die Gästeauswahl schlicht und einfach falsch?

Eine altes Sprichwort sagt: Du kannst es nie allen recht machen. Auch wenn Sie sich die allergrößte Mühe geben, ein guter Gastgeber zu sein, wird es dennoch Menschen geben, denen Ihre Art oder Ihr Gesicht nicht passt. Von einem Zuschauer, den ich ausgerechnet an die Exfrau oder ungeliebte Erdkundelehrerin erinnere, werde ich mit Sicherheit keine Bestnote erhalten. So lange eine große Mehrzahl Ihnen gern zuhört, können Sie entspannt mit kritischen Kommentaren umgehen.

Sie entscheiden, ob Sie Kritik annehmen möchten oder ob Sie sie als gegenstandslos im Universum des Vergessens verschwinden lassen. Feedback ist nur dann hilfreich und konstruktiv, wenn Sie etwas damit anfangen können. Wenn Ihnen einleuchtet, warum Sie dies oder jenes anders machen können.

Erfolgreich in den Moderatorenjob einsteigen – Karriere machen

Eines Tages rief mich ein erfolgreicher Retail Manager an. Viele Jahre hatte er als Führungskraft in einem großen deutschen Modehaus gearbeitet, doch jetzt hatte er die Nase voll von seinem Job. Er war Mitte 40 und wollte endlich das tun, wovon er schon lange träumte: Moderator werden. Kurzerhand kündigte er seine gut bezahlte Arbeitsstelle und machte sich selbstständig. Er gab die Sicherheit eines regelmäßigen Einkommens auf für seinen Traum, von dem er weder wusste, ob er davon leben konnte noch entsprechende Aufträge in Aussicht hatte. Seine Entschlossenheit, den alten Job an den Nagel zu hängen, war beeindruckend. Er nahm ein paar Stunden Training, gestaltete eine Homepage und erzählte allen, er sei jetzt als Moderator zu buchen. Was dann folgte, war ein langer, langer Weg.

Ein Bäckergeselle hat es da vermutlich einfacher. Wenn er eine neue Arbeit sucht, geht er zur Arbeitsagentur oder klickt sich durch Jobportale im Internet. Er bewirbt sich auf eine Stelle in einer Bäckerei und wenn er Glück hat, bekommt er die Stelle. Welcher Lohn ihm zusteht, regelt ein Tarifvertrag. Und wenn nicht, kann er bei der Arbeitsagentur nachfragen, was denn für einen Bäckergesellen im ersten Jahr so üblich sei.

Aber wie ist das bei Moderatoren? Bewirbt man sich überhaupt? Und wenn ja, wo? Wer sind die Auftraggeber, und wie sprechen Sie diese professionell an? Wie präsentieren Sie sich und welche Honorare können Sie bei welcher Veranstaltung verlangen? In diesem Kapitel beantworte ich die wichtigsten Fragen, die sich auf dem Weg in eine erfolgreiche Karriere stellen.

Wie groß ist der Markt für Moderatoren?

Es gibt keine verlässlichen Zahlen über den Moderationsmarkt und dazu, wie viele Veranstaltungen im deutschsprachigen Raum mit Moderatoren besetzt werden. Was wir wissen: Jährlich finden allein in Deutschland rund 2,9 Millionen Veranstaltungen mit mehr als 100 Teilnehmern statt (Schreiber/Kunze/Dessi 2019, S. 10). Nicht mitgezählt sind die vielen kleinen Veranstaltungen von Musik- und Sportvereinen, Autohäusern und Unternehmen, die nirgendwo in den Statistiken der Tagungswirtschaft erfasst werden. Faktisch ist davon auszugehen, dass die Zahl der Veranstaltungen deutlich größer ist.

Zwar sind die Zeiten, in denen einzelne Unternehmen Events für Millionenbudgets veranstalteten vorbei. Wirtschaft- und Finanzkrise, aber auch die Skandale um vermeintliche Eventreisen in gewisse Etablissements haben dafür gesorgt, dass viele Agenturen vom Markt verschwunden sind und die Budgets für Veranstaltungen eingekürzt wurden. Unabhängig davon hat sich der Bereich der kleineren Events enorm entwickelt. Der Trend zur Eventisierung in unserer Gesellschaft (Gatterer, Zukunftsinstitut) bringt in vielen Bereichen professionell organisierte Veranstaltungen hervor, bei denen die Dienste von professionellen Moderatoren gefragt sind. In der Fläche boomt der Veranstaltungsmarkt, und aus meiner Sicht steigt damit die Nachfrage nach gut ausgebildeten Moderatoren. Jobs gibt es also genug. Bevor Sie nun aber voller Tatendrang irgendwo anrufen, lassen Sie uns zunächst klären, wer Ihre Auftraggeber sind.

Tipp: Für alle, die als Moderatorin oder Moderator Karriere machen möchten, sind das aus meiner Feder stammende »Mini-Handbuch Moderationsbusiness. Kundenakquise, Selbstpräsentation, Honorare« (2019) und der Onlinekurs »Topmoderator werden« (www.moderatorenschule-bw.de/moderator-werden) die idealen Begleiter. Mit zahlreichen Praxisbeispielen, Übungen und Mustervorlagen hilft der Karriereratgeber auf dem Weg zum Topmoderator.

Wer sind die Auftraggeber?

Gehen Sie davon aus, dass Jobs für Veranstaltungsmoderatoren nicht an Hauswänden angeschlagen und über Online-Jobportale annonciert werden. Kein Unternehmen leistet sich festangestellte Veranstaltungsmoderatoren. Sie werden wie Künstler oder Redner für eine Veranstaltung gebucht. Beauftragt werden sie von denjenigen, die diese Ereignisse im Auftrag organisieren: In der Hauptsache sind das Eventagenturen beziehungsweise Agenturen für Live-Kommunikation sowie PR-Agenturen oder Künstlervermittlungsagenturen. Aber auch Unternehmen und Institutionen buchen Moderatoren als Dienstleister direkt für ihre Veranstaltungen. Schätzungsweise Dreiviertel der Anfragen kommt direkt vom Veranstalter.

Wie komme ich an Jobs?

Nun ist es nicht so, dass eine Agentur oder ein Unternehmen jeden Tag Moderatoren sucht. Denn wer eine Veranstaltung organisiert, braucht etliche Dienstleister, aber eben nur *einen* Moderator. Insbesondere Agenturen haben einen Pool von Moderatoren, auf den sie zugreifen, wenn sie eine entsprechende Anfrage bekommen. Bei jeder Veranstaltung werden mehrere Moderatoren angefragt, von denen nur einer das Rennen macht und den Auftrag bekommt. Grämen Sie sich also nicht, wenn Sie bei fünf Anfragen nur einmal Erfolg haben. Das ist völlig normal und sagt nichts über Ihre Qualität aus. Wie bringen Sie sich also als Moderator bei Veranstaltern ins Gespräch, um erst einmal Anfragen zu erhalten? Lassen Sie uns einmal drei Szenarien durchgehen.

Szenario 1: Sie setzen sich vor Ihren Computer und geben als Suchbegriff Eventagentur ein. Ob Sie Ihren Wohnort oder die nächstgrößere Stadt in der Suche eingrenzen, spielt keine große Rolle. Die meisten Agenturen arbeiten ortsunabhängig. Sie erhalten eine Liste mit relevanten Agenturen – da kann von der One-Man-Show bis zur Topagentur alles dabei sein.

Wichtig ist für Sie die Frage, welche dieser Agenturen in schöner Regelmäßigkeit Veranstaltungen organisieren, bei denen Moderatoren mit Ihrer Spezialisierung gebraucht werden. Wenn Sie sich als Tagungsmoderator mit Schwerpunkt Gesundheit positionieren, hilft Ihnen die Hochzeitsagentur nicht sehr viel weiter. Es muss also passen. Diese Frage lässt sich beantworten, indem Sie sich auf der Agenturhomepage die Referenzen anschauen oder auf dem kurzen Weg den Geschäftsführer (oder bei größeren Agenturen einen Projektleiter) anrufen. Sofern Sie eine positive Antwort bekommen, können Sie direkt Ihre Dienste anbieten. Aber bitte quengeln Sie nicht gleich um einen Termin. Eventmanager sind meistens im Stress oder auf Veranstaltungen unterwegs und treffen sich nur dann mit Moderatoren, wenn sie eine konkrete Anfrage haben und vorab ein Moderationsvideo gesehen haben. Bieten Sie erst einmal an, Präsentationsmaterial zuzusenden.

Szenario 2: Sie gehen gleich aufs Ganze und nehmen sich die Liste der deutschen Topagenturen vor. Das Ranking der größten deutschen Eventagenturen wird jedes Jahr von den Zeitschriften HORIZONT, W&V und dem Branchenverband FAMAB herausgegeben. Bei diesen großen Agenturen laufen oft viele Projekte parallel, bei denen Moderatoren im Einsatz sind. Eventmanager organisieren die Veranstaltungen von A bis Z über M wie Moderation. Hier sind die Chancen größer, Anfragen zu bekommen. Allerdings haben Sie auch mehr Konkurrenz. Denn diese Agenturen greifen entweder auf einen festen Pool an Moderatoren oder auf die Dienste von Moderatorenagenturen zurück. Als Einsteiger geht es also darum, sich als neues Gesicht zu etablieren und Vertrauen zu gewinnen. Denn jeder Eventmanager weiß, wie viel von der Moderation abhängt.

Wenn Sie Agenturmenschen überzeugen wollen, seien Sie einfallsreich. Die Agenturbranche lebt von Kreativität. Alles, was nicht beim ersten Blick überzeugt, landet meist im Papierkorb. Als Moderator bieten Sie eine freiberufliche Dienstleistung an. Das heißt: Sie bewerben sich nicht, sondern Sie werben für sich! Eine eigene Homepage und eine digitale Infomappe sind der Standard für Moderatoren. Aber schicken Sie nicht auf gut Glück etwas an die zentrale E-Mail-Adresse, sondern finden Sie Ihre Ansprechpartner. Auf den Webpräsenzen stellen die Agenturen meistens ihr Team vor. Bei einem Projektleiter, Consultant oder Eventmanager sind Sie an der richtigen Stelle.

Wie Sie einen Eventmanager richtig ansprechen

Der Eventmanager Mario Flaschentraeger organisiert mit seiner Agentur COMMPANY seit fast 30 Jahren international Veranstaltungen für Konzerne und mittelständische Unternehmen und bucht regelmäßig Moderatoren für die Bühne. Mit Günther Jauch (ARD, RTL), Claus Kleber (ZDF) und vielen anderen hat er schon zusammenarbeitet. Ich habe ihn gefragt, wie Moderatoren bei ihm ins Gespräch kommen: »Wenn jemand witzig ist und mich mit Humor anspricht, kann ich mich viel besser an ihn erinnern, als wenn er mir nur eine langweilige Sprachprobe schickt. Ein Foto reicht allerdings nicht, weil ich nicht sehe, wie sich jemand auf der Bühne bewegt. Ich brauche einen guten Clip, ein kurzes YouTube-Video reicht, ein Mitschnitt von einer Moderation. Ein, zwei Minuten, die gut gemacht sind – auch wenn es nur eine gefakte Moderation ist. So bekomme ich ein Gefühl, wie er mit den Leuten umgeht, was er für eine Präsenz hat. In meiner Datenbank steht zu jedem Moderator sein Alter, Größe, Geschlecht, die Sprachen, die er kann, seine Referenzen, wo er war. Damit kann ich ihn einordnen und weiß, wo er gut aufgehoben ist und wo nicht. Je mehr Informationen ich zur Performance des Moderators bekomme, umso besser. Dialekte sind ganz wichtig, nicht nur Sprache. Manchmal braucht man es, manchmal ist es auch problematisch. Und eine Selbsteinschätzung, dass sie mir sagen: Ich bin stark, wenn es spontan ist, ich bin stark, wenn es Fakten sind oder ich bin stark, wenn es um wissenschaftliche Themen geht.«

Szenario 3: Sie haben eine spezielle Expertise. Nehmen wir einmal an, Sie wissen besonders viel über Geld und den Finanzmarkt. Dann geht es für Sie darum, die Veranstalter zu Ihren Themen zu finden. Das können Banken und Versicherungen, aber auch Organisationen, Fachgesellschaften oder die Herausgeber von Fachzeitschriften sein. Vielleicht haben Sie bereits einschlägige Veranstaltungen als Gast besucht und denken: »Die Moderation würde ich aber besser machen ...« Dann zögern Sie nicht, Ihre Dienste anzubieten.

Ich würde Ihnen gern verraten, wen Sie anrufen müssen. Aber das ist ganz unterschiedlich und hängt von der jeweiligen Organisation ab. In kleinen Unternehmen engagiert durchaus der Chef persönlich die Moderatorin für das nächste Kundenevent. In größeren Unternehmen übernehmen das die Abteilungen, die für Veranstaltungen zuständig sind: Einmal ist das die Marketingabteilung, ein anderes Mal die Kommunikationsabteilung.

Was bringen Moderatorenagenturen?

Wenn Sie zu den wenigen Menschen gehören, die eine eigene Fernsehsendung haben oder als Schauspieler bekannt sind, ist eine Moderatorenagentur sicher eine feine Sache. Ein Agent nimmt Ihnen die Akquise von Eventmoderationen und die Vertragsarbeit ab. Und es hat sicher Vorteile, wenn ein anderer die Verhandlungen über das Honorar übernimmt. Für diese Arbeit berechnen die Agenturen 20 bis 25 Prozent des Moderationshonorars. Eine Garantie über genügend Aufträge gibt es nicht.

Ohne Bildschirmpräsenz haben Sie kaum Chancen, in eine solche Moderatorenagentur aufgenommen zu werden. Wenn es Ihnen doch gelingt, wird es nicht viel bringen. Eine Agentur lebt von der Provision und versucht, die Topjobs an die hochpreisigen Kollegen zu vermitteln. Im Endeffekt erhalten Sie dann vermutlich nur sehr wenige Anfragen. Zudem habe ich noch nie gehört, dass eine solche Agentur ernsthaft Karriereberatung betrieben hätte. Besser ist es daher, das Marketing gleich in die eigene Hand zu nehmen und zu überlegen, wo und wie Sie sich positionieren können.

Wie kann ich mich positionieren?

Als Moderator verkaufen Sie sich selbst: Ihre Persönlichkeit, Ihr Wissen – und auch Ihre äußere Erscheinung. Bei manchen Aufträgen spielt die Optik tatsächlich eine Rolle. Ich bekam einmal eine Anfrage für eine feierliche Firmeneröffnung, bei der Firmengründer und Honoratioren auf der Bühne sprechen sollten. Das Erste, was die Eventmanagerin am Telefon von mir wissen wollte, war meine Größe. Mit meinen 1,74 Metern war ich dann gleich aus dem Rennen. Immerhin nannte sie mir den Grund: Der Würdenträger, mit dem ich hätte auf der Bühne sprechen sollen, war nur 1,70 Meter groß. Deshalb suchte sie für diese Veranstaltung explizit nach einer Moderatorin, die kleiner war als er.

Solche Anfragen sind eher die Ausnahmen. Andere Äußerlichkeiten sind für Auftraggeber durchaus relevant: abhängig von der Zielgruppe, dem Unternehmen und dem Produkt sind Alter, Geschlecht und Typ mehr oder weniger von Bedeutung. Männlich dominierte Branchen setzen gern auf Moderatorinnen, um wenigstens auf der Bühne einen Kontrapunkt zu bieten. Andere wiederum wünschen sich den hemdsärmeligen, technikaffinen Mittvierziger. Zudem muss es inhaltlich passen. Mal wird ein investigativer Journalist gesucht, mal ein Entertainer. Auch Spezialwissen oder entsprechende Referenzen haben Einfluss auf die Besetzung. So vielfältig wie die Formate und Themen, so individuell dürfen Moderatoren sein.

Wo Sie Ihre Arbeitsfelder sehen, hängt ganz von Ihnen, Ihrem Wissen und Ihren Vorlieben ab. Grundsätzlich ist zu überlegen, ob Sie sich auf bestimmte Formate oder bestimmte Themen festlegen. Je offener Sie sind, umso größer ist die Auswahl an potenziellen Jobs. An dieser Stelle kann ich Sie nur ermuntern, möglichst viel auszuprobieren. Mit jedem Auftritt gewinnen Sie Erfahrung, und nach einiger Zeit werden Sie herausfinden, wo Ihre Stärken liegen.

Mein Tipp

Messemoderation eignet sich hervorragend zum Einstieg. Messen laufen meistens über mehrere Tage. Die Moderation ist so angelegt, dass die »Shows« in einem festen Rhythmus (stündlich oder halbstündlich) laufen. Solche Messepräsentationen haben immer den gleichen Inhalt, aber ständig wechselndes Publikum. Bei keinem anderen Format können Sie besser üben und an sich arbeiten – ohne dass der Kunde dabei einen Nachteil hätte.

Wie präsentiere ich mich am besten?

Die eigene Homepage ist das A und O für jeden Moderator. Es ist das Schaufenster, in dem Sie zeigen, wer Sie sind und was Sie können. Auch wenn Sie persönlich empfohlen wurden, wird der potenzielle Kunde erst einmal auf Ihre Webseite schauen und sich ein Bild von Ihnen machen wollen. Im Eventgeschäft gibt es keine Moderatorencastings wie beim Fernsehen. Was der Veranstalter online sieht, muss ihn überzeugen.

Was zeigen Sie ihm? Der wichtigste Inhalt auf der Homepage ist das Demovideo, auch Showreel genannt. Ein Clip, der in wenigen Minuten zeigt, wie Sie moderieren und was Ihr Spektrum ist. Was Sie dort präsentieren, beeinflusst sehr stark die Anfragen. Zeigen Sie Tagungsmoderation und Diskussionsrunden, bekommen Sie mit großer Wahrscheinlichkeit ebensolche Anfragen. Sind Sie glamourös im Abendkleid bei einer Gala zu sehen, werden Sie für solche Events angefragt. Der Kunde kauft, was er sieht. Wenn Sie unsicher sind, wie und womit Sie sich am besten präsentieren, kann ein Coach oder Trainer eine gute Unterstützung sein.

Ebenso wichtig sind gute Fotos. Aber bitte nicht vom letzten Urlaub. Investieren Sie in einen professionellen Fotografen. Glauben Sie mir, es ist den Bildern anzusehen. Ein gutes Porträt, auf dem Sie lachen, und ein Ganzkörperfoto sollten dabei sein. Ansonsten dürfen Sie kreativ sein. Tragen Sie die Kleidung, die den Veranstaltungen entspricht, die Sie moderieren möchten.

Mit der Vita und der Referenzliste zeigen Sie Ihren Wert. Eine Vita muss nicht jedes Schülerpraktikum aufzählen, sondern sollte die für Moderation relevanten Tätigkeiten und Wissensgebiete enthalten. Dazu noch eine kurze Beschreibung, was Sie ausmacht und Ihre Stärken sind. Zudem listen Sie auf, für wen Sie bereits was moderiert haben. Noch besser ist es, wenn Sie eine persönliche Referenz des Kunden bekommen. Es gibt kein besseres Verkaufsargument, als andere sagen zu lassen, wie toll Sie Ihren Job machen.

Den Inhalt der Homepage können genauso gut als digitale Infomappe verwenden.

Aber was nützt die eigene Homepage, wenn keiner sie kennt. Eine Homepage in den gängigen Suchmaschinen auf den ersten Seiten zu platzieren, ist eine Wissenschaft für sich. Ein Spezialist für Suchmaschinenmarketing kann Sie dabei unterstützen. Hilfreich für die Bekanntheit ist sicher, Präsenzen in den gängigen sozialen Netzwerken wie Facebook, Xing und LinkedIn zu pflegen. Für Moderatoren gibt es zudem spezielle Moderatorenverzeichnisse und Künstlerportale im Internet, die gegen Gebühr ein Profil mit Verlinkung zur Homepage anbieten. Ich schätze den Nutzen solcher Plattformen als eher gering ein, denn die Anfragen sind in vielen Fällen zweitklassig und Ihr Profil ist eines unter sehr vielen.

Wie viel Honorar wird bezahlt?

Das Telefon klingelt. Eine freundliche Dame ruft an. Sie sei von einer Eventagentur und suche einen Moderator: »Wir organisieren für unseren Kunden eine große Tagung mit Abendgala. Am 3. Juni in Berlin. Könnten Sie sich vorstellen, die Moderation zu übernehmen? ...« Sie schauen in Ihren Terminkalender. Kein Eintrag. Freudig sagen Sie zu. »Wie ist denn das Honorar?«, will die Dame sogleich wissen. Was antworten Sie?

300, 1000 oder 3000 Euro? Die Verhandlung ums Honorar ist für viele Moderatoren ein Buch mit sieben Siegeln. Es gibt keine allgemeingültigen Preislisten für Moderatorenengagements. Die Honorarstruktur im Fernsehen gestaltet sich völlig anders als bei freien Eventmoderatoren und kann nicht als Richtlinie herangezogen werden. Dazu kommt, dass man in Deutschland nicht über Geld spricht – auch nicht unter Moderatoren. Für die meisten Veranstaltungen werden mehrere Moderatoren angefragt – das Honorar ist dabei zweifelsohne ein Auswahlkriterium. Wie berechnen Sie also das Honorar für die Moderation der Tagung? Drei Hauptkriterien spielen eine Rolle:

- Wie aufwendig ist der Job?
- Wie finanzstark ist der Auftraggeber?
- Wie erfahren und bekannt sind Sie?

Erstens: Aufwand. Veranstaltungsmoderation wird üblicherweise mit einem pauschalen Honorar vergütet. Man spricht zwar vom Tagessatz, allerdings wird damit nicht nur der Tag der Moderation bezahlt, wie manche Veranstalter glauben. Bevor Moderatoren das erste Wort ins Mikrofon sprechen, haben sie den größten Teil der Arbeit schon erledigt: Sie haben sich ins Thema eingelesen, ein Briefinggespräch geführt, mit dem Auftraggeber telefoniert, recherchiert, ein Moderationskonzept erstellt, die passende Kleidung für den Auftritt besorgt. Wie aufwendig diese Vorarbeit ist, lässt sich erst mit Blick auf den Veranstaltungsablauf beantworten.

Wenn Sie sehen, dass eine Tagung Gespräche und Podiumsdiskussionen enthält, wissen Sie, dass Sie deutlich mehr Zeit für die Vorbereitung benötigen als bei einer Veranstaltung, bei der Sie ausschließlich durchs Programm führen. Immer wieder erzählen mir Anfänger, dass sie für die ersten Moderationen teilweise zwei Wochen Vorbereitungszeit brauchen. Mit 500 Euro für eine Tagung liegen sie damit deutlich unter dem gesetzlichen Mindestlohn. Ebenso ist von Bedeutung, ob es sich um mehrere Tage Moderation handelt. Bei einer Messe oder Roadshow haben Sie für fünf Tage den gleichen Vorbereitungsaufwand wie für einen Tag Präsentation.

Zweitens: Auftraggeber. Was ist der Kunde bereit, für Moderation zu bezahlen? Hier gibt es sehr große Unterschiede. Bei kulturellen, sozialen und kommunalen Organisationen sind die Budgets eher klein. Unternehmen, die riesige Marketingbudgets haben, wie Banken, Versicherungen, Autohersteller, Pharmakonzerne et cetera, geben auch für eine Moderation ordentliche Summen aus. Und dann ist noch die Bedeutung des Events innerhalb der Organisation entscheidend. Für eine Jahrestagung gibt ein Unternehmen beispielsweise mehr aus als für die Bestenehrung der Azubis.

Drittens: Bekanntheit und Erfahrung. Was sind Sie wert? Fernsehpräsenz erhöht ohne Zweifel den Preis, der für Ihre Dienstleistung bezahlt wird. Nicht selten kaufen große Unternehmen Fernsehmoderatoren für hohe vierstellige Beträge ein. Für einen bekannten Talkmaster werden auch schon einmal 50.000 Euro für einen Abend auf den Tisch gelegt, weil sich der Auftraggeber erhofft, von der Prominenz des Moderators falle ein wenig Glanz auf seine Veranstaltung ab. Hier stehen Leistung und Bezahlung in keinem Verhältnis.

Für unbekannte Moderatoren ist die Erfahrung ein wesentliches Kriterium, das das Honorar beeinflusst. Je mehr namhafte Referenzen Sie vorweisen können, umso höher das Honorar. Gerade für Einsteiger ist es deshalb wichtig, erst einmal ein paar gute Namen auf der Liste zu haben, auch wenn die ersten Jobs eher schlecht bezahlt sind. Sofern Sie mehrere Sprachen sprechen, steigert das Ihren Wert. Englisch wird vorausgesetzt, andere Fremdsprachen hingegen wie Russisch, Chinesisch und Japanisch stehen hoch im Kurs, weil es nur wenige Moderatoren im deutschsprachigen Raum gibt, die fließend Deutsch, Englisch und eine der genannten Sprachen sprechen.

Was verlangen Sie nun für die Moderation der Tagung? Die Frage der Dame am Telefon werden Sie also mit eine Gegenfrage nach dem Aufwand und dem Veranstalter beantworten. Die Kombination aus diesen Informationen und Ihrem Marktwert ergibt das Honorar. Damit Sie eine Vorstellung davon bekommen, wie hoch das sein kann, gebe ich Ihnen ein paar Beispiele als Anhaltspunkte. Die Gagen von Topprofis können natürlich deutlich höher ausfallen.

■ Beispielhonorare für freiberufliche Moderatoren – Angabe in Euro

Format	Einsteiger	Profi
einfache Tagung, Konferenz	750–1 300	1 800–3 000
aufwendige Tagung/Konferenz mit Gesprächen und Diskussionsrunden	900–1 500	2 000–4 000
Podiumsdiskussion	600–800	1 200–2 000
Messemoderation	450–750	900–1 500
Abendgala	900–1 800	2 000–4 000
Filmpremiere, Filmfest	100–250	100–250

Wünscht sich der Kunde noch einen zusätzlichen Briefing- oder Probentag vor Ort, wird dieser üblicherweise mit 50 Prozent des Honorars berechnet. Die Reisekosten zum Veranstaltungsort und eventuelle Übernachtungskosten kommen ebenfalls extra dazu.

Drei Jahre brauchte der Retail Manager aus meinem Beispiel, bis er so viel Moderationsaufträge bekam, dass er einigermaßen davon leben konnte. In dieser Zeit nahm er Aufträge unabhängig von Format und Thema an und etablierte sich als freier Veranstaltungsmoderator.

Mein wichtigster Rat für eine erfolgreiche Karriere lautet: Moderieren Sie! Als Moderator haben Sie einen entscheidenden Vorteil gegenüber anderen Einzelkämpfern: Sie werden gesehen. Wenn Sie auf der Bühne vor mehreren Hundert Entscheidern gute Arbeit leisten, machen Sie indirekt Werbung für sich. Aber bitte unterlassen Sie direkte Eigenwerbung. Wenn Sie im Auftrag eines Kunden moderieren, ist das ein absoluter Fauxpas. Jeder Auftritt birgt ohnehin das Potenzial für weitere Aufträge. Nehmen Sie am Anfang auch kleine und schlechter bezahlte Moderationen an und sammeln Sie Erfahrung und Referenzen.

Veranstaltungsmoderation 4.0 – wichtige Trends und Tools für Events der Zukunft

Technologische Entwicklungen haben die Art, wie wir Informationen konsumieren, grundlegend verändert. Am Bahnhof scrollen wir noch schnell durch die Tagesschau-App, überfliegen Bruchstücke von Nachrichten. Wir verabreden uns per Chat und teilen unsere Erfolge in sozialen Netzwerken. Wir besuchen virtuelle Konferenzen und lernen online. Das hat Folgen für die Konzeption und die Moderation von Veranstaltungen. Ich beobachte drei große Trends, die für Moderatoren relevant sind:

- Erstens: Die Vermittlung von Inhalten und die Programme in ihrer Gesamtheit werden unterhaltsamer.
- Zweitens: Events werden interaktiver und partizipativer gestaltet.
- Drittens: Veranstaltungen finden real, virtuell oder als hybride Formate in beiden Welten gleichzeitig statt.

Für Moderatoren bedeutet das, sie müssen sich an die neuen Formate anpassen, digitale Methoden und neue Technik beherrschen. In diesem Kapitel möchte ich die aktuell wichtigsten Trends und digitalen Tools vorstellen. Ich zeige Ihnen, wie Sie als Moderator die Events der Zukunft zum Erfolg führen.

TREND #1 Unterhaltung

Langweilige Ansagen sind passé. Moderation muss heute mehr denn je unterhaltsam sein. Dazu kann sie sich vielerlei Elemente bedienen, die ich bereits in diesem Buch beschrieben habe: Storytelling, Interaktion und vor allem auch Gesprächsformate. Sie gehören zu den wichtigsten Elementen zeitgemäßer Veranstaltungsformate.

Zwar sind Interviews, Talk- und Diskussionsrunden zunächst einmal nicht neu und auch ein lineares Element, bei dem die Gäste passiv sind und zuhören. Jedoch sind diese Formate ungleich unterhaltsamer und abwechslungsreicher als klassische Präsentationen. Mehr und mehr entscheiden sich Veranstalter, Reden, Präsentationen und Grußworte durch Gesprächsformate zu ersetzen. Manche gestalten auf diese Weise ein komplettes Programm.

Eine Abendgala als Talkshow

Für einen mittelständischen Automobilzulieferer habe ich kürzlich die Jubiläumsfeier zum 100-jährigen Bestehen ausschließlich im Dialogformat moderiert. Statt der üblichen Grußworte und Reden gab es auf der Bühne eine Talk-Couch, auf der im Laufe des Abends Zeitzeugen, Wegbegleiter, Mitarbeiter und Geschäftsführer des Unternehmens Platz nahmen. Im Gespräch schauten wir auf die Geschichte und die Entwicklung des Unternehmens. Das Publikum war begeistert. Schon während der Veranstaltung bekamen wir zahlreiche positive Feedbacks zur Machart des Programms. Die regionale Tageszeitung urteilte: »Der Festakt setzte Maßstäbe …« (Mainpost, 15.05.2019)

Für Moderatorinnen und Moderatoren wächst mit solchen Formaten die Verantwortung. Denn hier werden sie selbst zum Gestalter des Programms. Nur wenn sie kluge und interessante Gespräche führen, sind diese Formate ein Gewinn für die Zuschauer. Für Moderatoren bedeutet das: Schulen Sie Ihre Interviewfähigkeiten. Eine Veranstaltung komplett im Dialogformat zu moderieren, erfordert hohe Gesprächskompetenz und Kreativität. Zudem gilt: Überprüfen Sie Ihre Moderationen auf Unterhaltungswert. Erzählen Sie mitreißende Geschichten und berühren Sie Ihre Zuschauer emotional.

TREND #2 Publikumsbeteiligung

Veranstaltungen der Zukunft sind partizipativ und fokussieren den Dialog. Das bedeutet: Zukünftig muss das Publikum mehr eingebunden werden als bisher und der Austausch zwischen den Menschen eine größere Rolle spielen. Dr. Christina Buttler von der Eventagentur MCI schreibt: »Künftig müssen Kongresse unter Beteiligung aller Stakeholder die Relevanz sicherstellen […] Um relevant zu sein müssen Kongresse sehr viel digitaler werden. Dabei sind drei Bereiche digitaler Entwicklung wesentlich: Tools, die Interaktion und Networking […] Die Gäste werden weiblicher, jünger und technikaffiner. Sie haben höhere Ansprüche an mediale und inhaltliche Teilhabe sowie an den Grad der Mitbestimmung« (Buttler, CIM 2/2019, S. 116 ff.).

Um dies zu ermöglichen, nutzen Veranstalter etliche neue digitale Tools zur Kommunikation und Interaktion mit den Gästen. Und diese sind begeistert. Laut der XING Events Studie »Kongresse und Konferenzen im Wandel« 2018 finden drei von vier Besuchern, dass digitale Tools das Eventerlebnis verbessern. Sie sorgen für mehr Aufmerksamkeit, machen Spaß und erhöhen den Lerneffekt der Teilnehmenden.

Der digitale Moderatorenkoffer: Abstimmungs-Apps, Social Media Walls, Matchmaking-Tools

Aktuell werden von den digitalen Tools am häufigsten sogenannte Audience-Response-Tools oder Abstimmungs-Apps genutzt. Laut der XING Events Studie verwendet rund ein Drittel aller Veranstalter solche interaktiven Anwendungen. Sie sind webbasiert und bieten den Gästen zahlreiche Möglichkeiten der Interaktion: zum Beispiel durch verschiedene Frage- und Antwortformate wie Multiple-Choice, Open-Text, Bewertungsskalen und Wortwolken sowie Quizformate. Um sich zu beteiligen, benötigen die Zuschauer nichts weiter als ihr Smartphone oder ein Tablet. Über den Internetbrowser und mit einem Passwort können sie sich in die virtuelle Oberfläche der jeweiligen Veranstaltung einloggen und so an Umfragen teilnehmen, Fragen stellen, abstimmen und kommentieren. Das Geschehen wird live auf die Leinwand übertragen und direkt in die Moderation eingebunden.

Bekannte Anbieter im deutschsprachigen Raum sind aktuell Mentimeter, Sli.do und Voxr. Im Wesentlichen funktionieren die Anwendungen gleich, sie unterscheiden sich lediglich durch ihre Preismodelle und ihr Design. Ich empfehle Ihnen, sich mit diesen Tools vertraut zu machen und sie aktiv in Ihre Moderation einzubinden.

Wie Sie digitale Interaktions-Tools nutzen können

Grundsätzlich benötigen digitale Interaktionen mehr Zeit als analoge Interaktionen. Zunächst müssen Sie Ihren Gästen die App erklären und auch die eigentliche Abstimmung dauert etwas länger. Denn bis alle ihr Smartphone aus der Tasche geholt, sich eingeloggt und abgestimmt haben, vergehen einige Minuten. Eine Umfrage mit Handzeichen ist da vergleichsweise schnell gemacht. Daher ist wie auch bei klassischen Interaktionen immer zu überlegen, was Sie mit der Aktion erreichen möchten. Geht es um ein schnelles Stimmungsbild nach dem Motto »Wer ist dagegen und wer ist dafür?«, das nur für die laufende Veranstaltung relevant ist, würde ich per Handzeichen abstimmen lassen. Wollen Sie jedoch ein differenziertes Stimmungsbild und genaue Zahlen, die sich zum einen live auf der Leinwand aufbauen und sich zum anderen auch im Nachgang der Veranstaltung noch verwerten lassen, sind digitale Audience-Response-Tools die bessere Lösung.

Gerade bei konventionellen Branchen und Zuschauergruppen bedarf es etwas mehr Geduld und Motivation durch den Moderator, damit auch alle mitmachen. Meine Erfahrung ist, wenn der Moderator von einer Anwendung begeistert ist und selbst Sinn in solchen Dialogformaten sieht, machen selbst technikferne Menschen gern mit. Sofern eine Interaktions-App während einer Veranstaltung öfter zum Einsatz kommt, können Sie sie direkt am Anfang der Veranstaltung am Ende Ihrer Begrüßungsmoderation erklären. Ich empfehle, dies möglichst unterhaltsam zu gestalten. Nachfolgend ein Beispiel für eine solche Einführung.

Anmoderation einer Abstimmungs-App

»Liebe Gäste, wir möchten hier und heute immer wieder Ihre Meinung zu bestimmten Themen wissen. Wir haben Diskussionsrunden auf dem Programm, bei denen Sie uns Ihre Fragen stellen können. Dafür habe ich ein digitales Tool dabei. Es heißt Mentimeter. Sie benötigen dafür nur Ihr Smartphone oder ein anderes mobiles Gerät. Ich möchte mit Ihnen gleich einen kurzen Test machen, damit Sie sehen, wie einfach Sie sich hier beteiligen können. Nehmen Sie bitte jetzt Ihr Smartphone heraus. (Kurze Pause einlegen.)
Öffnen Sie den Internetbrowser und gehen Sie auf die Webseite menti.com. (Auf der Leinwand wird die Startseite von Menti.com eingeblendet mit dem Zugangscode.) Hinter mir sehen Sie schon unsere Konferenz. Loggen Sie sich mit dem Code xyz ein. (Pause)
So und hier ist auch schon meine erste Frage an Sie: Wenn Sie heute die Wahl hätten, einen Monat Jobrotation zu machen: wären Sie lieber Rockstar oder Bundeskanzlerin? Bitte wählen Sie jetzt.«
Auf der Leinwand baut sich nach und nach live das Ergebnis auf, das der Moderator kommentieren soll. So haben Sie einen witzigen Einstieg, der obendrein noch für ein bisschen Gesprächsstoff sorgt.

Diskussionsrunden digital begleiten

Auch für Frage- und Antwortrunden sind die digitalen Interaktions-Apps mit ihrer Fragefunktion eine echte Bereicherung. Zum einen bringt sie die Fragerunde immer in Gang und zum anderen beteiligen sich auch diejenigen, die sonst eher zurückhaltend sind. Ich setze diese Funktion gern bereits im Vorfeld zur eigentlichen Diskussion ein. Beispielsweise lade ich die Gäste vor einer Pause ein, mir ihre Fragen an die App zu schicken, die sie anschließend in der Diskussion auf dem Podium besprochen haben möchten. Während der Pause lasse ich die eingehenden Fragen auf der Leinwand ausspielen. Dies kann direkt live passieren oder nach einer redaktionellen Vorauswahl. Die Fragen können in der App von den Teilnehmern mit einem Like an die Spitze der Liste gewählt werden. So sehe ich bereits vor Beginn der Diskussion, was die Gäste besonders interessiert und kann mein Gesprächskonzept darauf ausrichten. In diesem Fall flechte ich die Publikumsfragen während der Diskussion ein.

Alternativ können Sie die App erst zur eigentlichen Fragerunde einsetzen. Dann laden Sie klassisch zur Fragerunde ein (s. S. 202 ff.) und bieten gleichzeitig an, dass die Gäste Ihnen die Fragen auch über die App schreiben können. In diesem Fall sollten Sie zwischen Fragen aus dem Raum und Fragen aus der App abwechseln.

Wurfmikrofon

Gar nicht digital, aber sehr interaktiv ist das Wurfmikrofon Catchbox – ein bunter Schaumstoffwürfel mit eingebautem Mikrofon. Ich empfehle es mittlerweile allen Veranstaltern, die mich als Moderatorin engagieren. Herkömmliche Saalmikrofone müssen erst durch einen Assistenten zu den Fragenden gebracht werden. Das ist mühsam und unterbricht den Diskussionsfluss. Die Catchbox wird einfach ins Publikum geworfen und dann von den Gästen selbst zum nächsten Fragenden weitergereicht. Bei dieser Wurf-und-Fang-Aktion kommen die Gäste in Bewegung und sie arbeiten zusammen. Sitzen zwei Fragende sehr weit auseinander müssen andere Gäste helfen, das Mikrofon weiterzuwerfen. Dabei kommt immer sehr viel Spaß auf. Voraussetzung, dass die Gäste mitmachen, ist bei diesem Tool eine gute Anleitung und klare Steuerung durch die Moderatorin.

Einsatz Wurfmikrofon beim Windbranchentag 2019 in Stuttgart

Grundsätzlich lässt sich festhalten, dass Live-Moderation mit digitalen Tools anspruchsvoll ist und mehr noch als bei analogen Interaktionen Themensicherheit, Flexibilität und Schlagfertigkeit erfordert. Denn im Schutz der Anonymität trauen sich Menschen eher, offen und ehrlich ihre Meinung zu sagen und kritische Fragen zu stellen. Damit müssen sowohl Moderatorin, Referenten, aber vor allem der Veranstalter umgehen können.

Social Media Walls

3,4 Milliarden Menschen sind weltweit in sozialen Netzwerken aktiv (Meeker 2018, https://www.bondcap.com/report/itr19/1). Im laufenden Programm einer Veranstaltung bietet Social Media tolle Möglichkeiten, das Publikum einzubeziehen. Ein Tool dafür sind Social Media Walls – große Bildschirme oder Leinwände, auf denen Beiträge aus vielen verschiedenen sozialen Netzwerken zu einem bestimmten Hashtag live aggregiert werden. Der Veranstalter legt zu Beginn des Ereignisses ein Hashtag fest, das für alle Posts verwendet werden soll. Meist steht eine solche Social Media Wall im Eingangsbereich, in der Networking-Area oder direkt neben der Bühne. Anbieter von Social Media Walls gibt es zahlreiche, bekannt sind wall.io (kostenlos), everwall.com, tagboard.com. Die Teilnehmenden können Bilder, Kommentare und Feedback veröffentlichen und gleichzeitig das Programm aktiv mitgestalten. Auch virtuelle Gäste, die das Event im Netz mitverfolgen, können das Geschehen beeinflussen. So können sich interessante Diskussionen entspinnen, mit denen Veranstalter möglicherweise nicht gerechnet haben.

Social Media Walls bieten sich hervorragend für eigene Moderationsparts an. Die Moderatorin kann in kleinen Blöcken à zehn Minuten das Geschehen auf der Social Media Wall kommentieren oder virtuelles mit realem Geschehen im Veranstaltungssaal miteinander verbinden. Dies kann zum Beispiel passieren, indem sie zu ausgewählten Kommentaren kleine Interviews mit Teilnehmenden führt oder mit einer Umfrage über den Verlauf des weiteren Programms abstimmen lässt.

Matchmaking-Tools – Netzwerken mit digitaler Unterstützung

Neben spannenden Inhalten ist Netzwerken einer der wichtigsten Gründe, warum Menschen Events besuchen. Bislang war es die Aufgabe des Moderators, auf Netzwerkzeiten und vielleicht noch Örtlichkeiten hinzuweisen. Mittlerweile gibt es hierfür digitale Tools. Sie heißen Converve, b2match, Congreet oder Swapcard und sind die digitale Antwort auf das klassische Netzwerken. Zumeist hinterlegen die Gäste persönliche Interessen, Informationen und Schlüsselbegriffe in einem Profil, woraufhin die Apps den Nutzern interessante Kontaktvorschläge macht. In der Regel sind die Teilnehmenden schon vorab zur Anwendung eingeladen worden. Nichtsdestotrotz ist es Ihre Aufgabe als Gastgeber, diese Tools einzuführen beziehungsweise die Gäste zu motivieren, sie zu nutzen. Besprechen Sie also im Vorfeld des Events mit dem Veranstalter, ob er eines der Matchmaking-Tools einsetzt. Machen Sie sich mit dem Tool vertraut, indem Sie am besten selbst Ihren Kontakt anlegen. In der Moderation können Sie dann Ihr Profil live auf der Leinwand zeigen und die Interaktion damit beginnen.

Trend #3 Hybride Formate moderieren

Die Autoren des Meeting- und Eventbarometers, der jährlichen Studie zum deutschen Veranstaltungsmarkt, beobachten einen Trend hin zu digitalen und hybriden Formaten (Schreiber/Kunze/Dessi 2019, S. 10). Hybride Veranstaltungen finden sowohl real an einem Veranstaltungsort als auch via Live-Streaming virtuell im Netz statt. Zudem stellen viele Veranstalter ihre Vorträge für die Teilnehmenden ins Netz oder auf Videoplattformen. Die Zahl wird weiter steigen. Das Forbes Magazin prognostiziert, dass die Videonutzung im Internet in einigen Jahren 80 Prozent ausmachen wird (Forbes 2017). Folglich müssen Moderatoren in Zukunft damit rechnen, dass ihre Auftritte im Netz gestreamt werden. Das verspricht einerseits eine hohe Reichweite, birgt andererseits auch ein Risiko: »Beispiele mittelmäßiger Moderationen finden sich zuhauf im Netz. Immer häufiger werden – unangekündigt oder nur im Kleingedruckten erwähnt – Veranstaltungen mitgeschnitten. Was sich dann in Filmchen zeigt, gereicht den laienhaften Moderatoren nicht zur Ehre« (Kals 2017).

Wer vor Publikum moderiert, sollte sich daher schon bei der Vorbereitung fragen: Womit möchte ich jetzt und in Zukunft sichtbar sein? Welche Geschichten will ich öffentlich erzählen und damit auch digital in Erinnerung bleiben? Wie muss mein Auftritt sein, damit ich zudem von anderen Kunden positiv wahrgenommen werde? Denn Veranstaltungsmoderation wird in Zukunft sichtbarer und populärer.

Der Moderator der Zukunft muss sicher vor der Kamera sein

Finden Veranstaltungen ausschließlich virtuell statt, moderieren Sie wie Fernsehmoderatoren im einem TV-Studio. Viele Redner unterschätzen den Unterschied zwischen Bühnenauftritt und dem Auftritt vor der Videokamera ohne Publikum. Allein den Blick ausschließlich in die Kamera zu richten und authentisch mit einer schwarzen Linse frei zu sprechen, ist für viele eine große Herausforderung. Hinzu kommt, dass im Fernsehbild zumeist nur der Oberkörper des Sprechenden zu sehen ist. Dadurch wirken Gestik, Mimik und Bewegungen viel intensiver als auf einer Bühne. Schon ein leichtes Schwanken von einem Bein auf das andere lassen den Moderator nervös und unsicher erscheinen. Hauptberuflichen Moderatoren empfehle ich daher ausdrücklich, sich im Bereich Videomoderation weiterzubilden. Der Veranstaltungsmarkt wird sich weiter verändern und damit die Aufgaben von denjenigen, die als Gastgeber durch eine Veranstaltung leiten. »Change is the new normal«, konstatieren die Autoren des Meeting- und Eventbarometers. Mein Rat: Besuchen Sie regelmäßig als Gast Veranstaltungen und bleiben Sie so am Puls der Zeit für Ihre eigene Arbeit.

TEIL 4

Anhang

Beispiel Ablaufplan einer Veranstaltung

■ Ablaufplan: Jubiläumsgala 50 Jahre Müller-Meier-Schmidt – 12.02.2017 – Ballsaal Hotel Anker – Berlin

Pos.	Zeit	Dauer	Inhalt	Beteiligte	Ton	Licht	Videotechnik
1	16:00	01:00	Lastminute-Briefing mit Moderatorin und Geschäftsführung				
2	17:00	00:30	Feinjustierung Technik,	Technik			
3	17:30	00:15	Mikrofonierung Redner und Moderatorin	Technik			
4	17:45	00:15	Standby Moderatorin	Technik			
5	18:00	00:01	Zuspielung Opener	Technik	von Video	verdunkelt	Film: Opener
6	18:01	00:04	Begrüßung Moderatorin/ Anmoderation Geschäftsführer	Elfenbein	Mikro Elfenbein offen	Rednerlicht	Livebild
7	18:05	00:15	Auftritt Geschäftsführer Willi Schmidt Gespräch Moderatorin mit Geschäftsführer	Schmidt Elfenbein	Mikro offen: Elfenbein Schmidt	Rednerlicht	Livebild
8	18:20	00:05	Überleitungsmoderation neue Unternehmensführung/symbolische Übergabe des Schlüssels Dankesworte Geschäftsführer	Schmidt Elfenbein Müller Meier, Linde	Mikro offen: alle	Rednerlicht	Livebild

Pos.	Zeit	Dauer	Inhalt	Beteiligte	Ton	Licht	Videotechnik
9	18:25	00:02	Abmoderation Geschäftsführer Anmoderation Podiumsdiskussion	Elfenbein Müller Meier Linde	Mikro offen: Elfenbein	Rednerlicht	Livebild
10	18:27	00:43	Podiumsdiskussion	Elfenbein Müller Meier Linde	Mikro offen: Elfenbein Müller, Meier Linde	Rednerlicht	Livebild
11	19:10	19:45	Abmoderation Diskussion Überleitung Dinner Dinner – Vorspeise wird serviert	Elfenbein	Mikro offen: Elfenbein Dann Musik vom Band	Eingangsbeleuchtung	ppt: 50 Jahre
12	19:45	00:16	Anmoderation Festredner 1 Rede Bürgermeisterin Elli Pimpel	Elfenbeim Pimpel	Mikro offen: Elfenbein Pimpel	Rednerlicht	Livebild
13	20:01	00:14	Abmoderation Bürgermeister/ Anmoderation Sängerin Auftritt Sängerin Susi Winkler	Elfenbeim Winkler	Mikro offen: Elfenbein Winkler + Band	Rednerlicht/ Showlicht	ppt: 50 Jahre

Literatur und Quellen

Argyle, Michael: Körpersprache und Kommunikation. Nonverbaler Ausdruck und soziale Interaktion. Paderborn: Junfermann 2013

Aristoteles: Poetik. Hrsg. und Übers. Manfred Fuhrmann. Stuttgart: Reclam 1994

Asgodom, Sabine (Hrsg.): Die besten Ideen für mehr Humor. Erfolgreiche Speaker verraten ihre besten Konzepte und geben Impulse für die Praxis. Offenbach: Gabal 2013

Berendt, Joachim-Ernst: Die Welt ist Klang – Vom Hören der Welt – Muscheln in meinem Ohr. 13 Audio CDs. Augsburg: Jokers Edition, Weltbild, 2007

Bolt, Carol: Das Buch der Antworten. Frankfurt am Main: Fischer, 2. Auflage 2011

Bundesinnenministerium, protokollarische Rangfragen: http://www.protokoll-inland.de/PI/DE/RangTitulierung/Rangfragen/rangfragen_node.html

Buttler, Christina: Die Zeit ist überreif. CIM 2/2019, S. 116 ff

Die ZEIT: Wie seriös müssen Sie sein? Interview mit den Moderatoren Claus Kleber und Ullrich Wickert, geführt von Anne Kunze und Adam Soboczynski, 22/2013

Ericsson, K. Anders/Pool, Robert: TOP. Die neue Wissenschaft des bewussten Lernens. München: Pattloch 2016

FAS: Meine Frau sagt, ich sei oft peinlich. Interview mit Moderator Wieland Backes, geführt von Anne Haeming, 49/2014

Forbes: Top 10 Video Marketing Trends and Statistics Roundup 2017. https://www.forbes.com/sites/tjmccue/2017/09/22/top-10-video-marketing-trends-and-statistics-roundup-2017/#71be76d27103

Friedrichs, Jürgen/Schwinges, Ulrich: Das journalistische Interview. Wiesbaden: VS Verlag für Sozialwissenschaften, 2. Auflage 2005

Glick, Peter u. a.: Evaluations of Sexy Women. In: Low- and High-Status Jobs, Psychology of Women Quarterly. 12/2005, vol. 29, 4, S. 389–395

Gutzeit, Sabine F./Neubauer, Anna: Auf Ihre Stimme kommt es an! Das Praxisbuch für Lehrer und Trainer. Weinheim und Basel: Beltz, 2. Auflage 2013

Gutzeit, Sabine F.: 60 Impulskarten Stimmtraining. Übungen und Tipps für Ihren Sprechalltag Weinheim und Basel: Beltz 2016

Haller, Michael: Wie fragt man wen zu was? In SAGE & SCHREIBE Werkstatt, Journalist 3/2001

Herbst, Dieter: Storytelling. Konstanz: UVK, 3. Auflage 2014

Kals, Ursula: Guten Tag, meine Damen und Herren … F.A.Z., Nr. 280, S. C1 02.12.2017

Kleck, Robert/Nuessle, William: between indicative and communicative functions of eye contact in interpersonal relations. British Journal of Social and Clinical Psychology, 7, S. 241–246, 1968

Kleist, Heinrich von: Über die allmähliche Verfertigung der Gedanken beim Reden. In: Anekdoten, Kleine Schriften, Gesamtausgabe, Bd. 5. München: dtv 1964

Langer, Inghard/Schulz von Thun, Friedemann/Tausch, Reinhard: Sich verständlich ausdrücken. München: Ernst Reinhardt 2002

Loschky, Eva: Gut klingen – gut ankommen: Effektives Stimmtraining mit der Loschky-Methode. München: Goldmann 2009

Maischberger, Sandra: Das Wichtigste ist: Zuhören. Interview geführt von Kathrin Wibersieck in SAGE & SCHREIBE Werkstatt, Journalist 3/2001

Marzi, Tessa/Righi, Stefania/Ottonello, Sara/Cincotta, Massimo/Viggiano, Maria Pia: Trust at first sight: evidence from ERPs, Social Cognitive and Affective Neuroscience 9 (1), S. 63–72. In: Oxford Journals, September 2012

Masemann, Sandra: Improvisation und Storytelling in Training und Unterricht. Weinheim und Basel: Beltz, 2. Auflage 2017

Meeker Mary: Internet Trend Report 2018 https://www.bondcap.com/report/itr19/1

Mehrabian, Albert: Silent Messages: Implicit Communication of Emotions and Attitudes. Belmont, CA: Wadsworth Publishing Company, 1971

Mogill, Martin u.a.: Reducing Stress Elicits Emotional Contagion of Pain in Mouse and Human Strangers, Current Biology 2015

Nollmeyer, Olaf: Die souveräne Stimme. Offenbach: Gabal 2005

Pispers, Ralf/Dabrowski, Joanna: Neuromarketing im Internet. Von der Website zum interaktiven Kauferlebnis. Freiburg: Haufe-Lexware 2012

Plate, Markus: Grundlagen der Kommunikation. Gespräche effektiv gestalten. Göttingen: UTB, Vandenhoeck & Ruprecht 2013

Platon: Charmides. Hrsg. u. Übers.: Martens, Ekkehard. Stuttgart: Reclam 1986

Puchalla, Dagmar: 60 Impulskarten Sprechtraining. Sprechspaß mit Sprechsport. Weinheim und Basel: Beltz 2017

Rear Window Ethics: Remembering and Restoring a Hitchcock Classic. Dokumentarfilm, Regie: Laurent Bouzereau, 2000

Rommel, Jenny: Bühnen-Bräuche: So kämpfen die Stars gegen Nervosität. In: www.schlagerplanet.com/news/wissenswertes/kreuz-und-quer/vor-dem-auftritt-die-rituale-der-stars_n4511.html [30.09.2014]

Rossié, Michael: Frei sprechen in Radio Fernshen und vor Publikum. Berlin: List/Ullstein 2004

Ruge, Nina/Wachtel, Stefan (Hrsg): Achtung Aufnahme. Erfolgsgeheimnisse prominenter Fernsehmoderatoren. Düsseldorf: Econ 1997

Sarnoff, Dorothy: Auftreten ohne Lampenfieber. Reden, Interviews, Fernsehauftritte, Konferenzen, Präsentationen. München: Heyne 1995

Schiller, Friedrich: Über die ästhetische Erziehung des Menschen. Sämtliche Werke, 4. Band. Stuttgart: J. G. Cotta'sche Buchhandlung 1879, http://gutenberg.spiegel.de/buch/-3355/1

Schreiber, Michael-Thaddäus u. a: Tagungs- und Veranstaltungsmarkt Deutschland. Das Meeting- & EventBarometer 2012/2013. Europäisches Institut für Tagungswirtschaft GmbH, Hochschule Harz

Schulz von Thun, Friedemann: Miteinander Reden 1. Störungen und Klärungen. Reinbek Rowohlt 1981

Schulz von Thun, Friedemann: Miteinander Reden 2. Stile, Werte und Persönlichkeitsentwicklung. Reinbek: Rowohlt 1989

Schulz von Thun, Friedemann: Miteinander Reden 3. Das Innere Team und situationsgerechte Kommunikation. Reinbek: Rowohlt 1998

Spahn, Claudia: Lampenfieber. Handbuch für den erfolgreichen Auftritt. Leipzig: Henschel 2012

Spitzer, Manfred: Lernen: Gehirnforschung und die Schule des Lebens. Heidelberg: Spektrum Akademischer 2002

Spitzer, Manfred: Rotkäppchen und der Stress. (Ent-)Spannendes aus der Gehirnforschung, Stuttgart: Schattauer 2014

Stern, William: Die differentielle Psychologie. Leipzig: Barth 1911

Stock, Simone: 100 Jahre Firmengeschichte: Traditions-Reich, Ideen-Reich, Erfolg-Reich. Mainpost, 15.05. 2019. https://www.mainpost.de/regional/rhoengrabfeld/100-Jahre-Firmengeschichte-Traditions-Reich-Ideen-Reich-Erfolg-Reich;art777,10238119

Studer, Regina u. a.: Hyperventilation complaints in music performance anxiety among classical music students. Journal of Psychomatic Research 70 (6), 2011

Thomas, Ernst-Marcus: Der perfekte Auftritt. Wie Sie mit einfachen Mitteln Ihre Wirkung verbessern. Freiburg: Haufe 2015

Tirok, Markus: Moderieren. Koblenz: UVK 2013

Tucholsky, Kurt: Panter, Tiger & Co. Eine neue Auswahl aus seinen Schriften und Gedichte. Hrsg. von Mary Gerold-Tucholsky. Reinbek: Rowohlt, 58. Ausgabe, 1954

Watzlawick, Paul/Beavin, Janet H./Jackson, Don D.: Menschliche Kommunikation. Formen, Störungen, Paradoxien. Bern: Huber 2000

Wegener, Claudia: Informationsvermittlung im Zeitalter der Unterhaltung. Eine Langzeitanalyse Politischer Fernsehmagazine. Wiesbaden: Westdeutscher Verlag 2001

Yerkes, R. M./Dodson, J. D.: The relation of strength of stimulus to rapidity of habit-formation. Journal of Comparative Neurology and Psychology, 18 (1908) S. 459–482